Baromètres, machines pneumatiques & thermomètres

Acteurs de la Science

Fondée par Richard Moreau,
professeur honoraire à l'Université de Paris XII
Dirigée par Claude Brezinski,
professeur émérite à l'Université de Lille

La collection Acteurs de la Science est consacrée à des études sur les acteurs de l'épopée scientifique moderne ; à des inédits et à des réimpressions de mémoires scientifiques anciens ; à des textes consacrés en leur temps à de grands savants par leurs pairs ; à des évaluations sur les découvertes les plus marquantes et la pratique de la Science.

Dernières parutions

Pierre de FELICE, *Mille ans d'astronomie et de géophysique. D'Aristote au Haut Moyen Age,* 2014.
Charles BLONDEL, *La psychanalyse*, 2014.
Philippe LHERMINIER, *La valeur de l'espèce. La biodiversité en questions*, 2014.
Roger TEYSSOU, *Freud, le médecin imaginaire… d'un malade imaginé*, 2014.
Robert LOCQUENEUX, *Sur la nature du feu aux siècles classiques. Réflexions des physiciens & des chimistes*, 2014.
Roger TEYSSOU, *Une histoire de la circulation du sang, Harvey, Riolan et les autres, Des hommes de cœur, presque tous…*, 2014
Karl Landsteiner. L'homme des groupes sanguins, édition revue et augmentée, 2013.
Jean-Pierre Aymard, *Karl Landsteiner. L'homme des groupes sanguins, édition revue et augmentée*, 2013.
Michel Gaudichon, *L'homme quelque part entre deux infinis,* 2013.
Roger Teyssou, *Paul Sollier contre Sigmund Freud. L'hystérie démaquillée,* 2013.
Gérard Braganti, *Histoire singulière d'un chercheur de campagne. L'invention de l'exploration cardiaque moderne par Louis Desliens, vétérinaire*, 2013.
Jean Louis, *Mémoires d'un enfant de Colbert*, 2012.
Elie Volf, *Michel-Eugène Chevreul (1786-1889). Un savant doyen des étudiants de France. Des corps gras et de la chandelle à la perception des couleurs,* 2012.
Roger Teyssou, *Gabriel Andral, pionnier de l'hématologie. La médecine dans le sang*, 2012.

Robert Locqueneux

Baromètres, machines pneumatiques & thermomètres

Chez & autour de Pascal, d'Amontons & de Réaumur

L'Harmattan

Du même auteur

Histoire de la Physique, Paris, Collection "Que sais-je ?", Presses Universitaires de France, 1987.

* Traduction allemande d'Andreas Kleinert, «*Kurze Geschichte der Physik*» (édition revue et augmentée), Göttingen, Vanderhoeck et Ruprech à 1989

* Traduction portugaise de Cascais Franco «*Historia da Fisica*» (édition revue et augmentée), aux éditions Europa-America (Portugal), 1989

Préhistoire et histoire de la thermodynamique classique, une histoire de la Chaleur, Paris, Société française d'histoire des sciences et des techniques, diffusion Blanchard, 1996.

André-Marie Ampère, encyclopédiste et métaphysicien, en collaboration avec Myriam Scheidecker, Les Ullis, EDP Sciences, 2008.

Henri Bouasse, un regard sur l'enseignement et la recherche, Paris, diffusion librairie scientifique et technique Albert Blanchard, 2008.

Henri Bouasse, réflexions sur les méthodes et l'histoire de la physique, Paris, L'Harmattan, 2009.

Histoire des idées en physique, Paris, Société française d'histoire des sciences et des techniques & Vuibert, 2009.

Histoire de la thermodynamique classique, de Sadi Carnot à Gibbs, Paris, Belin, 2009.

Science classique & théologie, Paris, Vuibert. Adapt-SNES, 2010.

Sur la nature du feu aux siècles classiques, réflexions des physiciens des physiciens & des chimistes, Paris, L'Harmattan, 2014

5-7, rue de l'École-Polytechnique ; 75005 Paris

http://www.librairieharmattan.com
diffusion.harmattan@wanadoo.fr
harmattan1@wanadoo.fr

ISBN : 978-2-343-
EAN : 9782343

Préambule

Cet ouvrage présente à la fois une histoire et une anthologie des travaux de quelques physiciens qui ont conçu et fabriqué des baromètres, des machines à vide et des thermomètres, des instruments qui, en leur temps (les XVIIe et XVIIIe siècles) étaient des inventions nouvelles. La présentation de leurs ouvrages ne prend naturellement son sens que remise dans leur contexte : il convient de présenter les évènements qui les motivent, les travaux qui les inspirent, les questions qu'ils se posent et auxquelles ils veulent répondre, les phénomènes qu'ils veulent interpréter, les débats qu'ils suscitent. Nous avons privilégié les travaux de trois auteurs : Pascal, Amontons et Réaumur.

Cette étude est à la fois un cours de physique - les lettres de Petit et de Périer, qui sont associés aux travaux de Pascal, sont des modèles du genre - et un exposé de la manière de conduire une recherche en physique : sur ce point, les travaux de Réaumur en sont les parfaits exemples. Lors de la construction d'un thermomètre à alcool, Réaumur s'est heurté à un certain nombre de difficultés dues à un phénomène inconnu en son temps et qu'il ne pouvait soupçonner ; avec Bouasse, nous verrons avec quel art il a contourné la difficulté.

En notre temps, la recherche en physique s'est fractionnée en une multitude de domaines très étroits qui exigent des instruments très sophistiqués et des formulations très mathématisées ; ajoutons que l'incompréhension règne entre chercheurs de domaines voisins. Aussi cette recherche ne peut plus être présentée à ceux qui n'en sont pas spécialistes que sous la forme d'une histoire naturelle, une histoire fabuleuse dans laquelle vivent et meurent d'étranges animaux qui se nomment, comme dans une fable fantastique, quarks, gluons, &c., &c. sans oublier la dernière vedette : le boson de Higgs ; des êtres étranges qui se meuvent dans des espaces-temps aux déformations toutes aussi inquiétantes, loin de notre immuable et rassurant espace euclidien. Une telle histoire ne sert de rien pour acquérir une idée même vague de l'esprit scientifique. Pour qu'une leçon d'histoire des sciences puisse montrer comment se construisent les raisonnements en physique et les mises en œuvre d'expériences, il est bon de revenir à des phénomènes qui sont parmi les plus fondamentaux de la physique. Les phénomènes présentés ici sont parmi les premiers qui sont enseignés aux débutants, c'est ce qui a justifié notre choix.

Nous abordons ici la conception et la construction des instruments propres à l'étude des propriétés de l'air : baromètres, machines pneumatiques ou pompes à vide et thermomètres. Leur réalisation est fondée sur l'observation, prolongée par l'expérience ; mais ce serait une erreur de croire que celles-ci suffisent et que l'interprétation des phénomènes rencontrés ne compte pour rien. Le poids des systèmes de physique sur la conduite des programmes de recherche se remarque d'autant mieux qu'il n'y a de consensus ni sur la manière d'aborder la recherche de la vérité, méthodes hypothético-déductives, empiristes plus ou moins ouvertes aux hypothèses, ni sur le choix du système de physique ; ici, on a le choix entre Aristote et Descartes qui ne croient ni aux atomes ni au vide et Gassendi qui croit en l'un et l'autre.

Premier chapitre : l'histoire de la pesanteur de l'air commence avec les travaux de Torricelli, qui attribue la montée du mercure dans le tuyau du baromètre à la pesanteur de l'air, ils seront suivis par ceux de Pascal qui ne veut, pendant longtemps, n'y voir que la preuve de l'existence du vide en haut du tuyau. Nous verrons par quel concours de circonstances les expériences barométriques de Pascal ont pu voir le jour. Mais nous constaterons que, s'il fut un propagandiste de l'idée que l'on se fit en son temps du vide et de la pesanteur de l'air, il fut précédé en cela par Torricelli, que le meilleur compte rendu de l'expérience barométrique nous est donné par une lettre de Pierre Petit, qui réalisa l'expérience chez les Pascal à Rouen. Quant à l'expérience barométrique faite en bas et en haut d'une montagne, on soupçonne fort que c'est Descartes qui lui suggéra l'expérience ; cette expérience fut faite au puy de Dôme par le beau frère de notre physicien avec quelques-uns de ses amis qui tous pour l'occasion furent physiciens par improvisation. Si les premières réalisations de l'expérience du vide dans le vide ne sont pas de Pascal, il eut le mérite de concevoir l'instrument le plus commode pour sa réalisation. Les papiers de recherche de Pascal en la matière sont pleins de ses querelles avec ceux qui ne convenaient pas de ses interprétations ou qui voulaient marcher sur les mêmes plates-bandes que lui sans être de ses amis. Ainsi notre premier chapitre nous plonge dans un aspect des mœurs des chercheurs en sciences qui n'est pas d'une haute moralité ; patience ! : la fréquentation d'Amontons et de Réaumur nous donnera une meilleure image de cette activité humaine. Quant à Pascal, au temps de ses premières recherches sur les baromètres, qui fut le temps de sa conversion au jansénisme, avec l'ami Auzout, il s'était trouvé une véritable vocation d'inquisiteur contre un pauvre capucin que son esprit un peu dérangé aurait pu conduire au bûcher.

Selon Pascal, l'enjeu de ses travaux est de montrer l'existence d'un vide absolu dans l'espace du tube barométrique que le mercure a abandonné, un fait propre, selon lui, à démentir les systèmes d'Aristote et de Descartes mais conforme au système de Gassendi. Nous serons prévenus contre cette illusion de Pascal par Descartes et quelques autres. Disons le tout de suite, l'expérience de Torricelli ne permet ni d'affirmer, ni de réfuter l'existence du vide. Ajoutons encore qu'au vu des travaux ultérieurs de Huygens, de

Fresnel… sur la lumière, et de Maxwell sur l'électricité et le magnétisme, il est légitime de supposer que la position intellectuelle de Pascal aurait stérilisé la physique si elle avait été aveuglément adoptée.

Dans le second chapitre, nous racontons l'invention de la pompe pneumatique et montrons l'importance qu'elle a eue dans la recherche des propriétés de l'air, nous y côtoyons l'inventeur de la machine et ceux qui la perfectionnèrent. Nous nous attarderons sur la contribution de Mariotte à la connaissance du ressort de l'air [son élasticité].

Le troisième chapitre traite de la construction d'un thermomètre à air par Amontons ; avant de chercher à mettre au point ce thermomètre, Amontons s'était attaché à construire un moulin à feu et, pour le faire, il avait cherché à déterminer en quelle proportion la chaleur augmente le ressort de l'air. Nous verrons lors de cette étude, mais en cela notre regard ne peut être que rétrospectif, qu'il est à deux pas de concevoir le zéro absolu d'une échelle de température. Le quatrième et dernier chapitre aborde la construction de thermomètres qui pourraient tous donner les mêmes indications ; nous y suivons de près les travaux de Réaumur sur les thermomètres à esprit de vin. Ces travaux d'Amontons et de Réaumur présentés à l'Académie royale des sciences ont un but utilitaire : ils s'appliquent à concevoir et à fabriquer des instruments qui permettent de connaître précisément tous les climats de la terre afin de naturaliser chez nous des plantes d'ailleurs, et en diversifiant nos productions agricoles, tenter de diminuer et, à terme, de supprimer les disettes.

Alors que le microscope a révélé un monde insoupçonné, un monde dans lequel, à partir de l'observation d'un ciron, on peut imaginer sans risque d'erreur que cet animal a, comme tout être vivant, *dans la petitesse de son corps des parties incomparablement plus petites, des jambes avec des jointures, des veines dans ses jambes, du sang dans ses veines,* etc., n'est-il pas légitime de chercher à interpréter les phénomènes physiques, ici les propriétés de l'air, par de l'invisible caché, et qu'a-t-on en ce temps-là, pour peupler ce monde invisible, sinon des objets microscopiques semblables à ceux que nous avons sous nos yeux, des corps solides, des ressorts, des balles de laine, etc. et qui suivent pense-t-on les lois de la mécanique, celles qu'ont découvertes les Descartes, les Huygens, les Stevin et quelques autres.

Nous verrons comment, conformément au nouvel esprit scientifique, les travaux d'Amontons, de Mariotte et de Réaumur les conduisent à imaginer des mécanismes microscopiques qui rendent compte des phénomènes physiques observés ; des mécanismes qu'ils n'avancent qu'en manière d'hypothèses.

Enfin ajoutons que nous pensons qu'avec cet écrit nous avons dissuadé nos lecteurs de donner un sens à l'histoire : d'épouser la cause de Pascal contre Descartes et de prendre en piètre estime la façon d'interpréter les propriétés de l'air chez Amontons et chez Réaumur.

Nous présentons l'aboutissement des travaux sur les baromètres, machines pneumatiques et thermomètres chez des contemporains de Réaumur : chez l'abbé Pluche et chez l'abbé Nollet. Le premier fut, selon le mot de Voltaire, l'instituteur de l'Europe savante ; le second en fut le professeur de physique ; il fut un élève de Réaumur avant d'être le directeur de son laboratoire. Ainsi interposons-nous au regard que nous pourrions avoir sur leurs interprétations des phénomènes qu'ils ont mis en œuvre, celui de leurs héritiers directs : ceux qui ne connaissent pas encore la clef de l'énigme.

Chapitre 1

De la pesanteur de l'air & de l'invention du baromètre

I- De la pesanteur de l'air dans l'œuvre de Torricelli

Au XVIIe siècle, on sait depuis longtemps pomper l'eau des puits, des fontaines et des rivières ; on constate que la pompe aspire l'eau et on se contente d'expliquer cette succion par l'horreur que la Nature manifeste pour le vide, puisqu'Aristote nie que le vide puisse exister dans la nature. Quand les fontainiers du duc de Florence se trouvèrent dans l'incapacité de monter l'eau à plus de 32 pieds [11 mètres] dans un tuyau, fallait-il penser que la Nature n'a qu'une horreur limitée du vide ? Torricelli ne croit pas à l'horreur du vide qu'elle soit ou non limitée ; il eut l'heureuse idée de substituer à l'eau un liquide plus dense. Il emplit de vif-argent [de mercure] un tuyau fermé à un bout et appliquant un doigt au bout ouvert, il le plonge dans un vase plein de vif-argent, puis retire son doigt. Il voit alors le vif-argent du tuyau descendre jusqu'à 27 pouces [73 cm] et laisser vers le haut un espace vide. Il en conclut que c'est le poids de l'air extérieur pesant sur le vif-argent du vase qui équilibre la colonne de liquide du tuyau et que nous vivons au fond d'un océan d'air élémentaire dont on sait, par des expériences indubitables, qu'il est pesant. Torricelli relate cette recherche dans deux lettres à l'un de ses élèves, il est évident que celles-ci étaient destinées à une large diffusion. Voici le début de la première de ces lettres, Torricelli y donne le but de cette recherche :

Torricelli à Michelangelo Ricci, à Rome - Florence, le 11 juin 1644

Monsieur. J'ai envoyé, ces dernières semaines, quelques unes de mes démonstrations concernant l'aire de la cycloïde à Antonio Nardi, en le priant de les envoyer directement, après les avoir lues, à vous-même ou à Magiotti. Je lui indiquais alors qu'on faisait une sorte d'expérience philosophique concernant le vide, non pas simplement pour faire le vide mais pour faire un instrument qui indiquât les changements de l'air, tantôt plus lourd et plus dense, tantôt plus léger et plus ténu. Bien des gens ont dit que le vide n'était pas possible, d'autres qu'il était possible mais avec une répugnance de la Nature, et avec difficulté ; personne n'a dit, que je sache, que le vide était possible sans difficulté ni répugnance de la nature. Je raisonnai ainsi : y aurait-il une cause tout à fait évidente de la résistance qu'on éprouve quand on veut faire le vide, il me semble qu'il serait vain de chercher à attribuer au vide cet effet qui résulte visiblement d'une autre cause, car je trouve par des calculs très faciles que la cause que je suppose (à savoir le poids de l'air), devrait à elle seule créer une résistance supérieure à celle qu'on rencontre en cherchant à faire le vide. Je dis cela parce que certain Philosophe ne pouvant éviter de reconnaître que la gravité de l'air cause la répugnance que l'on rencontre en faisant le vide, ne déclare pas admettre l'effet du poids de l'air mais persiste à affirmer que la Nature contribue à la répugnance au vide. Nous vivons au fond d'un océan d'air élémentaire dont on sait, par des expériences indubitables, qu'il est pesant, et qu'il est si dense au voisinage de la surface de la Terre qu'il pèse à peu près le quatre centième du poids de l'eau. Les auteurs des "Crépuscules" ont observé que l'air vaporeux et visible s'élève jusqu'à cinquante, ou peut-être cinquante quatre milles au-dessus de nous, mais pour moi je ne crois pas que ce soit autant, car je pourrais démontrer que le vide devrait alors opposer une résistance beaucoup plus grande que celle qu'il oppose en fait - bien qu'il y ait pour remédier à cet argument la possibilité que ce poids, donné par Galilée, corresponde à l'air très bas, là où se trouvent les hommes et les animaux, et que l'air devienne très pur au-dessus de cimes élevées et qu'il y ait un poids de beaucoup moindre à la quatre centième partie du poids de l'eau (traduction de Pierre Souffrin) [1].

C'est la suite de cette lettre et la lettre suivante qui ont été diffusées en France ; Torricelli y donne le compte rendu précis de cette expérience. Mais, avant d'en venir à ce compte rendu, laissons à l'abbé Pluche le soin de nous la conter dans un style bien à lui, qui séduisit l'Europe cultivée au Siècle des lumières. Pluche est l'apologétiste de la science expérimentale au milieu du XVIIIe siècle, le critique virulent des systèmes de physique. Son *Spectacle de la nature* fut l'un des ouvrages qui eurent les plus grands succès de librairie au XVIIIe siècle, il eut de nombreuses éditions et fut traduit en allemand, en anglais, en espagnol et en italien. Pluche fut, selon l'expression de Voltaire, "*l'instituteur de l'Europe*" [2].

L'expérience qui fait la gloire de Torricelli, est l'élévation des liqueurs dans les tuyaux vuides d'air. Les fontainiers du Grand Duc s'étoient avisés de faire des tuyaux plus hauts que ceux où les eaux s'élevoient à l'ordinaire. Mais comme ils ne retiroient point les nouveaux secours qu'ils attendoient de ces tuyaux de nouvelle fabrique, & que la pompe refusoit le service quand il falloit élever l'eau au dessus de trente-deux piés, ils en donnèrent avis à Galilée, & lui en demandèrent la raison. Notre philosophe se trouva pris au

---

[1] *L'Œuvre de Torricelli, Science galiléenne et nouvelle géométrie*, éditée par François De Gandt, Paris, diffusion Les belles lettres, 1987, p. 225-227.

[2] Robert Locqueneux, « *Le spectacle de la nature* de l'abbé Pluche, une encyclopédie chrétienne à l'aube des Lumières », *Archives et Bibliothèques de Belgique*, 51, 1996, p. 83-112 ; « L'abbé Pluche ou l'accord de la foi et de la raison à l'aube des Lumières », *Sciences et techniques en perspective*, 2, 2, 1998, p. 235-288.

dépourvû. Il ne laissa pas de faire bonne contenance, & de répondre gravement, que la nature n'avoit horreur du vuide que jusqu'à la hauteur de trente-deux piés. Les fontainiers retinrent cela comme un principe, & cette régle toute fausse qu'elle étoit, quant à la cause énoncée, dirigeoit parfaitement leurs travaux quant à l'effèt qu'ils en attendoient. Tant il est vrai que l'homme peut sans grand danger se méprendre sur les causes de ce qu'il fait, pourvû que ce qu'il fait soit dirigé par l'expérience. L'expérience est notre véritable physique. Torricelli piqué du refus que faisoit l'eau, de monter au-dessus de trente-deux piés dans un tuyau vuide d'air, fit une nouvelle épreuve sur une liqueur plus massive. Il emplit de vif-argent un tuyau bien bouché d'un côté, & appliquant le doigt au côté ouvert, il releva le bout fermé & plongea l'autre dans un vase plein de vif-argent, puis retirant le doigt sans appliquer l'ouverture sur le fond, il vit descendre le vif-argent du tuyau laisser vers le haut un vuide, & demeurer suspendu à la hauteur de vingt-sept pouces. Quoi, dit-il, la nature n'a horreur du vuide que jusqu'à la hauteur de trente-deux piés, quand c'est l'eau qui monte dans un tuyau vuide ; & que jusqu'à vingt-sept pouces, quand c'est du vif-argent ! Passé ces mesures, le vuide ne l'épouvante plus. Mais pourquoi le craint-elle encore au dessus de vingt-sept pouces quand c'est de l'eau qui s'éléve ? Apparemment cette horreur du vuide est une idée creuse, un jargon philosophique, dont nous nous payons sans l'entendre. Tâchons de trouver mieux. Son dépit & les expériences réitérées le conduisirent à une conjecture très ingénieuse. Cette diversité d'élévation dans deux liqueurs fort différentes lui parut provenir de la diversité de leur pésanteur. Car quoique ni lui, ni peut-être philosophe qui soit au monde, n'ait jamais connu ce que c'est que la pésanteur ; elle existe : elle nous entraîne, elle nous écrase. C'est un effèt réel. Cherchant donc quel poids pouvoit contrebalancer ces deux liqueurs, il crut entrevoir qu'une colonne d'air correspondante à l'orifice des deux tuyaux pouvoit empêcher les liqueurs de tomber, & le soutenoit à des hauteurs inégales, parce que vingt-sept pouces de vif-argent étant apparemment du même poids que trente-deux piés d'eau, qui est une matière moins serrée, la colonne d'air se trouvoit équivalente à l'une & à l'autre masse [3].

Comment l'expérience de Torricelli fut-elle connue en France

Un extrait écrit en italien des deux lettres que Torricelli adressa à son élève Ricci les 11 et 28 juin 1644 a été envoyé au père Mersenne [4] à Paris par l'intermédiaire de François du Verdus, un ancien élève de Roberval, qui vit à Rome, et du père Jean-François Nicéron, confrère et ami de Mersenne.

[3] Noël-Antoine Pluche, *Le spectacle de la nature*, tome 4, édition de 1755, p. 534-538.

[4] René Taton, « L'annonce de l'expérience barométrique en France », *Revue d'histoire des sciences*, 16, 1963, p. 77-83. Dans cet article, René Taton donne le texte original de cet extrait ainsi que sa traduction que nous reprenons ici partiellement.

Selon Taton, il est très probable que Mersenne a reçu cet extrait vers la fin du mois de juillet 1644, et qu'il l'a diffusé.
Au Sr Rossi, le 11 juin 1644 [Extrait de la lettre du Sieur Torricelli]
Nous avons fait de nombreux tubes de verres, et une canne, comme ceux qui sont désignés par A et B, gros et longs de deux brasses. Ceux-ci ayant été remplis de vif argent, puis l'orifice ayant été bouché avec un doigt, en les renversant dans un vase où se trouvait du vif argent C, on les voyait se vider et rien ne pénétrait dans le tube qui se vidait ; et pourtant le tube AD restait toujours rempli jusqu'à la hauteur d'une brasse et un quart avec un doigt en plus. Pour montrer alors que le tube était parfaitement vide, on remplissait d'eau jusqu'en D la cuvette inférieure et, élevant le tube peu à peu, on voyait, lorsque son orifice atteignait le niveau de l'eau, le vif argent descendre du tube et l'eau pénétrer avec une force effrayante jusque la marque E.

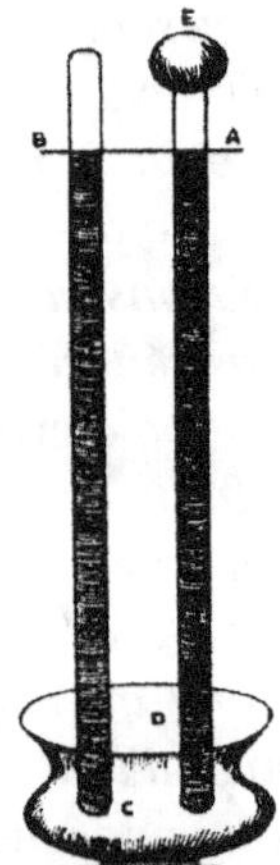

Fig. 1. — L'expérience de Torricelli

Figure *(L'expérience de Torricelli)*

Le problème qui se posait était que, alors la partie AE du tube était vide, le vif argent, bien que fort lourd, se maintenait dans la partie AC. Cette force qui maintient le vif argent contrairement à sa nature qui est de tomber, on a cru longtemps qu'elle était intérieure à AE et provenait du vide ou d'une matière extrêmement raréfiée ; mais je prétends qu'elle est extérieure et que la force vient du dehors. Sur la surface du liquide qui est dans la cuvette pèse une hauteur d'air de 500 milles. Il n'est donc pas étonnant que, dans le tube CE, où le vif argent n'a ni inclinaison ni même répugnance, puisqu'il n'y a rien, il entre et s'y élève jusqu'à ce qu'il s'équilibre avec le poids de l'air extérieur qui le contient. L'eau aussi, dans un tube semblable, mais beaucoup plus long, s'élèvera jusqu'à près de 18 brasses, c'est-à-dire autant de fois plus que le vif argent que celui-ci est plus lourd que l'eau, afin de faire équilibre à la même cause qui agit sur l'un et sur l'autre. Ce raisonnement est confirmé par l'expérience faite en même temps avec le tube A et avec la canne B, où le vif argent s'arrêtait toujours à la même horizontale AB ; signe presque certain que la cause n'était pas au-dedans, car il y aurait eu une force plus grande dans le tube AE où il y avait plus de matière raréfiée et attirante (?) et beaucoup plus énergique à cause de sa raréfaction plus grande que celle qui était dans le petit espace B, etc.

Extrait d'une autre lettre du même au même sur le même sujet

Quand à la première objection, je réponds que si vous placez la plaque soudée qui couvre la surface de la cuvette de manière à ce qu'elle touche le vif argent de la cuvette, celui qui est dans le tube restera soulevé comme auparavant, non pas à cause du poids de l'atmosphère, mais parce que la cuvette ne peut bouger. Si vous placez (cette lame) de manière à ce qu'elle enferme aussi de l'air, je demande si vous admettez que cet air enfermé soit au même degré de condensation que l'air extérieur, et dans ce cas le vif argent se soutiendra à la même hauteur que précédemment [à l'exemple de la laine dont je vais parler] ; mais si l'air que vous enfermez est plus raréfié que l'extérieur, alors le métal soulevé descendra un peu ; s'il était infiniment raréfié, c'est-à-dire vide, alors le métal descendrait entièrement, pour peu que l'espace fermé pût le contenir. Le vase ABCD est un cylindre plein de laine ou d'autre matière compressible (disons même de l'air) ; ce vase a deux fond, BC fixe et AD mobile et qui s'adapte ; et soit AD chargé par le plomb E, qui pèse m/1000 000 livre [10 000 000 livres]

Je crois que vous saisissez quelle violence se fait sentir sur le fond BC. Si nous enfonçons avec force une surface (ou un fer) tranchant FG, si elle entre et coupe la laine comprimée, je dis si la laine FBGC est comprimée comme auparavant, bien que le fond BC ne sente plus rien du poids superposé du plomb E, de toute façon il subira la même action qu'auparavant. Réfléchissez, je ne vous ennuyerai pas un instant davantage, etc.

Mersenne fit un voyage en Italie de décembre 1644 à mars 1645, il eut à Rome de fréquents entretiens avec Ricci, et lors de son séjour à Florence, en décembre 1644, il assista aux expériences de Torricelli. On ne peut douter que, s'il n'a peut-être pas lu - pas encore - les lettres que Torricelli a adressées à son élève, il n'ignore rien de la teneur de celle-ci. A son retour d'Italie, Mersenne tente sans aucun succès de faire cette expérience. Les tubes de verre qu'il utilise sont trop fragiles et cassent sous le poids du mercure.

II- Des expériences touchant le vide dans l'œuvre de Pascal

1- *Répliquer l'expérience de Torricelli chez les Pascal à Rouen*

En septembre 1646, Etienne Pascal reçoit Pierre Petit, ingénieur du roi et intendant des Fortifications, lors de son passage à Rouen ; à cette occasion, il informe son hôte des dernières nouveautés scientifiques d'Italie, qu'il tient du père Mersenne, c'est ainsi qu'Etienne et Blaise Pascal, le père et le fils, sont informés de l'expérience de Torricelli touchant le vide : *M. Pascal*, relate Petit, *fut ravi d'ouïr parler d'une telle expérience, tant par sa nouveauté que parce que vous savez depuis longtemps qu'il admet le vide.* Petit, son correspondant, et les Pascal se sont tous rencontrés chez Mersenne, ils appartiennent au cercle de ses familiers, Petit et ses hôtes se sentent plus proches de Gassendi que de Descartes, cet autre familier de Mersenne quand il séjourne à Paris. L'expérience touchant le vide ne peut-elle témoigner en faveur des atomes et du vide de Gassendi et contre le plein des scolastiques et de Descartes qui, une fois n'est pas coutume, se retrouvent côte à côte dans le même combat. Rouen a une verrerie réputée, aussi Petit et les Pascal peuvent-ils espérer avoir des tubes de verre assez solides pour mener à bien cette expérience [5]. Ensemble, ils refont l'expérience de Torricelli, c'est Petit qui officie et c'est par une lettre de ce dernier à Pierre Chanut [6], une lettre datée du 26 novembre 1646, que nous avons le détail des opérations : *nous allâmes ensemble à la verrerie, où je fis faire une sarbatane [sarbacane] de quatre pieds de longueur, et de la grosseur du petit doigt en dedans, et la fis boucher par un bout, ou sceller hermétiquement pour parler en termes de l'art. Cela fait nous allâmes chez un épicier ou droguiste pour nous fournir telle quantité de mercure qui nous serait nécessaire, comme quarante ou cinquante livres : duquel avec un petit entonnoir d'une charte pliée seulement (ayant oublié d'en faire faire un de verre, parce que ceux de fer blanc n'y valent rien à cause de l'étain), nous remplîmes tout bellement notre sarbatane, dont le bas bout, qui était bouché, portait dans une jatte ou écuelle de bois fort profonde et spacieuse (un pot de terre qui n'aurait pas eu tant de largeur, et plus de profondeur, aurait encore été meilleur). La sarbatane étant ainsi toute remplie de mercure, j'en mis dedans l'écuelle la hauteur de trois doigts ; par-dessus lesquels je fis mettre autant d'eau commune. Cela fait, je retroussai mon bras et, mettant le doigt du milieu sur*

---

[5] A cette époque, Rouen est la deuxième ville de France et la verrerie de Saint-Sever à Rouen est l'égale des verreries de Murano à Venise. Ainsi Blaise Pascal habite-t-il au bon endroit, au bon moment. Voir : Claude Mazauric, « Note sur la verrerie de Saint-Sever au temps d'Etienne Pascal », *Les Pascal à Rouen, 1640-1648*, Colloque de l'Université de Rouen, 17-19 novembre 1999, Publication de l'Université de Rouen, 2001, p. 159-178.

[6] La lettre de Pierre Petit à Chanut sera publiée dans un ouvrage de Dominicy, *Observations touchant le vide*, le 10 novembre 1647. Pierre Chanut est alors ambassadeur résidant de France en Suède. Il avait assisté à la tentative malheureuse de Mersenne, lorsqu'il avait tenté de refaire cette expérience à Paris.

le trou de la sarbatane, qui était si plein de mercure qu'il en fit rejaillir pour prendre sa place, nous la levâmes tout doucement, la soutenant par le bas et par le milieu, de crainte que le poids ne la fît rompre, et pour me soulager. Puis, tenant toujours le doigt ferme et la main à la sarbatane, je la plongeai à travers l'eau et le mercure jusques à ce que mon doigt fût au fond du vase, où nous fûmes quelque temps à considérer s'il y avait quelque peu d'air au haut ; ce que nous ne vîmes en façon quelconque ; au contraire elle était visiblement toute pleine de mercure. Après quoi, retirant bellement mon doigt de dessous, et laissant toucher la sarbatane au fond du vase, nous vîmes le mercure descendre et quitter le haut du tuyau, non pas tout à la fois et en un instant, ni aussi trop lentement, mais comme de l'eau qu'on verse d'une aiguière, et, ce qui est de très admirable, il s'abaissa de plus de dix-huit pouces, qui est une longueur extraordinaire, et que je n'eusse jamais cru, n'en ayant pas fait à proportion la première fois, que ma sarbatane était plus petite. Sur cela nous nous mîmes à philosopher avant que passer outre, et sur ce que le fils de M. Pascal objectait que les simpliciens [les naïfs] pourraient dire que cet espace qui paraissait vide était de l'air, lequel, pour éviter le vide, aurait pénétré le verre, et serait entré par ses pores, […] [7]. Il restait à faire quelques observations qui permettent de décider en faveur du vide : *Après que nous eûmes longtemps regardé ce vide apparent ou véritable avec étonnement, et que nous l'eûmes mesuré et marqué sur la sarbatane, je la levai doucement par le haut et, chose étrange, le vide s'augmenta encore d'autant de longueur qu'il y avait de hauteur de mercure dans le fond du vase, sans que le niveau ou hauteur de mercure qui était dans la sarbatane changeât en façon quelconque, ni remontât comme j'aurais cru. De quoi nous étant aperçus, nous le fîmes plusieurs fois, et vîmes toujours la même chose que vous remarquerez bien, et qui m'a donné lieu d'en chercher la raison (que je vous déduirai tantôt, et vous en demanderai votre avis). En haussant donc la sarbatane, le mercure qui était dans icelle demeurait comme suspendu, et ne la suivait point, mais le vide s'augmentait tant et si longtemps que le bout d'en bas demeurait dans le mercure du vase, en telle sorte qu'après avoir fait cela plusieurs fois, et avoir haussé et abaissé la sarbatane dans ledit mercure pour observer cela, je la levai finalement jusques à la région de l'eau, laquelle aussitôt que le mercure eût atteint et que le bout eût quitté l'autre mercure du fond, il tomba, descendit incontinent tout à la fois, et avec grande vitesse l'eau monta jusques au haut de la sarbatane, et remplit tout cet espace qui semblait auparavant vide ou plein d'air, sans qu'il en parût un seul grain par le haut. Sur quoi voici comme, à mon avis, l'on peut discourir et philosopher. Si c'eût été de l'air entré par les pores du verre, ou par le dessous de la sarbatane, qui eût rempli cet espace, que nous avions vu, de dix-huit pouces,*

[7] « Lettre de Pierre Petit », in Pascal, *Œuvres complètes*, tome 1, p. 367-369, pour cette citation et les suivantes.

pourquoi l'eau qui est entrée par le bas aurait-elle monté plus haut que les dix-huit pouces, et pourquoi aurait-elle tout à fait chassé l'air de la place qu'il avait déjà occupée, et qui n'était pas celle de l'eau. Au contraire, elle avait fait un effort pour monter jusque là contre sa nature. Il n'y a donc pas apparence de dire que ce fût de l'air entré dans le verre que l'eau en montant en avait fait sortir par les pores ; si c'était encore qu'elle y fût descendue, ou eût été poussée par force, il y aurait quelque apparence de faire ce mauvais jugement.

Pierre Petit pense-t-il réellement convaincre ? il semble que non : Parce que ceux qui, selon l'opinion commune, n'admettent point de vide, *diront toujours que ce qui paraissait au-dessus du mercure était de l'air extrêmement raréfié, et qu'une petite quantité, grosse comme la tête d'une épingle, qui pouvait être demeurée au fond de la sarbatane, ou entrée avec le mercure en le versant, ou portée avec le doigt quand on l'a mis au trou de la sarbatane pour la boucher : bref qu'un atome d'air, pour ainsi dire, était capable de se raréfier et étendre non seulement jusques à la quantité des dix-huit pouces ci-dessus, mais à une plus grande s'il y eût eu plus de force pour causer cette raréfaction avant que de souffrir du vide en la nature ; et partant que cette expérience confirme et favorise plutôt leur opinion qu'elle ne la détruit, parce qu'en effet on ne leur saurait prouver qu'il n'y a point dans la sarbatane aucun atome d'air au-dessus du mercure. Et si on leur objecte pourquoi l'eau venant à y entrer occupe donc toute la place qui paraissait vide, en sorte qu'on n'y voit aucun air, ils pourront répondre que cette petite partie d'air qui s'était si fort raréfiée se condense et revient à son premier état et place, qui ne peut être vu pour le peu qu'il y en a ; ainsi vous ne sauriez que leur dire pour les convaincre, à moins que de leur démontrer qu'il n'y en a point du tout, et qu'il n'en est resté ni entré dans la sarbatane aucune partie […]*

Constatons que cette lettre est un modèle d'explication de la mise en œuvre d'une expérience qui contraste, comme nous le verrons, avec le laconisme du compte rendu de Pascal, lequel serait fort inutile à ceux qui voudraient monter cette expérience.

2- *Les expériences nouvelles touchant le vide de Blaise Pascal*

a. Préliminaire

Blaise Pascal va poursuivre ces travaux, y ajoutant d'autres expériences par lesquelles il s'applique à montrer *qu'un vaisseau si grand qu'on le pourra faire, peut être rendu vide de toutes les matières qui tombent sous les sens, et qui sont connues dans la Nature ; et quelle force est nécessaire pour faire admettre ce vide* [8] ; force est de constater qu'il refuse de supposer l'existence d'une matière qui échappe à nos sens et qu'il semble ignorer l'hypothèse de l'existence d'une force qui retiendrait le mercure en

[8] Pascal, *Expériences nouvelles touchant le vide*, p. 357.

suspension dans le tube ; le 8 octobre 1647, il publie un opuscule [9] dont le titre contient la liste complète de ses expériences : *Expériences nouvelles touchant le vide, faites dans des tuyaux, seringues, soufflets et siphons de plusieurs longueurs et figures : avec diverses liqueurs comme vif-argent, eau, vin, huile, air, etc.*, Pascal y ajoute : *le tout réduit en abrégé, et donné par avance d'un plus grand traité sur le même sujet.* Ce traité resta inachevé, nous n'en avons que des fragments dont la *Préface sur le traité du vide* [10], lesquels sont joints à ses œuvres posthumes. Ce bref opuscule s'ouvre sur la relation de l'expérience d'Italie et de Rouen, que je reproduis ici pour le contraste avec le compte rendu qu'en a fait Petit : *Il y a environ quatre ans qu'en Italie on éprouva qu'un tuyau de verre de quatre pieds, dont un bout est ouvert, et l'autre scellé hermétiquement, étant rempli de vif-argent, puis l'ouverture bouchée avec le doigt ou autrement, et le tuyau disposé perpendiculairement à l'horizon, l'ouverture bouchée étant vers le bas, et plongée deux ou trois doigts dans d'autre vif-argent contenu en un vaisseau moitié plein de vif-argent et l'autre moitié d'eau ; si on débouche l'ouverture demeurant toujours enfoncée dans le vif-argent du vaisseau, le vif-argent du tuyau descend en partie, laissant au haut du tuyau un espace vide en apparence, le bas du même tuyau demeurant plein du même vif-argent jusques à une certaine hauteur. Et si on hausse un peu le tuyau jusques à ce que son ouverture, qui trempait auparavant dans le vif-argent du vaisseau, sortant de ce vif-argent, arrive à la région de l'eau, le vif-argent du tuyau monte jusques en haut, avec l'eau ; et ces deux liqueurs se brouillent dans le tuyau ; mais enfin tout le vif-argent tombe, et le tuyau se trouve tout plein d'eau* [11].

Notons que le nom de Torricelli n'est pas évoqué et que son propos sur le poids de l'air semble ignoré, rappelons-le : *Nous vivons au fond d'un océan d'air élémentaire dont on sait, par des expériences indubitables, qu'il est pesant, et qu'il est si dense au voisinage de la surface de la Terre qu'il pèse à peu près le quatre centième du poids de l'eau.* Visiblement, Pascal ne se soucie que d'établir l'existence du vide, contre les scolastiques et contre Descartes.

b. Les *Expériences nouvelles touchant le vide*

Pascal commence ce bref fascicule par une adresse au lecteur suivie une liste d'expériences décrites avec une grande concision et parfois avec une trop grande concision ; nous ne les donnons pas toutes. Dans cette adresse, Pascal n'use pas de ses expériences pour établir la pesanteur de l'atmosphère

---

[9] Sur ce bref opuscule, on peut lire : Kimiyo Koyanagi, « Cet effrayant petit livret, expériences nouvelles touchant le vide de Blaise Pascal », *Les Pascal à Rouen*, *op. cit.*, p. 137-157.

[10] Pascal, *Préface sur le traité du vide*, p. 452-458.

[11] Pascal, *Expériences nouvelles touchant le vide*, p. 356-359, pour cette citation et les suivantes.

mais n'en use que pour se confirmer dans la pensée, *que le vide n'était pas une chose impossible dans la Nature, et qu'elle ne le fuyait pas avec tant d'horreur que plusieurs se l'imaginent.* Pascal fondait sa première conviction de la faiblesse de ce principe, *les observations que nous faisons journellement de la raréfaction et condensation de l'air, qui, comme quelques-uns ont éprouvé, se peut condenser jusques à la millième partie de la place qu'il semblait occuper auparavant, et qui, se raréfie si fort, que je trouvais comme nécessaire, ou qu'il y eût un grand vide entre ses parties, ou qu'il y eût pénétration de dimensions. Mais comme tout le monde ne recevait pas cela pour preuve, je crus que cette expérience d'Italie était capable de convaincre ceux-là mêmes qui sont les plus préoccupés de l'impossibilité du vide.* Mais Pascal ne peut que constater que *la force de la prévention fit encore trouver des objections qui lui ôtèrent la croyance qu'elle méritait. Les uns dirent que le haut de la sarbatane était plein des esprits du mercure* [12] *; d'autres, d'un grain d'air imperceptible raréfié ; d'autres, d'une matière qui ne subsistait que dans leur imagination ; et tous, conspirant à bannir le vide, exercèrent à l'envie cette puissance de l'esprit, qu'on nomme subtilité dans les écoles, et qui, pour solution des difficultés véritables, ne donne que des vaines paroles sans fondement* [13]. Après ce coup de pied à la tradition scolastique, Pascal juge qu'il lui faut monter des expériences qu'il juge à l'épreuve de toutes les objections qu'on lui pourrait faire. Il nous est permis d'en douter, ce qui ne fait pas de doute c'est que ces expériences ont contribué à la diffusion de la question de l'existence du vide.

Donnons d'entrée les deux premières expériences, elles sont aisément reproductibles : *Une seringue de verre avec un piston bien juste, plongée entièrement dans l'eau, et dont on bouche l'ouverture avec le doigt, en sorte qu'il touche au bas du piston, mettant pour cet effet la main et le bras dans l'eau ; on n'a besoin que d'une force médiocre pour le retirer et faire qu'il se désunisse du doigt, sans que l'eau y entre en aucune façon (ce que les philosophes ont cru ne se pouvoir faire avec aucune force finie) ; et ainsi le doigt se sent fortement attiré et avec douleur ; et le piston laisse un espace vide en apparence, et où il ne paraît qu'aucun corps ait pu succéder, puisqu'il est tout entouré d'eau qui n'a pu y avoir d'accès, l'ouverture en étant bouchée, et si on tire le piston davantage, l'espace vide en apparence devient plus grand ; mais le doigt ne sent pas plus d'attraction. Et si on le tire presque tout entier hors de l'eau, en sorte qu'il n'y reste que son*

---

[12] Ceux-là n'avaient pas tort, s'y trouve des vapeurs de mercure et même de la vapeur d'eau ou de graisse, si le tube n'a pas été parfaitement nettoyé et séché ou le mercure suffisamment purifié. Mais cette remarque est anachronique, donc malvenue dans un ouvrage d'historien. De nos jours, nous appelons ce vide, vide de Torricelli, pour montrer que ce vide est loin de celui que nous pouvons considérer comme satisfaisant de nos jours.

[13] Peut-on voir ici une attaque contre Descartes en même temps qu'une attaque contre l'enseignement des écoles ? Il est heureux que, plus de cinquante ans plus tard, Huygens ait conservé cette subtilité des écoles, et d'autres après lui.

ouverture et le doigt qui la bouche, lors, ôtant le doigt, l'eau, contre sa nature, monte avec violence, et remplit entièrement tout l'espace que le piston avait laissé. Un soufflet bien fermé de tous côtés fait le même effet, avec une pareille préparation, contre le sentiment des mêmes philosophes.

Si ces deux premières expériences sont aisément réalisables, la réalisation des deux suivantes nous laisse sceptiques. Roberval témoigne les avoir vues, et apporte même quelques précisions sur leur mise en œuvre, Boyle nie qu'elles soient réalisables. Nollet les évoque d'une manière très évasive.

Plus près de nous, Alexandre Koyré juge qu'elles étaient irréalisables en son temps. Voici les deux expériences qui nous semblent irréalisables, pouvait-on fabriquer des tuyaux de verre de 15 m. et des tubes en U dont les branches ont plus 16 m. ?

Un tuyau de verre de quarante-six pieds [15m], dont un bout est ouvert, et l'autre scellé hermétiquement, étant rempli d'eau, ou plutôt de vin bien rouge, pour être plus visible, puis bouché, et élevé en cet état, et porté perpendiculairement à l'horizon, l'ouverture bouchée en bas, dans un vaisseau plein d'eau, et enfoncé dedans environ d'un pied : si l'on débouche l'ouverture, le vin du tuyau descend jusques à un certaine hauteur, qui est environ de trente-deux pieds [10,5m] depuis la surface de l'eau du vaisseau, et se vide et se mêle parmi l'eau du vaisseau qu'il teint insensiblement, et se désunissant d'avec le haut du verre, laisse un espace d'environ treize pieds vide en apparence, où de même il ne paraît qu'aucun corps ait pu succéder. Et si on incline le tuyau, comme alors la hauteur du vin du tuyau devient moindre par cette inclinaison, le vin remonte, jusques à ce qu'il vienne à la hauteur de trente-deux pieds ; et enfin, si on l'incline jusques à la hauteur de trente-deux pieds, il se remplit entièrement, en resuçant ainsi autant d'eau qu'il avait rejeté de vin : si bien qu'on le voit plein de vin depuis le haut jusques à treize pieds près du bas, et rempli d'eau teinte insensiblement dans les treize pieds inférieurs qui restent. Un siphon scalène [un tube en U], dont la plus longue jambe est de cinquante pieds [16,3 m.], et la plus courte de quarante-cinq [14,6 m.], étant rempli d'eau, et les deux ouvertures bouchées étant mises dans deux vaisseaux pleins d'eau, et enfoncées environ d'un pied, en sorte que le siphon soit perpendiculaire à l'horizon, et que la surface de l'eau d'un vaisseau soit plus haute que la surface de l'autre, de cinq pieds : si l'on débouche les deux ouvertures, le siphon étant en cet état, la plus longue jambe n'attire point l'eau de la plus courte, ni par conséquent celle du vaisseau où elle est, contre le sentiment de tous les philosophes et artisans ; mais l'eau descend de toutes les deux jambes dans les deux vaisseaux, jusques à la même hauteur depuis la surface de l'eau de chacun des vaisseaux. Mais ayant incliné le siphon au-dessous de la hauteur d'environ trente et un pieds, la plus longue jambe attire l'eau qui est dans le vaisseau de la plus courte ; et quand on le rehausse au-dessus de cette hauteur, cela cesse, et tous les deux côtés dégorgent, chacun dans son vaisseau ; et quand on le rabaisse, l'eau de la plus longue jambe attire l'eau de la plus courte, comme auparavant [14].

Sur des expériences de Pascal, dans sa *Narration sur le vide*, Roberval écrit : *[l'expérience de Torricelli] avait été maintes fois présentée par le remarquable M. de Pascal, aux mois de janvier et de février de la présente année [1647], et cela non seulement par le moyen du vif-argent dans de petits tubes, savoir de 3, 4 ou 5 pieds de roi de notre mesure, mais (ce qui à beaucoup semblait extraordinaire) par le moyen d'eau et de vin dans des tubes de 40 pieds, fabriqués en cristal avec un art merveilleux, et attachés à un mât de navire, si bien équilibré pour cela qu'on pouvait facilement le dresser et l'abaisser selon le besoin* [15].

Koyré, nous l'avons dit, juge que ces expériences étaient irréalisables avec les moyens du temps : *Des tuyaux de verre de quarante-six pieds [...] c'est très difficile à fabriquer même aujourd'hui [...] il est très peu probable que les verriers du XVIIe siècle, même ceux de Rouen, aient été capables d'en produire un. En outre, manier un tuyau de quinze mètres n'est pas chose facile, même si [...] on les attache à des mâts. Afin de leur faire exécuter les mouvements impliqués dans les expériences pascaliennes, on a besoin d'échafaudages, d'appareils de levage, bref d'une installation industrielle beaucoup plus puissante et plus compliquée que celles que l'on emploie normalement sur les chantiers de construction de bateaux. Car il est beaucoup plus facile, et plus simple, de planter un mât de navire que de mouvoir, de la manière requise par Pascal, un siphon scalène dont la plus longue jambe est de cinquante pieds...* [16]

Sur la mise en œuvre d'une telle expérience, voici ce qu'en écrit d'Alencé : *Les curieux aprés ces découvertes, commencerent à faire de ces machines, pour observer les mouvemens ou changemens qui arrivent à l'air ; les uns les firent simplement, comme nous les avons décrites ci dessous [avec du vif argent], d'autres en firent avec de l'eau au lieu de vif argent, & celles ci étoient quatorze fois plus sensibles que les prémiéres, puisque la plus-grande variation de celles de vif argent, n'est que de deux pouces ou environ, & qu'à celles d'eau elle est d'environ 28 pouces ; mais comme il falloit pour cela des tuiaux de plus de quarante pieds de haut, quoi qu'on les fist de diverses piéces assemblées avec des virolles de cuivre & du ciment, l'embaras & la peine de les monter & de les placer les rendit impraticables* [17]. L'abbé Pluche, d'ordinaire si prompt à tresser des lauriers à

---

[14] Pascal, *Expériences nouvelles touchant le vide*, p. 359, 360.

[15] Traduction de Jean Mesnard, dans l'édition des *Œuvres complètes* de Pascal, Desclée De Brouwer, tome 2, p. 462 ; in Pascal, *Œuvres complètes*, tome 1, Gallimard, la Pléiade, p. 1078, 1079.

[16] Cité dans Pascal, *Œuvres complètes*, tome 1, p. 1077.

[17] Joachim d'Alencé, *Traittez des barométres, thermométres et notiométres ou hygrométres*, p. 21.

la gloire de Pascal, se montre très prudent lorsqu'il décrit ces expériences qui mettent en évidence la pesanteur de l'air, il ne cite aucun physicien et ne soupçonne pas un instant que l'on puisse utiliser un tuyau de verre long de quarante pieds : *L'air est pesant, & il agit sur les corps inférieurs par son poids. Il est aisé de s'en convaincre : mais de dix mille expériences faites pour le prouver, bornons-nous à la plus commune. On prend deux tuyaux, l'un de fer blanc long de quarante piés, & large à volonté ; l'autre de verre, & long de quatre piés ; tous deux fermés par un bout seulement. On emplit de vif-argent le tuyau de verre, puis on le renverse en élevant le bout fermé, & en plongeant l'autre bout qu'on bouche avec le doigt, dans un vase plein de la même liqueur, sans toucher le fond. Le doigt retiré, le vif-argent, qui est dans le tuyau, s'écoule jusqu'à ce qu'il soit à vingt-sept ou vingt-huit pouces au-dessus de la surface du petit vase. Toute pesante qu'est cette liqueur, elle demeure suspendue entre vingt-sept ou vingt-huit pouces dans le tuyau. Rien ne l'y peut soûtenir ainsi contre sa pesanteur naturelle, si ce n'est un contre-poids : or nous n'en pouvons ici découvrir aucun autre que celui d'une colonne d'air équivalente en largeur à l'orifice du tuyau. Cette colonne pesant sur la liqueur du vase, & n'y ayant dans le tuyau aucun air qui la contrebalance, elle y doit soutenir une quantité de vif-argent qui fasse équilibre avec elle, ou qui soit de même poids qu'elle. Ce qui est si certain, que si on ouvre le bout du tuyau qui est fermé, alors une seconde colonne d'air agissant autant sur le vif-argent du tuyau que celle qui pèse sur le vif-argent du vase, elles sont en équilibre, & le vif-argent du tuyau étant repoussé par celle qui pèse sur le haut, que chassé par celle qui pèse en bas, se trouve rendu à la pesanteur naturelle : aussi retombe-t-il en entier dans le vase. Il en est de même du tuyau de quarante piés. Ce qu'on fait avec du vif argent dans l'expérience précédente, on le fait dans celle-ci avec de l'eau : & après qu'on a renversé & plongé dans l'eau le tuyau plein, celle qu'on y a versée, & qui devroit par son poids naturel, retomber en entier, quitte le haut du tuyau à la vérité, & descend quelque peu ; mais elle s'arrête à la hauteur de trente-deux piés ; elle y demeure soûtenue par une colonne d'air de sa largeur qui pèse assez sur l'eau du vase pour contrebalancer les trente-deux piés d'eau qui sont dans le tube. Ouvre-t-on le bout fermé ? alors la nouvelle colonne d'air qui s'y insinue se joignant aux trente-deux piés d'eau, pèse le double de la colonne d'air de pareille largeur qui gravite sur l'eau du vase. L'eau suspendue doit donc retomber aussi-tôt : & en effèt il n'en demeure pas une goutte dans le tuyau. On peut donc connoître par ce moyen le poids d'une colonne d'air de la largeur de tel tube qu'on voudra choisir, & de toute la hauteur qui s'éléve depuis la terre, jusqu'au haut de l'atmosphère. Cette colonne est du poids de 32 piés d'eau ou de 27 pouces de vif-argent : & de même que cette eau, ou ce vif-argent dont on mesure la hauteur par piés & par pouces, peseront à proportion qu'ils augmenteront en largeur ; plus une colonne d'air est large à sa base, plus il est évident qu'elle pèse : par ce moyen on peut mettre l'air à la balance, & sa pésanteur est démontrée* [18].

c. Maximes & propositions tirées de ces expériences

De ces expériences rapportées dans cet abrégé et de celles qu'il omet d'y rapporter, les réservant à l'ouvrage annoncé, *où se voient des tuyaux de toutes longueurs, grosseurs et figures, chargés de différentes liqueurs, enfoncés diversement dans des liqueurs différentes, transportés des unes dans les autres, pesés en plusieurs façons, et où sont remarquées les attractions différentes que ressent le doigt qui bouche les tuyaux où est le vide apparent* [19], Pascal déduit ces quelques maximes :

1. Que tous les corps ont de la répugnance à se séparer l'un de l'autre, et à admettre ce vide apparent dans leur intervalle, c'est-à-dire, que la nature abhorre ce vide apparent.

2. Que cette horreur ou cette répugnance qu'ont tous les corps n'est pas plus grande pour admettre un grand vide apparent qu'un petit, c'est-à-dire, à s'éloigner d'un grand intervalle que d'un petit.

3. Que la force de cette horreur est limitée, et pareille à celle avec laquelle de l'eau d'une certaine hauteur, qui est environ de trente-un pieds, tend à couler en bas.

4. Que les corps qui bornent ce vide apparent ont inclinaison à le remplir.

5. Que cette inclinaison n'est pas plus forte pour remplir un grand vide apparent qu'un petit.

6. Que la force de cette inclinaison est limitée, et toujours pareille à celle avec laquelle de l'eau d'une certaine hauteur, qui est environ de trente-un pieds, tend à couler en bas.

7. Qu'une force plus grande, de si peu que l'on voudra, que celle avec laquelle l'eau de la hauteur de trente-un pieds tend à couler en bas, suffit pour faire admettre ce vide apparent, et même si grand que l'on voudra ; c'est-à-dire, pour faire désunir les corps d'un si grand intervalle que l'on voudra, pourvu qu'il n'y ait point d'autre obstacle à leur séparation, ni à leur éloignement, que l'horreur que la nature a pour ce vide apparent.

Ainsi à partir de ces expériences, Pascal constate l'existence d'un vide apparent dans la nature, que celle-ci manifeste une répugnance pour ce vide mais que la force de son inclinaison à le remplir est limitée et que cette force est égale à celle qui ferait s'écouler de l'eau d'une hauteur de 31 pieds, [c'est-à-dire d'un peu plus de 10 mètres]. De ces constats expérimentaux, Pascal tire quelques propositions touchant la matière qui peut remplir cet espace vide en apparence tout en niant qu'une telle matière puisse exister :

---

[18] Pluche, *Le spectacle de la nature*, tome 3, p. 249-251.

[19] Pascal, *Expériences nouvelles touchant le vide*, p. 362-367, pour cette citation et les suivantes.

1. Que l'espace vide en apparence n'est pas rempli de l'air extérieur qui environne le tuyau, et qu'il n'y est point entré par les pores du verre.

2. Qu'il n'est pas plein de l'air que quelques philosophes disent être enfermé dans les pores de tous les corps, qui se trouverait, par ce moyen, au-dedans de la liqueur qui remplit les tuyaux.

3. Qu'il n'est pas plein de l'air que quelques-uns estiment être entre le tuyau et la liqueur qui le remplit, et enfermé dans les interstices des corpuscules ou atomes qui composent ces liqueurs.

4. Qu'il n'est pas plein d'un grain d'air imperceptible, resté par hasard entre la liqueur et le verre, ou porté par le doigt qui le bouche, ou entré par quelque autre façon, qui se raréfierait extraordinairement, et que quelques-uns soutiendraient pouvoir se raréfier assez pour remplir tout le monde, plutôt que d'admettre du vide.

5. Qu'il n'est pas plein d'une petite portion du vif-argent ou de l'eau, qui, étant tirée d'un côté par les parois du verre, et de l'autre par la force de la liqueur, se raréfie et se convertit en vapeurs ; en sorte que cette attraction réciproque fasse le même effet que la chaleur qui convertit ces liqueurs en vapeur, et les rend volatiles.

6. Qu'il n'est pas plein des esprits de la liqueur qui remplit le tuyau.

7. Qu'il n'est pas plein d'un air plus subtil mêlé parmi l'air extérieur, qui, en étant détaché et entré par les pores du verre, tendrait toujours à y retourner, ou y serait sans cesse attiré.

8. Que l'espace vide en apparence n'est rempli d'aucune des matières qui sont connues dans la nature, et qui tombent sous aucun des sens.

Constatons que Pascal n'a présenté qu'une suite d'affirmations et n'a nullement fait la démonstration de l'existence d'un vide destitué de toute matière, ce dont il voudrait convaincre ses lecteurs : *Après avoir démontré qu'aucune des matières qui tombent sous nos sens, et dont nous avons connaissance, ne remplissent cet espace vide en apparence, mon sentiment sera, jusqu'à ce qu'on m'ait montré l'existence de quelque matière qui le remplisse, qu'il est véritablement vide, et destitué de toute matière. C'est pourquoi je dirai du vide véritable ce que j'ai montré du vide apparent, et je tiendrai pour vraies les maximes posées ci-dessus, et énoncées du vide absolu comme elles l'ont été de l'apparent, savoir en cette sorte.*

Aussi Pascal répète-t-il ses maximes presque mot pour mot, à ceci près qu'il ôte le qualificatif *apparent* au mot *vide*. Pascal termine ce bref opuscule en présentant les principales objections qu'on peut faire et en promettant d'y répondre dans l'ouvrage dont ce bref opuscule est l'annonce.

1. Que cette proposition, qu'un espace est vide, répugne au sens commun.

2. Que cette proposition, que la nature abhorre le vide, et néanmoins l'admet, l'accuse d'impuissance, ou implique contradiction.

3. Que plusieurs expériences, et même journalières, montrent que la nature ne peut souffrir de vide.

4. Qu'une matière imperceptible, inouïe et inconnue à tous les sens, remplit cet espace.

5. Que la lumière étant un accident, ou une substance, il n'est pas possible qu'elle se soutienne dans le vide, si elle est un accident ; et qu'elle remplisse l'espace vide en apparence, si elle est une substance.

En attendant la publication de l'ouvrage annoncé, dans ce bref opuscule, l'affirmation de l'existence du vide n'est qu'une pétition de principe et nullement une démonstration.

III- La polémique avec le père Noël

1. La première lettre du père Etienne Noël

La publication de cet opuscule en octobre 1647 amène une réaction immédiate du père Etienne Noël. Le père Noël, jésuite, est un physicien estimé en son temps, il est en 1647 recteur du collège de Clermont à Paris, après avoir été recteur du collège de La Flèche au temps où Descartes y était élève, il affiche sa fidélité aux idées d'Aristote mais c'est un esprit ouvert : Baillet écrit, dans sa biographie de Descartes, *Le père Noël, quoique péripatéticien [aristotélicien] de profession, n'était pas fort éloigné des sentiments de Monsieur Descartes* [20]. La polémique porte principalement sur deux points : l'espace et le vide, l'absence ou la présence d'une matière subtile dans le haut du tube barométrique. Les aristotéliciens et Descartes se rejoignent dans leur refus d'admettre le vide, un refus fondé sur une conviction, l'irréalité d'un espace existant par lui-même ; pour Pascal, Gassendi est le vrai novateur en physique, celui qui secoue le joug d'Aristote. Comme Gassendi, Pascal oppose l'espace immobile et pénétrable au corps mobile et impénétrable. Selon Noël, le vide en haut du tube barométrique ne peut être qu'apparent ; il convient donc de rechercher quel est le corps qui prend la place du vif-argent ou de l'eau : *Monsieur, J'ai lu vos expériences touchant le vide, que je trouve fort belles et ingénieuses, mais je n'entends pas ce vide apparent qui paraît dans le tube, après la descente, soit de l'eau, soit du vif-argent. Je dis que c'est un corps, puisqu'il a les actions d'un corps, qu'il transmet la lumière avec réfractions et réflexions, qu'il apporte du retardement au mouvement d'un autre corps, ainsi qu'on peut remarquer en la descente du vif-argent quand le tube plein de ce vide par le haut est renversé ; c'est donc un corps qui prend la place du vif-argent. Il faut donc maintenant voir quel est ce corps* [21]. En bon professeur, Noël commence par expliquer sur un parallèle fait entre le sang et l'air ce que sont les mélanges et comment leurs éléments peuvent être séparés : *Présupposons que comme le sang qui est dans les veines d'un corps*

---

[20] Cité in Pascal, *Œuvres complètes*, tome 1, p. 1082.

[21] « Lettre du P. Etienne Noël à Monsieur Pascal », in *Polémique avec le P. Noël*, p. 373-377, pour cette citation et les suivantes.

vivant est mélangé de bile, de pituite, de mélancolie et de sang, qui pour sa plus notable quantité donne au mélange le nom de sang, de même l'air que nous respirons est mélangé de feu, d'eau, de terre, et d'air, qui pour sa plus grande quantité lui donne le nom d'air. C'est le sens commun des physiciens, qui enseignent que les éléments sont mélangés. Or tout ainsi que ce mélange qui est dans nos veines est un mélange naturel au corps humain, fait et entretenu par le mouvement et action du cœur, qui le rétablit, s'il est altéré, par exemple, de crainte ou de honte ; de même ce mélange qui est dans notre air est un mélange naturel au monde, fait et entretenu par le mouvement et action du soleil, qui le rétablit s'il est empêché par quelque violence. Donc tout ainsi que la séparation des parties qui composent notre sang se peut faire dans les veines par quelque accident, comme elle se fait ès ébullitions qui séparent le plus subtil d'avec le grossier, de même la séparation des parties qui composent notre air se peut faire dans le monde par quelque violence. J'appelle violence tout ce qui sépare ces corps naturellement unis et mêlés par ensemble, laquelle ôtée, les parties se rejoignent et se mêlent comme auparavant, si leur nature n'est changée par la force et longueur de cette violence.

De ce parallèle, Noël en déduit : *Je dis donc que dans le mélange naturel du corps que nous respirons, il y a du feu, qui est de sa nature plus subtil et plus rare que l'air, et de l'air, lequel étant séparé de l'eau et de la terre, est plus subtil et plus rare que mélangé avec l'une et l'autre, et partant peut pénétrer des corps et passer à travers leurs pores, étant séparé, qu'il ne pourrait pas étant mélangé. Si donc il se trouve une cause de cette séparation, la même pourra faire passer l'air séparé par des pores trop petites pour son passage étant mélangé.* Le père Noël a maintenant les éléments qui lui permettent de combler le vide apparent du tube : *Présupposons une chose vraie, que le verre a grande quantité de pores, que nous colligeons non seulement de la lumière, qui pénètre le verre plus que d'autres corps moins solides dont les pores sont moins fréquentes, quoique plus grandes, mais aussi d'une infinité de petits corps différents du verre que vous remarquez dans ces triangles [prismes] qui font paraître les iris [arc en ciel], et de ce qu'une bouteille de verre bouchée hermétiquement ne se casse point en un feu lent sur des cendres chaudes.* Il est maintenant possible de rechercher quels sont ces corps qui sont susceptibles de remplir ce vide apparent. *Or ces pores du verre si fréquentes sont si petites que l'air mélangé ne saurait passer à travers ; mais étant séparé et plus épuré de la terre et de l'eau, il pourra pénétrer le verre, comme le fil de fer tandis qu'il est un peu trop gros ne peut passer à travers le petit trou de filière, mais étant par force et violence menuisé il passe facilement ; l'eau boueuse ne passera pas à travers un linge bien tissu, où elle passe facilement étant séparée ; La chausse [le filtre] d'hypocras et la filtration nous font toucher au doigt cette séparation des corps mélangés. Or voici la force et la violence qui tire l'air de son mélange naturel et le fait pénétrer le verre ; le vif-argent qui remplit le tube et touche l'air subtil et igné que la fournaise a mis dans le verre et dont les pores sont remplies, descendant par sa gravité, tire après soi quelques corps ; autrement il ne descend pas, comme il appert au vif-argent qui est retenu jusques à deux pieds, et à l'eau qui ne descend pas même au trentième, leur gravité n'étant pas suffisante pour tirer l'air hors de son mélange naturel. Si donc le vif-argent descend, il tire après soi un autre corps, selon votre première maxime [...], que tous les corps ont répugnance à se séparer l'un de l'autre. Ce corps tiré et suivant n'est pas le verre, puisqu'il demeure à sa place et ne casse point ; l'air qui est dans ses pores, contigu au vif-argent, peut suivre. Mais il ne suit pas qu'il n'en tire un autre qui passe par les pores du verre et les remplit. Pour y passer, il faut qu'il soit épuré ; c'est l'ouvrage de cet air subtil qui remplissait les petites pores du verre, lequel étant tiré par une force majeure et suivant ce vif-argent, tire après soi par continuité et connexité son voisin, l'épurant du plus grossier qui reste dehors dans une même constitution violente par la séparation du plus subtil, et demeure autour du verre, attaché à celui qui est entré, lequel étant dans une dilatation violente à l'état naturel qui lui est dû dans ce monde, est toujours poussé par le mouvement et dépendance du soleil à se rejoindre à l'autre et reprendre son mélange naturel, se joignant à cet autre qui le cherche, poussé du même principe. Et partant l'un et l'autre, sitôt que la violence est ôtée, reprend son mélange et sa place. Ainsi, quand on bande un arc, on en fait sortir des esprits qui lui sont naturels par sa partie concave qui est pressée, et en fait-on entrer d'autres qui ne lui sont pas naturels par sa partie convexe qui est dilatée ; les uns et les autres demeurant joints à l'arc cherchent leur place naturelle ; et aussitôt que la violence qui tient l'arc tendu est ôtée, les naturels rentrent, les étrangers sortent, et l'arc se redresse.*

Nous avons une séparation et réunion sensible en une éponge pleine d'eau dans le fond de quelque bassin, qui n'ait de l'eau que ce qui est dans l'éponge : si vous pressez cette éponge avec violence, vous en faites sortir l'eau, qui demeure auprès d'elle séparée ; sitôt que vous ôtez cette compression, le mélange se fait de l'éponge avec l'eau par la dilatation naturelle de l'éponge, mue par sa nature à se remplir de l'eau qui lui est présentée. Si donc on me demande quel corps entre, le tube descendant, je dirai que c'est un air épuré qui entre par les petites pores du verre, contraint à cette séparation du grossier par la pesanteur du vif-argent descendant et tirant après soi l'air subtil qui remplissait les pores du verre, et celui-ci tiré par violence, traînant après soi le plus subtil qui lui est joint et congénère, jusques à remplir la partie abandonnée par le vif-argent. Or cette séparation étant violente à l'un et à l'autre air, à celui qui demeure dehors, tiré et attaché au verre, et à celui qui est entré dans le tube, l'un et l'autre reprend son mélange aussitôt que cette pesanteur est ôtée ; mais tandis que cette pesanteur du vif-argent continue, son effet, qui est cette attraction et épuration de l'air, continue aussi, comme le poids d'une balance, élevé par un autre plus pesant, ne descend pas que cet autre qui l'empêche de descendre ne soit ôté.

Voici un exposé qui donne une haute idée des qualités d'enseignant du père Noël, ici chaque processus naturel proposé pour la matière qui échappe à nos sens est étayé par une comparaison avec des phénomènes perceptibles ; en se fondant sur cet exposé, il reste à montrer à Pascal que quelques unes de ses propositions sont fausses : *Ce discours combat votre proposition 7, [...], où vous dites que « l'espace vide en apparence n'est pas plein d'un air pur, subtil, mêlé parmi l'air extérieur, qui étant détaché et entré par les pores du verre, tendrait toujours à y retourner, ou y serait sans cesse attiré » ; et votre 8, que « l'espace vide en apparence n'est rempli d'aucune des matières qui sont connues dans la nature, et qui tombent sous aucun des sens ». Si mon discours, que je vous laisse à considérer, est vrai, ces deux propositions ne le sont pas. L'air épuré est une matière connue dans la nature, et cet air prend la place du vif-argent.*

Enfin le père Noël reprend, afin de les étayer, les objections que Pascal a mises à la fin de son abrégé, objections que celui-ci promet de repousser. Ainsi Noël critique-t-il ce sentiment de Pascal que cet espace vide en apparence est véritablement vide, et destitué de toute matière. Pour Noël, *tout ce qui est [espace est] corps* et le vide apparent n'étant ni esprit ni accident (qualité) d'aucun corps, il s'en déduit nécessairement qu'il est corps. *En effet, cette proposition qu'un espace est vide, prenant le vide pour une privation de tout corps, non seulement répugne au sens commun, mais de plus se contredit manifestement. Elle dit que ce vide est espace, et ne l'est pas. On présuppose qu'il est espace ; or s'il est espace il n'est ce vide qui est privation de tout corps, puisque tout espace est nécessairement corps. Qui entend ce qui est corps comme corps entend un composé de parties les unes hors les autres, les unes hautes, les autres basses, les unes à droite, les autres à gauche, un composé long, large, profond, figuré, grand ou petit ; et qui entend ce qui est espace comme espace entend quoi qu'on die un composé de parties les unes hors les autres, basses, hautes, à gauche, à droite, d'une telle longueur, largeur, profondeur, figuré entre les extrémités dont il est intervalle : de sorte que l'espace ou intervalle n'est pas seulement corps, mais corps entre deux ou plusieurs corps. Si donc par ce mot vide nous entendons une privation de tout corps, ce qui est le sens de l'objection, cette présupposition qu'un espace est vide se détruit soi-même et se contredit ; mais ce mot de vide, comme il se prend communément pour un espace invisible tel qu'est l'air, un espace peut être vide. Ainsi disons-nous d'une bourse, d'un tonneau, d'une cave, d'une chambre et autres semblables, que tout cela est vide quand il n'y a que de l'air ; tellement que l'air, à cause qu'il est invisible, se prend pour espace vide, mais d'autant qu'il est espace, nous concluons qu'il est corps, grand, petit, rond, carré, etc., différences qui ne s'attachent point au vide pris pour une privation de tout corps, et par conséquent pour un néant, dont Aristote parle quand il dit : Il n'y a pas de différence de ce qui n'existe pas.* (*Physique*, 215 a 9).

Mettez-vous un instant à la place du père Noël, à l'occasion d'une controverse scientifique, le voici obligé d'exposer des évidences pour qui à la moindre culture scientifique ; n'enseigne-t-on pas dans les écoles qu'il ne faut pas confondre l'espace des géomètres avec le lieu, c'est-à-dire confondre un schème mental avec la réalité physique : lorsque les professeurs enseignent que le monde est enclos dans la sphère des fixes, ils ont à cœur de bien préciser qu'en dehors de la sphère des fixes il n'y a rien. Les étudiants qui supposent qu'il y a un espace indéfini, prennent un schème mental, l'espace des géomètres, pour une réalité physique. Pour les en dissuader, les professeurs présentent souvent dans leurs cours la fiction d'un pèlerin qui, arrivé à la limite du cosmos, tend son bâton de l'autre côté, et s'imagine que le bâton a traversé la sphère des fixes, alors que celui-ci n'a fait que se courber sur la sphère elle-même. Concevez qu'il est triste pour un savant tel que Noël de devoir répéter de telles évidences ! Ajoutons ici qu'il en est de même du temps ; chez Aristote le monde est éternel et le temps coextensif aux évènements du monde est ressenti comme éternel, mais le bible nous enseigne qu'il y a eu un commencement ; ainsi par la révélation divine, nous apprenons qu'il y a eu un commencement à tout [22]. Il convient donc de pratiquer une distinction entre le schéma mental qui conçoit l'éternité du monde et la réalité physique d'un monde créé par Dieu : *Au commencement Dieu créa le ciel et la terre. […]* Ainsi commence le livre de la *Genèse*.

Que cette proposition, que la Nature abhorre le vide, et néanmoins l'admet, l'accuse d'impuissance, ou implique contradiction ; telle est la seconde objection que Pascal se promet de lever, celle-ci ne suscite qu'une simple remarque de Noël : *Vous avouerez facilement que la nature, non pas en son total, mais en ses parties, souffre violence par le mouvement des unes qui surmontent la résistance des autres. C'est de quoi Dieu se sert pour l'ornement et la variété du monde.* Pour les deux suivantes, il relève simplement : *La troisième, que les expériences journalières font paraître que la nature ne souffre point de vide, est forte. Je ne crois pas que la quatrième [Qu'une matière imperceptible, inouïe et inconnue à tous les sens, remplit cet espace] soit d'aucun physicien.* Enfin la cinquième : *Que la lumière étant un accident, ou une substance, il n'est pas possible qu'elle se soutienne dans le vide, si elle est un accident ; et qu'elle remplisse l'espace vide en apparence, si elle est une substance.*

Noël étaie cette objection dans des termes propres à la scolastique médiévale, nous verrons plus loin que ceux-ci suscitent la verve caustique de Pascal : *La cinquième est une preuve péremptoire du plein, puisque la lumière, ou plutôt l'illumination, est un mouvement luminaire des rayons*

---

[22] Voir par exemple : Lucien Jerphagnon, *Histoire de la pensée, d'Homère à Jeanne d'Arc*, Paris, Tallandier, 2009, p. 476.

composés des corps lucides qui remplissent les corps transparents, et ne sont mus luminairement que par d'autres corps lucides, comme la poudre d'acier n'est remuée magnétiquement que par l'aimant. Or cette illumination se trouve dans l'intervalle abandonné du vif-argent. Il est donc nécessaire que cet intervalle soit un corps transparent. En effet, c'en est un, puisqu'il est air.

2. *Réponse de Blaise Pascal au très Révérend Père Noël*

La lettre du P. Noël peut être datée du 20 octobre 1647, la réponse de Pascal est datée du 29 octobre. D'entrée, dans sa réponse au père Noël, Blaise Pascal ouvre la polémique en opposant les sciences des écoles à celle, la seule, qui, selon lui, est en usage chez ceux qui recherchent la vérité. Pour résoudre les difficultés qu'il a lui-même soulevées et répondre aux objections qui lui sont faites, Pascal ouvre le débat en rapportant *une règle universelle, qui s'applique à tous les sujets particuliers où il s'agit de reconnaître la vérité. Je ne doute pas que vous n'en demeuriez d'accord, puisqu'elle est reçue généralement de tous ceux qui envisagent les choses sans préoccupation ; et qu'elle fait la principale différence de la façon dont on traite les sciences dans les écoles à celle qui est en usage parmi les personnes qui recherchent ce qui est véritablement solide et qui remplit et satisfait pleinement l'esprit : c'est qu'on ne doit jamais porter un jugement décisif de la négative ou de l'affirmative d'une proposition, que ce que l'on affirme ou nie n'ait une de ces deux conditions, savoir, ou qu'il paraisse si clairement et si distinctement de soi-même aux sens ou à la raison, suivant qu'il est sujet à l'un ou à l'autre, que l'esprit n'ait aucun moyen de douter de sa certitude, et c'est ce que nous appelons principes ou axiomes ; comme par exemple, si à choses égales on ajoute choses égales, les touts seront égaux ; ou qu'il se déduise par des conséquences infaillibles et nécessaires de tels principes ou axiomes, de la certitude desquels dépend toute celle des conséquences qui en sont bien tirées ; comme cette proposition, les trois angles d'un triangle sont égaux à deux angles droits, qui n'étant pas visible d'elle-même, est démontrée évidemment par des conséquences infaillibles de tels axiomes. Tout ce qui a une de ces deux conditions est certain et véritable, et tout ce qui n'en a aucune passe pour douteux et incertain. Et nous portons un jugement décisif des choses de la première sorte et laissons les autres dans l'indécision, si bien que nous les appelons, suivant leur mérite, tantôt vision, tantôt caprice, parfois fantaisie, quelquefois idée, et tout au plus belle pensée. Et parce qu'on ne peut les affirmer sans témérité, nous penchons plutôt vers la négative, prêt néanmoins de revenir à l'autre, si une démonstration évidente nous en fait voir la vérité. Et nous réservons pour les mystères de la foi, que le Saint-Esprit a lui-même révélés, cette soumission d'esprit qui porte notre croyance à des mystères cachés aux sens et à la raison* [23].

Après un tel préliminaire, Pascal a beau jeu, pense-t-il, de critiquer la manière qu'a le père Noël de prouver que cet espace apparemment vide est corps : Pascal s'attaque d'abord au propos de Noël sur la réflexion et la réfraction de la lumière, et c'est le scepticisme qui domine son argumentation. *[…] pour prouver que cet espace est corps, vous vous servez de ces termes : « je dis que c'est un corps, puisqu'il a les actions d'un corps, qu'il transmet la lumière avec réfractions et réflexions, qu'il apporte du retardement au mouvement d'un autre corps » ; où je remarque que dans le dessein que vous avez de prouver que c'est un corps vous prenez pour principes deux choses : la première est qu'il transmet la lumière avec réfractions et réflexions ; la seconde, qu'il retarde le mouvement d'un corps. De ces deux principes, le premier n'a paru véritable à aucun de ceux qui l'ont voulu éprouver, et nous avons toujours remarqué, au contraire, que le rayon qui pénètre le verre et cet espace n'a point d'autre réfraction que celle que lui cause le verre, et qu'ainsi, si quelque matière le remplit, elle ne rompt en aucune sorte le rayon, ou sa réfraction n'est pas perceptible ; de sorte que, comme il est sans doute que vous n'avez rien éprouvé de contraire, je crois que le sens de vos paroles est que le rayon réfléchi, ou rompu par le verre, passe à travers cet espace ; et que de là, et de ce que les corps y tombent avec temps vous voulez conclure qu'une matière le remplit, qui porte cette lumière et cause ce retardement.*

Mais, mon Révérend Père, si nous rapportons cela à la méthode de raisonner dont nous avons parlé, nous trouverons qu'il faudrait auparavant être demeuré d'accord de la définition de l'espace vide, de la lumière et du mouvement, et montrer par la nature de ces choses une contradiction manifeste dans ces propositions, que la lumière pénètre un espace vide, et qu'un corps s'y meut avec temps. Jusque-là votre preuve ne pourra subsister ; et puisque outre cela la nature de la lumière est inconnue, et à vous, et à moi ; que tous ceux qui ont essayé de la définir, pas un n'a satisfait aucun de ceux qui cherchent les vérités palpables, et qu'elle nous demeurera peut-être éternellement inconnue, je crois que cet argument demeurera longtemps sans recevoir la force qui lui est nécessaire pour devenir convaincant.

Car considérez, je vous prie, comment il est possible de conclure infailliblement que la nature de la lumière est telle qu'elle ne peut subsister dans le vide, lorsque l'on ignore la nature de la lumière. Que si nous la connaissions aussi parfaitement que nous l'ignorons, nous connaîtrions peut-être qu'elle subsisterai dans le vide avec plus d'éclat que dans aucun autre médium, comme nous voyons qu'elle augmente sa force, suivant que le

[23] « Réponse de Blaise Pascal au très Révérend Père Noël », in *Polémique avec le P. Noël*, p. 377-386, pour cette citation et les suivantes.

médium où elle est devient plus rare, et ainsi en quelque sorte plus approchant du néant. Et si nous savions celle du mouvement, je ne fais aucun doute qu'il ne nous parût qu'il se dût faire dans le vide avec presque autant de temps que dans l'air, dont l'inrésistance paraît dans l'égalité de la chute des corps différemment pesants. C'est pourquoi dans le peu de connaissance que nous avons de la nature de ces choses, si par une semblable liberté, je conçois une pensée, que je donne pour principe, je puis dire avec autant de raison : « La lumière se soutient dans le vide, et le mouvement s'y fait avec temps ; or la lumière pénètre l'espace vide en apparence, et le mouvement s'y fait avec temps ; donc il peut être vide en effet ». Ainsi remettons cette preuve au temps où nous aurons l'intelligence de la nature de la lumière. Jusque-là je ne puis admettre votre principe, et il vous sera difficile de le prouver ; et ne tirons point, je vous prie, de conséquences infaillibles de la nature d'une chose lorsque nous l'ignorons : autrement je craindrais que vous ne fussiez pas d'accord avec moi des conditions nécessaires pour rendre une démonstration parfaite, et que vous n'appelassiez certain ce que nous n'appelons que douteux.

Dans la suite de votre lettre, comme si vous aviez établi invinciblement que cet espace vide est un corps, vous ne vous mettez plus en peine que de chercher quel est ce corps ; et pour décider affirmativement quelle matière le remplit, vous commencez par ces termes : « Présupposons que, comme le sang est mêlé de plusieurs liqueurs qui le composent, ainsi l'air est composé d'air et de feu et des quatre éléments qui entrent en la composition de tous les corps de la nature ». Vous présupposez ensuite que ce feu peut être séparé de l'air, et qu'en étant séparé, il peut pénétrer les pores du verre ; et présupposez encore qu'en étant séparé, il a inclination à y retourner, et encore qu'il y est sans cesse attiré ; et vous expliquez ce discours, assez intelligible de soi-même, par des comparaisons que vous y ajoutez.

Mais, mon Père, je crois que vous donnez cela pour une pensée, et non pas pour une démonstration ; et quelque peine que j'aie d'accommoder la pensée que j'en ai avec la fin de votre lettre, je crois que si vous vouliez donner des preuves, elles ne seraient pas si peu fondées. Car en ce temps où un si grand nombre de personnes savantes cherchent avec tant de soin quelle matière remplit cet espace, que cette difficulté agite aujourd'hui tant d'esprits, j'aurais peine à croire que pour apporter une solution si désirée à un si grand et si juste doute, vous ne donnassiez autre chose qu'une matière dont vous supposez non seulement les qualités, mais encore l'existence même ; de sorte que qui présupposera le contraire, tirera une conséquence contraire aussi nécessairement. Si cette façon de prouver est reçue, il ne sera plus difficile de résoudre les plus grandes difficultés. Et le flux de la mer et l'attraction de l'aimant deviendront aisés à comprendre, s'il est permis de faire des matières et des qualités exprès. Car toutes les choses de cette nature dont l'existence ne se manifeste à aucun des sens, sont aussi difficiles à croire qu'elles sont faciles à inventer [24].

Suit un discours sur les hypothèses en science : *Mais je me sens obligé de vous dire deux mots sur ce sujet ; c'est que toutes les fois que, pour trouver la cause de plusieurs phénomènes connus, on pose une hypothèse, cette hypothèse peut être de trois sortes. Car quelquefois on conclut un absurde manifeste de sa négation, et lors l'hypothèse est véritable et constante ; ou bien on conclut un absurde manifeste de son affirmation, et lors l'hypothèse est tenue pour fausse ; et lorsqu'on n'a pu encore tirer d'absurde, ni de sa négation, ni de son affirmation, l'hypothèse demeure douteuse ; de sorte que pour faire qu'une hypothèse soit évidente, il ne suffit pas que tous les phénomènes s'en ensuivent, au lieu que s'il s'ensuit quelque chose de contraire à un seul des phénomènes, cela suffit pour assurer de sa fausseté.*

Par exemple si l'on trouve une pierre chaude sans savoir la cause de sa chaleur, celui-là serait-il tenu pour en avoir trouvé la véritable, qui raisonnerait de cette sorte : Présupposons que cette pierre ait été mise dans un grand feu, dont on l'ait retirée depuis peu de temps ; donc cette pierre doit être encore chaude : or elle est chaude ; par conséquent elle a été mise au feu. Il faudrait pour cela que le feu fût l'unique cause de sa chaleur : mais comme elle peut procéder du soleil et de la friction, sa conséquence serait sans force. Car comme une même cause peut produire plusieurs effets différents, un même effet peut être produit par plusieurs causes différentes. C'est ainsi que quand on discourt humainement du mouvement ou de la stabilité de la terre, tous les phénomènes des mouvements et rétrogradations des planètes s'ensuivent parfaitement des hypothèses de Ptolémée, de Tycho, de Copernic et de beaucoup d'autres qu'on peut faire, de toutes lesquelles une seule peut être véritable. Mais qui osera faire un si grand discernement, et qui pourra sans danger d'erreur soutenir l'une au préjudice des autres, comme, dans la comparaison de la pierre, qui pourra avec opiniâtreté maintenir que le feu ait causé sa chaleur, sans se rendre ridicule ?

Notons en passant que Galilée n'est pas cité, on peut supposer qu'il est inclus dans les *beaucoup d'autres*, il est vrai qu'il a été condamné par l'église, alors que Copernic en d'autre temps avait eu l'imprimatur de l'église ; ajoutons que Torricelli, l'élève de Gassendi, n'est pas cité dans ce bref opuscule de Pascal, comme si l'on n'avait pas cherché à savoir ni qui avait réalisé cette expérience, ni où elle avait été réalisée. Mais reprenons le

---

[24] A ce jeu on peut mettre les rieurs de son côté, mais nous devons garder à l'esprit que c'est en alignant de tels présupposés que souvent des découvertes furent faites : qu'aurait trouvé Fresnel s'il n'avait imaginé un éther aux propriétés étranges, et Maxwell, un éther peuplé de tourbillons tout aussi étranges ? A suivre ce précepte de Pascal, on condamnerait la physique à la stérilité.

cours du propos de Pascal sur l'hypothèse en science ; ici c'est la lettre du père Noël qui est directement mise en cause :

Vous voyez par là qu'encore que de votre hypothèse s'ensuivissent tous les phénomènes de mes expériences, elle serait de la nature des autres ; et que demeurant toujours dans les termes de la vraisemblance, elle n'arriverait jamais à ceux de la démonstration. Mais j'espère vous faire un jour voir plus au long, que de son affirmation s'ensuivent absolument les choses contraires aux expériences. Et pour vous en toucher ici une en peu de mots : s'il est vrai, comme vous le supposez, que cet espace soit plein de cet air, plus subtil et igné, et qu'il ait l'inclination que vous lui donnez de rentrer dans l'air d'où il est sorti, et que cet air extérieur ait la force de le réattirer "comme une éponge pressée", et que ce soit par cette attraction mutuelle que le vif-argent se tienne suspendu, et qu'elle le fait remonter même quand on incline le tuyau ; il s'ensuit nécessairement que quand l'espace vide en apparence sera plus grand, une plus grande hauteur de vif-argent doit être suspendue (contre ce qui paraît dans les expériences). Car puisque toutes les parties de cet air intérieur et extérieur ont cette qualité attractive, il est constant, par toutes les règles de la mécanique, que leur quantité, augmentée à même mesure que l'espace, doit nécessairement augmenter leur effet, comme une grande éponge pressée attire plus d'eau qu'une petite. Que si pour résoudre cette difficulté, vous faites une seconde supposition, et que vous fassiez encore une qualité exprès pour sauver cet inconvénient, qui, ne se trouvant pas encore assez juste, vous oblige d'en figurer une troisième pour sauver les deux autres, sans aucune preuve, sans aucun établissement ; je n'aurai jamais autre chose à vous y répondre que ce que je vous ai déjà dit, ou plutôt je croirai y avoir déjà répondu.

Mais mon Père, quand je dis ceci, et que je préviens en quelque sorte ces dernières suppositions, je fais moi-même une supposition fausse, ne doutant pas que s'il part quelque chose de vous, il sera appuyé sur des raisons convaincantes, puisque autrement ce serait imiter ceux qui veulent seulement faire voir qu'ils ne manquent pas de paroles. Enfin, mon Père, pour reprendre toute ma réponse, quand il serait vrai que cet espace fût un corps (ce que je suis très éloigné de vous accorder), et que l'air serait rempli d'esprits ignés (ce que je ne trouve pas seulement vraisemblable), et qu'ils auraient les qualités que vous leur donnez (ce qui n'est qu'une pure pensée, qui ne paraît évidente ni à vous, ni à personne), il ne s'ensuivrait pas de là que l'espace en fût rempli. Et quand il serait vrai encore, qu'en supposant qu'il en fût plein (ce qui ne paraît en façon quelconque), on pourrait en déduire tout ce qui paraît dans les expériences, le plus favorable jugement que l'on pourrait faire de cette opinion, serait de la mettre au rang des vraisemblables. Mais comme on en conclut nécessairement des choses contraires aux expériences, jugez quelle place elle doit tenir entre les trois sortes d'hypothèses dont nous avons parlé tantôt [25].

Dans la polémique qui survient entre Pascal et le P. Noël, la définition de l'espace vide est le second point de leur désaccord ; sur ce point, le dialogue ne peut être qu'un dialogue de sourd dans la mesure où l'un et l'autre croient donner une définition évidente et convaincante d'elle-même. Pour Pascal : *Ce que nous appelons un espace vide est un espace ayant longueur, largeur et profondeur, immobile et capable de recevoir et contenir un corps de pareille longueur et figure, et c'est ce qu'on appelle solide en géométrie, où l'on ne considère que, les choses abstraites et immatérielles. De sorte que la différence essentielle qui se trouve entre l'espace vide et le corps matériel qui a longueur, largeur et profondeur, est que l'un est immobile et l'autre mobile, et que l'un peut recevoir au-dedans de soi un corps qui pénètre ses dimensions, au lieu que l'autre ne le peut. Car la maxime que la pénétration des dimensions est impossible s'entend seulement des dimensions de deux corps matériels, autrement elle ne serait pas universellement reçue. D'où l'on peut voir qu'il y a autant de différence entre le néant et l'espace vide que de l'espace vide au corps, et qu'ainsi l'espace vide tient le milieu entre la matière et le néant. C'est pourquoi la maxime d'Aristote dont vous parlez, « que les non-êtres ne sont point différents », s'entend du véritable néant, et non pas de l'espace vide* [26].

Pascal reprend le propos du P. Noël qui considère qu'une matière inouïe et inconnue à tous les sens remplissant l'espace ne se trouve dans les propos d'aucun physicien et rétorque *à quoi [...] je puis vous assurer du contraire, puisqu'elle est d'un des plus célèbres de notre temps, et que vous avez pu voir dans ses écrits qu'il établit dans tout l'univers une matière universelle, imperceptible et inouïe, de pareille substance que le ciel et les éléments ; et de plus, qu'en examinant la vôtre, j'ai trouvé qu'elle est si imperceptible, et qu'elle a des qualités si inouïes, c'est-à-dire qu'on ne lui avait jamais données, que je trouve qu'elle est de même nature.* Constatons que ce discours n'épargne pas Descartes, celui-ci n'est pas nommé, mais l'allusion est transparente. Ajoutons que, si, de notre point de vue, il peut être flatteur pour le père Noël de se retrouver au côté de son ancien élève ; Pascal ne fait ce rapprochement que pour discréditer tout à la fois la physique de Descartes, ce qu'il n'ose faire ouvertement, et celle de Noël, peut-être soupçonne-t-il ce dernier de tenter de rendre acceptable la physique cartésienne dans les écoles ; ses critiques contre la matière et le plein du P. Noël valent toutes contre Descartes ; on peut en outre supposer que ces deux

---

[25] Partir des phénomènes et ne s'en tenir qu'à eux, conduit à des vraisemblances, mais ne risque-t-on de les confondre avec des vérités : que penser des observations de Gassendi qui le conduisent à en déduire la forme et la taille des atomes.

[26] « Réponse de Blaise Pascal au très Révérend Père Noël », in *Polémique avec le P. Noël*, p. 384-386, pour cette citation et les suivantes.

là éprouvent une certaine sympathie l'un pour l'autre, mais, répétons-le, le plein de Descartes ne peut se confondre avec celui d'Aristote.

Dernière critique de Pascal, la plus percutante, celle qu'il a gardée pour la fin, Pascal reprend les propos du père Noël sur la lumière : *« La lumière est un mouvement luminaire de rayons composés de corps lucides, c'est-à-dire lumineux » ; où j'ai à vous dire qu'il me semble qu'il faudrait avoir premièrement défini ce que c'est que luminaire, et ce que c'est que corps lucide ou lumineux. Car jusque-là je ne puis entendre ce que c'est que lumière. Et comme nous n'employons jamais dans les définitions le terme du défini, j'aurais peine à m'accommoder à la vôtre qui dit : « La lumière est un mouvement luminaire des corps lumineux. » Voilà, mon Père, quels sont mes sentiments, que je soumettrai toujours aux vôtres. Au reste, on ne peut vous refuser la gloire d'avoir soutenu la physique péripatéticienne, aussi bien qu'il est possible de le faire ; et je trouve que votre lettre n'est pas moins une marque de la faiblesse de l'opinion que vous défendez, que de la vigueur de votre esprit. Et certainement l'adresse avec laquelle vous avez défendu l'impossibilité du vide dans le peu de force qui lui reste, fait aisément juger qu'avec un pareil effort vous auriez invinciblement établi le sentiment contraire dans les avantages que les expériences lui donnent.*

C'est sur ce ton que Pascal termine sa lettre, jetant le soupçon sur la physique aristotélicienne dans son ensemble, et non sans une pointe d'ironie sur l'entreprise du P. Noël, qu'il juge désespérée. Il n'est pas inutile de souligner que juste avant ce propos, Pascal avait mis la physique cartésienne dans le même sac.

3. Réplique du père Noël

D'entrée, le père Noël, s'interroge sur ce que peut être cet espace vide de Pascal, si étranger à la philosophie scolastique qui n'a garde de confondre l'espace des mathématiciens avec le lieu des corps du monde sublunaire. Le P. Noël ne peut admettre un vide qui *n'est ni corps matériel ni accident du corps matériel, mais [qui est] un espace qui a longueur, largeur et profondeur, immobile et capable de recevoir et contenir un corps* [27].

[…] si je nie qu'il y ait aucun espace réel et capable de soutenir la lumière, de la transmettre et d'apporter du retardement au mouvement local d'un corps, qui ne soit corps matériel, je ne vois pas comment on me puisse convaincre du contraire : ma négative est appuyée sur ce que l'astronomie ne se sert point de cet espace pour expliquer les parties et les mouvements de ce grand monde, ni la médecine pour l'intelligence des parties, mouvements et maladies du petit monde, ni l'art pour ses ouvrages, ni la Nature pour ses opérations naturelles. […] Voyez, Monsieur, lequel de nous deux est plus croyable, ou vous qui affirmez un espace qui ne tombe point sous les sens et qui ne sert ni à l'art ni à la Nature, et ne l'employez que pour

[27] « Réplique du P. Noël », in *Polémique avec le P. Noël*, p. 386-396.

décider une question fort douteuse, ou moi qui le nie pour ne l'avoir jamais senti, pour le connaître inutile et impossible, par ce raisonnement que cet espace ne serait pas corps matériel [...]

Et le P. Noël, de s'interroger sur ce que pourrait être ce vide : *ne serait-il point l'intervalle de ces anciens philosophes qu'Aristote a tâché de réfuter, ou bien l'espace imaginaire de quelques modernes, ou bien l'immensité de Dieu qu'on ne peut nier, puisque Dieu est partout. A la vérité si ce vide véritable n'est autre chose que l'immensité de Dieu, je ne puis nier son existence. Mais aussi ne peut-on pas dire que cette immensité n'étant autre chose que Dieu même, esprit très simple, ait des parties les unes hors des autres, qui est la définition que je donne au corps, et non pas celle que vous dites être de mes auteurs, prise de la composition de matière et de forme. Les corps simples sont corps, et néanmoins au jugement des plus intelligents n'ont point cette composition. J'avoue que les mixtes l'ont, mais je la tiens trop obscure et, selon qu'elle est enseignée par quelques-uns, trop impossible pour être employée à la définition du corps. C'est pourquoi je définis le corps "ce qui est composé de parties, les unes hors des autres". Et dis que tout corps est espace, quand on le considère entre les extrémités, et que tout espace est corps, puisque tout espace est composé de parties, "les unes hors des autres, et tout ce qui est composé de parties les unes hors des autres est corps".*

Voici une définition des corps qui permet de réfuter aisément que Dieu puisse être identifié à l'espace et au corps. Ainsi le P. Noël a-t-il recherché des éclaircissements au problème du vide en Dieu [28]. Et confirme-t-il sa démonstration en puisant d'autres arguments dans le dogme catholique de l'Eucharistie [29]. *Si vous me dites que les espèces du Saint Sacrement ont des parties les unes hors des autres, et néanmoins ne sont pas corps, je répondrai, premièrement, que par le composé des parties les unes hors des autres, on entend ce que nous appelons ordinairement long, large et*

[28] Chercher des arguments dans le dogme religieux en science n'est pas le propre des abbés et autres religieux qui contribuent à l'avancement des sciences aux siècles classiques, citons pour l'exemple, Descartes, Newton et Linné. Newton écrit à la fin de son *Traité d'optique* : [...] *autant que nous pouvons connoître par le secours de la Physique, ce que c'est que la Cause Premiere, quelle puissance elle a sur nous, & de quels Bienfaits nous lui sommes redevables* [...]. Et Linné, qui caresse l'espoir d'établir l'accord de sa description de la formation du monde avec le récit de la Genèse, affirme que dès la création du monde, la partie immergée du globe n'avait qu'une faible étendue puisque, si cette étendue avait été aussi vaste qu'aujourd'hui *il aurait été difficile à Adam, et même impossible, de découvrir chacun des animaux, et de leur donner un nom.* En la matière, c'est Pascal qui fait exception en ne voulant point mêler le dogme à la connaissance scientifique, nous en montrerons la cause plus loin, elle est religieuse elle-aussi. (Robert Locqueneux, *Science classique & théologie*, Paris, Vuibert, Adapt-SNES, 2010).

[29] Il est ici question de la communion, selon le dogme catholique de la transsubstantiation, lors de la consécration le pain et le vin conservent leurs qualités sensibles, ils sont alors séparés de leurs substances et sont véritablement devenus le corps et le sang du Christ.

profond. [Secondement,] que l'on peut fort bien expliquer la doctrine de l'Eglise catholique et romaine touchant les espèces du Saint Sacrement, disant que "les petits corps qui restent dans les espèces ne sont pas la substance du pain". C'est pourquoi le concile de Trente ne se sert jamais du mot d'accident" parlant du Saint Sacrement, quoique en effet ces petits corps soient vraiment les accidents du pain, selon la définition de l'accident reçue de tout le monde, "ce qui ne détruit point le sujet, soit présent, soit absent". Troisièmement, que sans miracle tout composé de parties les unes hors des autres est corps. Et je crois que pour décider la question du vide, il n'est pas besoin de recourir aux miracles, vu que nous présupposons que toutes vos expériences n'ont rien par-dessus les forces de la nature. Mais revenons à votre espace, où je ne vois ni parties, ni longueur, ni largeur, profondeur effective et réelle, s'il est l'immensité de Dieu qui est pur esprit. Je sais bien que dans l'imagination du géomètre séparant la quantité de toutes ses conditions individuelles par une abstraction d'entendement se retrouve un espace immobile, mais tel espace ainsi dénué de toutes ces circonstances n'est que dans l'esprit du géomètre, et ne peut être ce vide que vous dites paraître dans le tube, ni l'immensité de Dieu, quoiqu'on se la figure longue, large et profonde, selon notre façon d'entendre jointe et attachée au corps[30].

Nous verrons que Pascal refuse de le suivre sur ce terrain.

Pascal ne peut admettre la présence d'une matière subtile et insensible dans le haut du tube barométrique ; le P. Noël pense avoir assez de preuves naturelles pour dire que par les pores du verre passe et entre dans le verre une matière qu'il appelle air subtil et que cet air subtil traversant la paroi du tube prend la place du vif-argent qui descend. Ces preuves naturelles, le P. Noël les trouve dans diverses expériences dont, tout naturellement, l'interprétation n'a de sens que dans le cadre de la physique de l'école. *Le son du verre n'est pas sans air qui soit contenu dans ses pores, [rendu] mobile par ce trémoussement qui est ou fait le son. Et comme ces pores sont fort petits, l'air qui les remplit doit être fort subtil et séparé du plus grossier, et dans son mélange doit avoir moins de terre et moins d'eau. Que dans ce tout que nous appelons air, il y ait de la terre, nous l'expérimentons en hiver dans un froid sec : les mains exposées à l'air contractent une crasse composée de ces petits atomes terrestres qui le remplissent et le refroidissent. Que dans ce même tout il y ait de l'eau, cela se voit manifestement en la canne à vent [lequel est une sorte de fusil à air comprimé], dont elle sort quand vous la chargez avec vitesse. Qu'il y ait aussi du feu élémentaire, c'est-à-dire de ce feu qui pour sa petitesse et sa rareté est invisible, et par suite fort différent de la flamme et du charbon allumé qui est entouré d'étincelles ou petites flammes qui s'éteignent dans*

[30] « Réplique du P. Noël » in *Polémique avec le P. Noël*, p. 388-396, pour cette citation et les suivantes.

l'eau, et non pas le feu élémentaire incorruptible, qu'il y ait, dis-je, de ce feu-là dans l'air, on le peut connaître au foyer d'un miroir ardent qui brûle par le concours des rayons qui sont dans l'air, et par un mouchoir où se ramassent les esprits ignés que l'air qui est autour du feu lui apporte, d'où l'on voit sortir des étincelles dans un lieu obscur quand après l'avoir étendu et bien chauffé, et resserré tout chaud, on l'étend et passe-t-on la main par-dessus un peu rudement. Que si les feux de nos cheminées remplissent d'esprits ignés l'air d'alentour, le soleil qui brûle par réfractions et réflexions pourra bien épandre ses esprits solaires en tout l'air du monde, et par conséquent y avoir du feu que M. Descartes appelle petite matière.

Il est un point sur les conséquences duquel les deux protagonistes vont se rejoindre, un point sur lequel la pensée du père Noël touche de près, nous le verrons plus loin, celle de Descartes : Noël attribue à la pesanteur de l'atmosphère la cause de la suspension du vif-argent dans le tube : *L'expérience nous apprend que les corps se tiennent les uns les autres, premièrement les homogènes s'il y en a de continus, et à faute de ceux-ci les hétérogènes contigus, et entre ceux-ci les plus faciles à mouvoir. Donc le vif-argent, mû de sa pesanteur, en descendant tirera l'air qui est dans les pores, comme le plus mobile des corps hétérogènes contigus, et l'air qui est dans les pores, celui qui lui est congénère et contigu, comme l'eau tire l'eau.*

Il me semble qu'en voilà suffisamment pour dire avec le commun que les éléments sont mêlés, que l'air se sépare de l'eau, et quitte quand il y est contraint son plus grossier, et qu'il passe dans le tube par les pores du verre, et que le vide véritable n'est appuyé ni sur la raison, ni sur l'expérience.

Disons maintenant pourquoi le vif-argent, le tube étant bouché, descend, et ne descend qu'à la hauteur de deux pieds trois pouces. Comparons le vif-argent qui est dans le tube avec celui qui est dans la cuvette, comme le poids qui est dans un bassin de la balance, avec le poids qui est dans l'autre. Si celui qui est dans la cuvette pèse plus que celui qui est dans le tube, il descendra et fera monter celui du tube, comme le poids d'une balance le plus pesant descend, et fait monter l'autre. Au contraire, si celui qui est dans le tube est plus pesant que celui de la cuvette, il descendra et fera monter celui de la cuvette, jusques à l'égalité de pesanteur qui, dans l'inégalité de surface perpendiculaire à l'horizon, se rencontre en celle qui est dans la cuvette plus basse de deux pieds trois pouces que celle du tube, et cette inégalité de surface arrive de ce que le vif-argent qui est dans le tube n'a pas assez de pesanteur pour s'égaler de surface à celui de la cuvette, s'approchant du centre autant que lui, celui-ci montant et l'autre descendant, l'avantage qu'a celui de la cuvette par-dessus l'autre se prend de l'air qui pèse sur celui de la cuvette et ne pèse pas sur celui du tube.

Cela veut dire : Que l'air commun que nous respirons soit pesant, on n'en doute pas, après avoir pesé une canne à vent devant et après l'avoir chargée. Celui qui couvre la surface du vif-argent dans le tube ne descend pas, soit pour être retenu par le verre qui demeure, soit pour avoir quitté son plus grossier qui le rendait pesant ; d'où s'ensuit qu'il ne pèse ni ne charge point le vif-argent, petit ou grand, il n'importe, ne pesant non plus grand que petit, puisqu'il ne pèse point. Mais celui qui est sur la surface du vif-argent de la cuvette pèse et le charge, et partant il est à l'égard de celui qui est dans le tube trop pesant pour monter, le laissant descendre. Si vous ôtez cet équilibre, qui est dans cette inégalité de surface, l'un monte et l'autre descend : pour exemple, si vous inclinez le tube en sorte que la surface du vif-argent qui est dans le tube ne soit plus élevée sur celle qui est dans la cuvette [de] deux pieds trois pouces, le vif-argent de la cuvette descend et fait monter celui qui est dans le tube. Cette réponse est commune à l'eau d'environ trente-trois pieds. Dans ce propos, le P. Noël n'a pas jugé nécessaire de citer Torricelli.

Après avoir évoqué plusieurs autres expériences faites avec une seringue, le P. Noël en déduit que toutes ces expériences *ne sont point contrariées par cette hypothèse qu'un corps entre dans le verre, et peuvent s'expliquer aussi probablement par le plein que par le vide, par l'entrée d'un corps subtil que nous connaissons, que par un espace qui n'est ni Dieu ni créature, ni corps ni esprit, ni substance ni accident, qui transmet la lumière sans être transparent, qui résiste sans résistance, qui est immobile et se transporte avec le tube, qui est partout et nulle part, qui fait tout et ne fait rien, etc.* Pascal fera une longue critique de cette caricature de son espace vide.

4. Lettre de Pascal à Le Pailleur

La seconde lettre du P. Noël aurait été écrite dans les premières semaines du mois de novembre 1647, la lettre de Pascal à Le Pailleur est datée de février 1648 mais elle a été très probablement revue en mai 1648. Pascal terminait sa lettre au père Noël en évoquant ses problèmes de santé : *Une même indisposition m'a empêché d'avoir l'honneur de vous voir et de vous écrire de ma main. C'est pourquoi je vous prie d'excuser les fautes qui s'y rencontrent, surtout à l'orthographe.* Cette correspondance s'interrompt là, Pascal l'explique ainsi dans la lettre qu'il adresse à Le Pailleur, une lettre qui prolonge la correspondance d'avec le P. Noël : *La plus forte de toutes [les raisons de cette interruption] est que le R. P. Talon, lorsqu'il prit la peine de m'apporter la dernière lettre du P. Noël me fit entendre, en présence de trois de vos bons amis, que le P. Noël compatissait à mon indisposition, qu'il craignait que ma première lettre n'eût intéressé ma santé, et qu'il me priait de ne la pas hasarder par une seconde ; en un mot, de ne lui pas répondre ; que nous pourrions nous éclaircir de bouche des difficultés qui nous restaient, et qu'au reste il me priait de ne montrer sa lettre à personne ; que, comme il ne l'avait écrite que pour moi, il ne souhaitait pas qu'aucun autre la vît, et que les lettres étant des choses particulières, elles souffraient quelque violence quand elles n'étaient pas secrètes* [31].

Pascal explique alors que ces lettres ayant été dévoilées, et que *les personnes qui les ont lues y ont pris sujet de dire qu'ayant trouvé dans sa lettre la ruine de mes sentiments, j'en ai dissimulé les beautés, de peur de découvrir ma honte, et que ma seule faiblesse m'a empêché de lui repartir.* Voilà comment Pascal justifie l'envoi de cette lettre à Le Pailleur, celui-ci prolongeant la petite académie du père Mersenne, nous pouvons considérer que cette lettre est destinée à une large diffusion dans le cercle savant des Pascal et au delà. Cette lettre ouverte est la réponse de Pascal au P. Noël. Pascal commence par l'examen des choses qui empêchent le P. Noël à suivre sa pensée. Au P. Noël qui pense que *l'espace ne peut être autre chose qu'un corps, puisqu'il soutient et transmet la lumière, et qu'il retarde le mouvement d'un autre corps*, Pascal objecte *qu'encore que les corps tombent avec le temps dans cet espace, et que la lumière le pénètre, on ne doit pas attribuer ces effets à une matière qui le remplisse nécessairement, puisqu'ils peuvent appartenir à la nature du mouvement et de la lumière, et que, tant que nous demeurons dans l'ignorance où nous sommes de la nature de ces choses, nous n'en devons tirer aucune conséquence, puisqu'elle ne serait appuyée que sur l'incertitude ; et que comme le P. Noël conclut de l'apparence de ces effets qu'une matière remplit cet espace qui soutient la lumière et cause ce retardement, on peut avec autant de raison, conclure de ces mêmes effets que la lumière se soutient dans le vide, et que le mouvement s'y fait avec temps ; vu que tant d'autres choses favorisaient cette dernière opinion, qu'elle était, au jugement des savants, sans comparaison plus vraisemblable que l'autre, avant même qu'elle reçût les forces que ces expériences lui ont apportées.*

Ainsi, contre l'affirmation du père Noël que l'espace est un corps, Pascal met en avant notre ignorance quant à la nature du mouvement et de la lumière, une position en tout point conforme à son pyrrhonisme ; mais tout aussitôt il avance une opinion sur l'espace et la lumière, tout aussi plausible, semble-t-il, que celle du père Noël, à ceci près que celle-ci a en sa faveur, le *jugement des savants.* Ainsi, Pascal recourt-il à un argument d'autorité, évidemment aux yeux de Pascal, ces savants sont ceux qui sont reconnus comme tels par les membres du cercle de Le Pailleur et de cercles semblables à celui-ci. Quant à l'expérience, il ne semble pas que Pascal doute de l'interprétation qu'il peut avancer.

Pascal relève une seconde chose qui choque le père Noël dans les idées qu'il a avancées : *il m'impute une pensée contraire aux termes de ma lettre et de mon imprimé, et entièrement opposée au fondement de toutes mes maximes. C'est qu'il se figure que j'ai assuré en termes décisifs l'existence*

---

[31] Pascal, « Lettre à Le Pailleur », in *Polémique avec le P. Noël*, p. 396-405, pour cette citation et les suivantes.

réelle de l'espace vide, et sur cette imagination, qu'il prend pour une vérité constante, il exerce sa plume pour montrer la faiblesse de cette assertion. Ici encore Pascal se montre pyrrhonien, et redit ce qu'il a mis dans son imprimé : mon sentiment sera que "cet espace est vide, jusqu'à ce que l'on m'ait montré qu'une matière le remplit" ; ce qui n'est pas une assertion réelle du vide. Son scepticisme englobe aussi l'existence d'une matière ignée, *si douteuse et si peu établie.* Pascal parle ensuite d'une erreur d'interprétation du père Noël : parce qu'il a défini l'espace vide, *un espace ayant longueur, largeur et profondeur, et immobile, et capable de recevoir un corps de pareille longueur et figure*, Noël a cru que Pascal était assuré de l'existence de cet espace vide. Pour montrer cette erreur du père Noël, Pascal se livre à un petit exposé sur la pratique scientifique, je suppose qu'il veut par là montrer l'amateurisme du père en la matière, qu'on doit toujours définir les choses, avant de chercher si elles sont vraies ou fausses. Définir une chose n'implique pas qu'elle existe : *ainsi les astronomes ont donné des noms aux cercles concentriques, excentriques et épicycles, qu'ils ont imaginés dans les cieux, sans être assurés que les astres décrivent en effet de tels cercles par leurs mouvements ; ainsi les péripatéticiens ont donné un nom à cette sphère de feu, dont il serait difficile de démontrer la vérité.* Il est évident que, existant ou n'existant pas, l'espace vide est inconcevable pour le père Noël, Pascal relève chez lui cette période dans laquelle il ramasse toutes ses difficultés : *Cet espace qui n'est ni Dieu, ni créature, ni corps, ni esprit, ni substance, ni accident, qui transmet la lumière sans être transparent, qui résiste sans résistance, qui est immobile et se transporte avec le tube, qui est partout et nulle part, qui fait tout et ne fait rien : ce sont les admirables qualités de l'espace vide : en tant qu'espace, il est et fait merveille ; en tant que vide il n'est et ne fait rien ; en tant qu'espace, il est long, large, et profond ; en tant que vide, il exclut la longueur, la largeur et la profondeur. S'il est besoin, je montrerai toutes ces belles propriétés, en conséquence de l'espace vide.*

Pascal reprend point par point ce propos du père Noël. La première objection du père, cet espace n'est ni Dieu, ni créature est une occasion pour Pascal de nous faire toucher du doigt ce qu'est le pyrrhonisme chrétien : *Les mystères qui concernent la Divinité sont trop saints pour les profaner par nos disputes ; nous en devons faire l'objet de nos adorations, et non pas le sujet de nos entretiens : si bien que, sans en discourir en aucune sorte, je me soumets entièrement à ce qu'en décideront ceux qui ont droit de le faire.* Voilà repoussée la première objection, les suivantes seront quant à elles déclarées, nulles et non avenues. *Ni corps, ni esprit*, Pascal abonde dans ce sens, il est vrai qu'il n'est ni corps ni esprit, il est espace, comme le temps qui n'est ni corps ni esprit mais qui est le temps. Ni substance, ni accident, si l'on entend par substance ce qui est corps ou esprit, la réponse est déjà donnée, ni accident, ici encore l'espace est comme le temps qui est sans être ni substance ni accident. Quant à la transparence et à l'absence de résistance à sa pénétration, Pascal ne voit point pourquoi le père Noël en prive l'espace. Quant à la dernière objection du père, *qui est immobile et se transporte avec le tube*, elle révèle l'incompréhension du physicien qui se refuse à confondre l'espace des mathématiciens, le schème mental, avec le lieu où les êtres évoluent, Pascal emploie contre elle un argument d'autorité : *le P. Noël montre combien peu il pénètre dans le sentiment qu'il veut réfuter ; et j'aurais à le prier de remarquer sur ce sujet, que quand un sentiment est embrassé par plusieurs personnes savantes, on ne doit point faire d'estime des objections qui semblent le ruiner quand elles sont très faciles à prévoir, parce que l'on doit croire que ceux qui le soutiennent y ont déjà pris garde, et qu'étant facilement découvertes, ils en ont trouvé la solution puisqu'ils continuent dans cette pensée.* Contre le père Noël, Pascal revient ensuite sur les propriétés du vide et de l'espace : *quoi qu'il en paraisse, le vide ne se transporte pas avec le tuyau, et que l'immobilité est aussi naturelle à l'espace que le mouvement l'est au corps. Pour rendre cette vérité évidente, il faut remarquer que l'espace en général comprend tous les corps de la nature, dont chacun en particulier en occupe une certaine partie ; mais qu'encore qu'ils soient tous mobiles, l'espace qu'ils remplissent ne l'est pas ; car quand un corps est mû d'un lieu à l'autre, il ne fait que changer de place, sans porter avec soi celle qu'il occupait au temps de son repos. En effet, que fait-il autre chose que de quitter sa première place immobile, pour en prendre successivement d'autres aussi immobiles ?* Quant à la dernière objection du P. Noël, que : *l'espace fasse tout et ne fasse rien ; qu'il soit partout et nulle part ; qu'il soit et fasse merveille, bien qu'il ne soit point ; qu'il ait des dimensions sans en avoir*, Pascal affirme n'y rien comprendre.

Pascal a commencé sa lettre par l'examen des choses qui, dans sa pensée, choquent le père Noël, Pascal l'a poursuit en abordant *celles qui appuient le second sentiment* du père. Noël nie le vide parce que ce vide ne tombe sous aucun des sens : *Nous disons qu'il y a de l'eau, parce que nous la voyons et la touchons ; nous disons qu'il y a de l'air dans un ballon enflé, parce que nous sentons sa résistance ; qu'il y a du feu, parce que nous sentons sa chaleur ; mais le vide véritable ne touche aucun sens.* Pascal objecte : *Mais je m'étonne qu'il fasse un parallèle de choses si inégales, et qu'il n'ait pas pris garde que, comme il n'y a rien de si contraire à l'être que le néant, ni à l'affirmation que la négation, on procède aux preuves de l'un et de l'autre par des moyens contraires ; et que ce qui fait l'établissement de l'un fait la ruine de l'autre. Car que faut-il pour arriver à la connaissance du néant, que de connaître une entière privation de toutes sortes de qualités et d'effets ; au lieu que, s'il en paraissait un seul, on conclurait, au contraire, l'existence réelle d'une cause qui le produirait ?*

Et parce que le père Noël a dit : *Voyez, Monsieur, lequel de nous deux est plus croyable, ou vous qui affirmez un espace qui ne tombe point sous les sens, et qui ne sert ni à l'art ni à la nature, et ne l'employez que pour décider une question fort douteuse, etc.* Pascal rétorque : *Mais, Monsieur, je vous laisse à juger, lorsqu'on ne voit rien, et que les sens n'aperçoivent rien dans un lieu, lequel est mieux fondé, ou celui qui affirme qu'il y a quelque chose, quoiqu'il n'y aperçoive rien, ou celui qui pense qu'il n'y a rien, parce qu'il n'y voit aucune chose.* Quant à nous, nous doutons qu'un tel argument puisse convaincre ceux qui ne sont pas du cercle de ses amis.

Nous l'avons vu, en affirmant que tout espace est corps, le père Noël a voulu montrer quels sont ces corps, pour cela il a trouvé dans la physique d'Aristote les éléments dont les mélanges constituent les différents corps qui se rencontrent dans la nature, et n'a pas recherché ce que les chimistes pouvaient dire sur ce sujet. Il lui a suffit, comme nous l'avons écrit, de montrer qu'il pouvait expliquer quels sont les corps qui peuvent occuper le vide apparent du haut du tube barométrique : *Il me semble qu'en voilà suffisamment pour dire avec le commun que les éléments sont mêlés, que l'air se sépare de l'eau, et quitte quand il y est contraint son plus grossier, et qu'il passe dans le tube par les pores du verre, et que le vide véritable n'est appuyé [ni] sur la raison, ni sur l'expérience* [32].

Ceci amène une réponse de Pascal, qui ne manque pas pour l'occasion de puiser ces arguments dans la chimie [33]. Pascal critique cette idée que les corps ne sont que des mélanges continuels et nécessaires des éléments, *et où il ne montre autre chose, sinon qu'il se trouve quelques parties d'un élément parmi celles d'un autre, et qu'ils sont brouillés plutôt par accident que par nature : de sorte qu'il pourrait arriver qu'ils s'épureraient sans violence, et qu'ils reviendraient d'eux-mêmes dans leur première simplicité ; car le mélange naturel de deux corps est lorsque leur séparation les fait tous deux changer de nom et de nature, comme celui de tous les métaux et de tous les mixtes : parce que, quand on a ôté de l'or le mercure qui entre en sa composition, ce qui reste n'est plus or.* Pascal critique aussi l'idée que *notre espace est plein de cette matière ignée [le feu], délicate et mêlée [...] parmi tous les éléments, et étendue dans tous l'univers. Voilà la matière qu'il met*

---

[32] « Réplique du P. Noël », in *Polémique avec le P. Noël*, p. 393.

[33] La chimie de la première moitié de ce temps a hérité d'Aristote la théorie des quatre éléments : le feu l'air, l'eau et la terre. Selon Aristote, il existe un substrat universel de la matière, lequel est à l'origine des quatre éléments qui sont conçus comme les supports de couples de qualités non contraires prises parmi les qualités contraires : le chaud et le froid, le sec et l'humide. Les éléments d'Aristote ne sont pas immuables mais peuvent se transformer les uns dans les autres. Dès le seizième siècle, la pratique de la chimie a porté quelques atteintes à la théorie des éléments d'Aristote. Paracelse voit ces quatre éléments, inaccessibles par la pratique du laboratoire, comme des réceptacles, ils sont comme des mères dont chacune imprime son sceau sur les substances telle l'eau sur les métaux et les corps fusibles. Paracelse y ajoute trois principes chimiques : le soufre qui est le principe de la combustibilité et de l'oxydabilité, le mercure, de la fusibilité et de la volatilité et le sel, de la résistance au feu, de la fixité, de l'irréductibilité à la combustion, les deux premiers étant un héritage de l'alchimie. Ces principes ne doivent pas être confondus avec les produits communs de même nom. Peut-être est-ce pour éviter une telle confusion, que Pascal et Noël appellent vif-argent, le mercure. (Robert Locqueneux, *Sur la nature du feu aux siècles classiques*, Paris, L'Harmattan, 2014).

dans le tuyau ; et pour la suspension de la liqueur, il l'attribue au poids de l'air extérieur[34]. Pascal triomphe, voilà qu'il a montré que les idées du père Noël sur les corps ne sont pas conformes à la chimie, que non seulement la matière ignée dont il remplit le vide apparent du tube ne peut s'y trouver, pas plus qu'elle n'est présente dans l'air, si elle existe, mais, de plus, le père Noël lui-même la juge inutile pour rendre compte de la suspension de la liqueur dans le tuyau. *J'ai été ravi de le voir entrer en cela dans le sentiment de ceux qui ont examiné ces expériences avec le plus de pénétration; car vous savez que la lettre du grand Torricelli, écrite au seigneur Ricci il y a plus de quatre ans, montre qu'il était dès lors dans cette pensée, et que tous nos savants s'y accordent et s'y confirment de plus en plus. Nous en attendons néanmoins l'assurance de l'expérience qui se doit faire sur une de nos plus hautes montagnes ; mais je n'espère pas la recevoir que dans quelque temps, parce que sur les lettres que j'en ai écrites il y a plus de six mois, on m'a toujours mandé que les neiges rendent leurs sommets inaccessibles.*

Dans sa lettre à Ricci, nous l'avons vu, Torricelli a interprété l'élévation du vif-argent par la pesanteur de l'air, Pascal qui vient de citer Torricelli pour la première fois, semble insinuer que cette expérience ne suffit pas pour en tirer la conclusion qu'en tire celui-ci, et pour la première fois annonce qu'il a demandé qu'une expérience soit faite en bas et en haut d'une montagne.

Et Pascal de critiquer le père Noël qui change si facilement de conviction et d'en conclure : *Ainsi, Monsieur, vous voyez que le P. Noël place dans le tuyau une matière subtile répandue par tout l'univers, et qu'il donne à l'air extérieur la force de soutenir la liqueur suspendue. D'où il est aisé de voir que cette pensée n'est en aucune chose différente de celle de M. Descartes, puisqu'il convient dans la cause de la suspension du vif-argent, aussi bien que dans la matière qui remplit cet espace, comme il se voit par ses propres termes [...] où il dit que cette matière, qu'il appelle air subtil, est la même que celle que M. Descartes nomme matière subtile. C'est pourquoi j'ai cru être moins obligé de lui repartir, puisque je dois rendre cette réponse à celui qui est l'inventeur de cette opinion.* L'originalité des recherches du père Noël serait-elle mise en cause ?

La lettre de Pascal se serait sans doute terminée là, si Pascal n'avait reçu l'ouvrage du père Noël, *Le Plein du vide*, l'ouvrage est paru en janvier 1648.

5. Le Plein du vide, un ouvrage du père Noël

En 1648, le père Noël publie un ouvrage sur l'expérience d'Italie et sur celles que fit Pascal à Rouen. L'ouvrage, *Le Plein du vide*, est dédié au prince de Conti[35], et l'annonce est présentée sous une forme théâtrale

---

[34] Pascal, « Lettre à Le Pailleur », in *Polémique avec le P. Noël*, p. 406-408, pour cette citation et les suivantes.

[35] Le prince de Conti, le deuxième du nom, appartient à la branche cadette de la maison de Bourbon-Condé, c'est un prince de sang royal.

destinée à susciter l'attention du prince. Le père Noël présente ici la défense de la nature injustement accusée de vide ; on reconnaît là une recette des enseignants des collèges pour retenir l'attention de leurs élèves. *La nature est aujourd'hui accusée de vide, et j'entreprends de l'en justifier en la présence de votre altesse : elle en avoit bien été auparavant soupçonnée ; mais personne n'avoit encore eu la hardiesse de mettre des soupçons en fait, et de lui confronter les sens et l'expérience. Je fais voir ici son intégrité, et montre la fausseté des faits dont elle est chargée, et les impostures des témoins qu'on lui oppose. Si elle étoit connue de chacun comme elle est de votre altesse, à qui elle a découvert tous ses secrets, elle n'auroit été accusée de personne, et on se seroit bien gardé de lui faire un procès sur de fausses dépositions, et sur des expériences mal reconnues et encore plus mal avérées. Elle espère, monseigneur, que vous lui ferez justice de toutes ces calomnies. Et si, pour une plus entière justification, il est nécessaire qu'elle paye d'expérience, et qu'elle rende témoin pour témoin, alléguant l'esprit de votre altesse, qui remplit toutes ses parties, et qui pénètre les choses du monde les plus obscures et les plus cachées, il ne se trouvera personne, monseigneur, qui ose assurer qu'au moins, à l'égard de votre altesse, il y ait du vide dans la nature. Cette raison ne laisse rien à faire à toutes les expériences produites et à produire : et je ne doute point que nos adversaires n'en demeurent d'accord avec moi, qui en suis aussi persuadé que personne, et qui, par cette persuasion universelle, ajoutée à mes devoirs particuliers, suis aussi parfaitement que nul autre, monseigneur, de votre altesse, le très-humble, très-obéissant et très-obligé serviteur, Etienne Noël, de la compagnie de Jésus* [36].

Le Plein du vide est en deux parties, la première partie est consacrée à l'expérience d'Italie, la seconde aux expériences de Pascal, qu'il réinterprète comme il l'a fait dans sa correspondance, ainsi n'aurons-nous pas à y revenir.

Sur l'expérience venue d'Italie, le père Noël la présente : *comme, l'a couchée M. Pascal, le fils, dans son livre des Expériences nouvelles touchant le vide.* Mais ici, c'est l'interprétation faite par le révérend père Valérien Magni [Valerianus Magnus] qui est prise à partie [37]. Le père Magnus a

[36] Etienne Noël, « Le Plein du vide », p. 89, 90.

[37] Magnus est un père capucin, il appartient donc à la famille des franciscains, ceux-ci s'opposent à la philosophie d'Aristote, donc à la scolastique à laquelle les jésuites restent attachés. Pour les franciscains, l'expérience d'Italie, qui peut être interprétée en supposant le vide, permet de réfuter la physique des écoles. La critique de cette interprétation est la grande affaire des jésuites, défenseurs de la scolastique avant que la plupart d'entre eux ne se convertissent à la philosophie de Descartes ; Etienne Noël est dans la tradition jésuite ; dans cette critique, il vient après Kircher, Zucchi, Casati, Pallavicino, Fabri et quelques autres. Ajoutons qu'à cette querelle, s'en ajoute une autre, d'ordre religieux. (Gorman Michael J., « Jesuit explorations of the Torricellian space : carp-bladders and sulphurous fumes », *Mélanges de l'Ecole française de Rome, Italie et Méditerranée*, 1994, 106-1, p. 7-32.) La

reproduit l'expérience d'Italie à la Cour de Pologne, probablement en juillet 1647 et l'a publiée dans sa *Demonstratio ocularis*, et raisonnant sur ce fait, *il a avancé trois propositions : la première, que l'espace qui se trouve dans le tuyau sur le vif-argent, est vide ; la seconde, que la lumière passe à travers ; la troisième, que le vif-argent emploie du temps, soit à monter, soit à descendre, par cet espace* [38]. Le père Noël ajoute : *On ne doute point de ces deux dernières ; on les voit à l'œil : toute la preuve de la première est, que pas un corps n'a pris la place que le vif-argent a quittée ; d'où se conclut en première instance, que cet espace est vide, et de cette conséquence, jointe aux autres deux propositions, se déduit nécessairement, que le mouvement d'un corps par le vide ne se fait pas en un instant, mais par succession ; et que la lumière n'est ni corps, ni dans un corps ; et qu'un corps lumineux tire la lumière du néant, puisque le vide est un néant. Je ne combats point toutes ces conséquences ; elles suivent par nécessité cet antécédent, qu'aucun corps n'est entré, ni demeuré dans l'espace qu'a quitté le vif-argent.*

Le père Magnus a vu dans cette expérience l'opportunité de mettre radicalement en défaut la physique d'Aristote et, en premier, de réfuter sa théorie de la lumière : dire que la lumière est un accident est faux, la lumière n'est attachée à aucune substance, mais est elle-même une substance ; outre cela, dire que le mouvement est impossible dans le vide est faux. On saisit pourquoi le père Noël présente avec autant de soin sa théorie de la lumière à la fois dans ses lettres à Pascal et dans *Le Plein du vide*.

Le père Noël entreprend alors revisiter l'expérience d'Italie afin de rechercher quels sont les corps qui remplissent cet espace apparemment vide. Il y trouve *trois choses dignes d'être considérées.*

La première, que le vif-argent, dont est rempli le tuyau de verre de quatre pieds, scellé hermétiquement par le haut, plongé et débouché dans le vif-argent d'un vaisseau, élevé pourtant à quelque distance du fond, et perpendiculairement à l'horizon, quitte le haut du tube, et descend.

La seconde, qu'il ne descend qu'à certaine hauteur.

La troisième, que l'ouverture ayant quitté le vif-argent du vaisseau et passé à la région de l'eau, le vif-argent monte jusqu'au haut du tuyau avec l'eau, puis descend, et descendant se mêle dans le tube avec l'eau, qui monte en sorte qu'elle prend la place du vif-argent, et le tuyau se trouve plein d'eau. Pour donner raison de tout cela, je commence par le mélange des éléments, et dis : Que les autres éléments se trouvent dans l'air. Que l'eau est mêlée avec les autres éléments.

Demonstratio ocularis du P. Magni, dans laquelle il indique que les expériences faites en Pologne sont la reproduction de celles qui ont été faites en France et la lettre de Pierre Petit à Chanut sont publiées dans l'ouvrage de Dominicy, *Observations touchant le vide*, le 10 novembre 1647.

[38] Etienne Noël, « Le Plein du vide », p. 90-102, pour cette citation et les suivantes.

Ainsi le père Noël entre-t-il dans un exposé de la physique des écoles avant de passer à l'interprétation du phénomène qu'il a décrit. *Que les autres éléments se trouvent dans l'air : Que dans ce tout, que nous appelons air, il y ait de la terre, nous l'expérimentons en hiver dans un froid sec : les mains exposées à l'air, contractent une crasse composée de ces petits atomes terrestres, qui le remplissent et le refroidissent. Que dans ce même tout il y ait de l'eau, cela se voit clairement en la canne à vent dont elle sort, quand vous la chargez avec vitesse et longtemps ; et sur la surface des marbres, au dégel et au temps humide. Qu'il y ait aussi du feu élémentaire (je veux dire, de ce feu qui, pour sa petitesse et rareté, est invisible, et par suite fort différent de la flamme et du charbon allumé, qui est entouré d'étincelles ou petites flammes qui s'éteignent dans l'eau, et non pas le feu élémentaire) ; qu'il y ait, dis-je, de ce feu dans l'air, on peut le connoître au foyer d'un miroir ardent, qui brûle par le concours des rayons qui sont dans l'air, […]. Quand un charpentier fait un trou dans le bois avec sa tarière, il l'échauffe grandement ; pressant bien fort ce peu d'air qui est dans son trou, il en fait sortir ce feu subtil et invisible, qui entre par sa grande mobilité et subtilité presque inconcevable dans le fer, et l'échauffe. […] La lumière, qui est dans l'air, nous est un grand argument pour nous persuader les esprits solaires et ignés, qui sont lucides, et dont le mouvement par le corps lumineux est ce que nous appelons lumière.* Ceci requiert une explication, celle-ci n'est autre que celle qu'il a déjà avancée dans sa correspondance avec Pascal. *Que l'eau est mêlée avec les autres éléments.* Le père Noël le montre en interprétant différents phénomènes, tels *la séparation de l'air et de l'éther par la compression de l'eau, paroît dans ces ronds qui se font au jet d'une petite pierre sur une eau claire sans mouvement ; car alors l'éther, se séparant de l'eau par la compression qu'en fait la pierre en la pénétrant, se roule dans la place abandonnée par la pierre, et là communique son mouvement à l'éther, qui est suivi d'un éloignement du centre à la circonférence, d'une élévation et d'une dépression qui paroissent même à nos yeux, et qui vont s'étendant à mesure qu'ils approchent de la circonférence par une communication à plus grand nombre d'esprits, et se ralentissant à mesure qu'ils s'éloignent de leur principe. La dilatation et l'élévation viennent de la légèreté et mobilité de l'air, et la dépression se fait par la pesanteur de l'eau.* Convenez que voilà une curieuse explication des ronds dans l'eau, et la preuve de la grande imagination du père Noël, mais nombreux sont les physiciens de ces temps-là qui ont une telle imagination. *Le feu élémentaire se trouve aussi dans l'eau, mêlé comme les autres éléments, et ne s'en sépare que quand il est trop fort, ou contraint par la compression de l'eau. […] Qu'il y ait de la terre dans l'eau, cela se voit dans les canaux des fontaines, et dans certaines pierres qui s'encroûtent au courant de l'eau, […].* Le père Noël continue son cours de physique, tant l'interprétation de l'expérience d'Italie en dépend. Il traite de la raréfaction et de la condensation : *Je suis l'opinion de ceux qui veulent qu'un corps simple occupe toujours un même espace dans le monde, jamais plus grand, jamais plus petit. Autrement il y auroit de la pénétration des corps ou du vide ; pénétration, s'il occupoit plus grande place ; du vide, s'il en occupoit une plus petite. Ainsi le monde, ou regorgeroit, ou ne seroit pas toujours plein. On ne peut nier qu'entre les corps simples, il n'y en ait de plus rares, lesquels, avec pareil nombre d'atomes sensibles, tiennent plus de place ; et de plus denses, qui en tiennent moins. Le feu élémentaire est de sa nature plus rare et moins dense que la terre et la terre est de sa nature moins rare et plus dense que le feu élémentaire : le feu simple jamais moins rare, la terre simple jamais moins dense : les mixtes sont plus ou moins rares, plus ou moins denses selon qu'ils sont plus ou moins participants du feu ou de la terre. D'où s'ensuit que le corps qui est mêlé de terre et de feu, est en partie rare, en partie dense : si vous lui ôtez de son feu, ou lui donner de la terre, vous le condensez ; et si vous séparez totalement le feu de la terre, et la terre du feu, vous avez du rare dans un espace du monde, et dans l'autre du dense. […] Que les corps ont des pores. […] l'or même, qui est si dense, fait paroître les siens, quand on le voit dans une lunette à puce. Le son du verre est une preuve infaillible que dans ses pores il y a de l'air : et ce trémoussement qui est ou fait le son, qu'il y est fort mobile. Or, ces pores étant fort petits, il est nécessaire que l'air qu'ils enferment soit fort subtil ; et le feu du fourneau où se fond le verre étant si ardent, montre que cet air doit être accompagné d'esprits ignés.*

Le père Noël termine son exposé : « *Quand un corps quitte sa place, il y en pousse un autre* », « *Que le monde est plein* », avant de lever les difficultés de l'expérience d'Italie. *De ce mélange des éléments, de la petitesse des pores du verre et autres semblables matières ; de l'air subtil, ou plutôt feu élémentaire, que j'appelle éther, qui les remplit ; de la pulsion des corps en leurs places : Je conclus que le vif-argent descendant du tuyau par sa pesanteur effective, fait monter celui du vaisseau ; celui-ci, l'air qui est autour du tuyau, dont la première partie pressée contre les parties suivantes, fait sortir ce qu'elle a de plus subtil, qui est l'éther ; car presser un corps, est joindre et approcher ses parties, par l'exclusion d'un corps qui les dilatoit et les séparoit. L'éther, sorti de l'air, est poussé dans la place vidée par celui qui étoit dans les pores ; et celui qui étoit dans les pores, dans la place abandonnée par le vif-argent : et tout cela se fait en même temps à la descente du vif-argent. Le corps qui est entré dans le tuyau est l'éther ; il y est entré par les pores du verre, poussé par le vif-argent porté en bas par sa pesanteur effective ; tellement que le principe de tout ce changement de place est la pesanteur effective du vif-argent qui est dans le tube. Voilà pour la première chose à considérer en cette expérience.*

Jusque là le P. Noël redit à peu près ce qu'il a écrit dans ses lettres à Pascal. A partir d'ici, il attribue une nouvelle propriété à l'éther, une légèreté mouvante, qui fera l'objet d'une critique féroce de Pascal et que le père Noël abandonnera très vite.

Venons à la seconde [difficulté d'interprétation de l'expérience d'Italie]. Pourquoi l'éther, ayant suivi le vif-argent jusqu'à deux pieds trois pouces par-dessus la surface de celui qui est dans le vaisseau, s'arrête. L'inclinaison de l'éther est de monter par-dessus l'air et tous les autres éléments : c'est pourquoi, n'y étant jamais dans le monde, il est toujours dans l'essai et dans l'effort de monter, et monte aussitôt qu'il trouve place abandonnée par quelque corps plus voisin du ciel, ou poussé par l'éther même, ou par quelque autre corps, ou mu par son principe intérieur. Quand il prend de soi une place vide et voisine, à côté ou en bas, c'est toujours pour monter, et ne le fait qu'étant empêché de son droit chemin. En quelque part qu'il aille, porté de sa légèreté, il pousse les autres ; et, s'il n'est pas assez fort pour les pousser et prendre leur place, et les contraindre à prendre celle qu'il leur quitteroit, il ne bouge. De même le vif-argent ne descend point qu'il ne contraigne un autre à prendre sa place ; et, s'il ne peut, il demeure. Voilà justement l'état où sont l'éther et le vif-argent, quand ni l'un ni l'autre n'a la force de contraindre son voisin, le poussant à prendre sa place. L'éther, enfermé dans le tuyau, ne peut monter par sa légèreté mouvante qu'il ne prenne la place de l'air supérieur son voisin. Cet air supérieur ne quitte point sa place qu'en prenant celle qu'un autre abandonne ; cette place est le bas, c'est-à-dire, vers celle que l'éther quitte : si donc l'air ne peut prendre place vers celle que quitteroit le vif-argent, l'éther demeure, et le vif-argent ne l'arrête que par sa pesanteur effective, qui ne donne point de place à l'air qui devroit la prendre, au cas qu'il fût poussé de la sienne par l'éther, changeant de place par sa légèreté mouvante. Si d'ailleurs le vif-argent n'est pas assez fort pour pousser l'éther dans le tube, la place étant occupée par celui qui est dedans, et ne la quitte point, il demeurera, non pas arrêté par sa pesanteur, mais par la légèreté mouvante de l'éther conservant sa place, n'en ayant point d'autre pour monter, et n'étant pas contraint de descendre par la pulsion du vif-argent. Comparons aussi le vif-argent qui est dans le tube avec celui qui est dans la cuvette, comme le poids qui est dans un bassin d'une balance avec le poids qui est dans l'autre. Si celui qui est dans la cuvette pèse plus que celui qui est dans le tube, il descendra, et fera monter celui du tube, comme le poids d'une balance le plus pesant descend et fait monter l'autre. Au contraire, si celui qui est dans le tube est plus pesant que celui qui est dans la cuvette, il descendra, et fera monter celui de la cuvette jusqu'à l'égalité de pesanteur et équilibre, qui, dans l'inégalité de surface perpendiculaire à l'horizon, se rencontre en celle qui est dans la cuvette plus basse de deux pieds trois pouces que celle du tube. Et cette inégalité de surface arrive de ce que le vif-argent qui est dans le tube n'a pas assez de pesanteur pour s'égaler de surface à celui de la cuvette. L'avantage qu'a celui de la cuvette par-dessus l'autre, se prend de l'air qui pèse sur celui de la cuvette, et ne pèse pas sur celui du tube, celui-ci n'étant que sous l'éther qui ne charge point. Que l'air commun que nous respirons, et qui est sur la surface du vif-argent qui est dans la cuvette, soit pesant, on n'en doute pas, après avoir pesé la canne à vent devant et après l'avoir chargée. Quand on hausse le tuyau sans quitter le vif-argent du vaisseau, l'air dont le tuyau prend la place est poussé vers le bas ; une partie entre dans le tube, l'autre prend la place du vif-argent de la cuvette qui est descendu. Quand on l'enfonce, le vif-argent du tuyau pousse l'éther, qui prend la place que le tuyau quitte en descendant. La place que tient le tube dans l'air et dans le vif-argent doit être considérée. On demande ici pourquoi un grand tuyau plein d'éther ne fait pas plus monter le vif-argent qu'un petit. Je réponds que l'éther d'un grand tube n'a pas plus de légèreté mouvante que l'éther d'un petit, quand il n'a point de place où aller : il n'en a point qu'il ne pousse et fasse entrer son voisin le plus mobile en celle qu'il abandonne. Le seul vif-argent a ces deux conditions de voisinage et plus grande mobilité. Si donc l'éther monte et change de place, il doit, par le moyen de l'air dont il prend la place immédiatement, le faisant descendre, faire monter le vif-argent, cet air poussé par l'éther ne trouvant point de place que celle que quitteroit le vif-argent en montant, poussé dans la place abandonnée par l'éther. Le vif-argent donc, si sa pesanteur effective est trop grande pour être surmontée par la légèreté mouvante de l'éther, demeurera et empêchera le mouvement de l'éther, ne lui quittant point la place. Or, tout ainsi qu'une planche peut soutenir un poids plus grand que celui qui est nécessaire pour la tenir droite et en état, de même la pesanteur effective du vif argent dans le tube est suffisante pour empêcher le mouvement d'un éther plus grand que celui qui est nécessaire pour l'arrêter. Mais comme ce poids, si la pesanteur venoit tellement à croître, ou la force de la planche tellement à diminuer, qu'il ne pût être soutenu par cette planche, descendroit en la rompant, de même l'éther, si sa légèreté mouvante venoit tellement à croître par l'union d'autres parties, ou si la pesanteur du vif-argent tellement à décroître, qu'il ne pût être empêché de changer de place par la pesanteur du vif-argent, il le feroit monter en sa place. Comme il arrive quand l'ouverture du tube trempe dans l'eau (qui est la troisième chose considérable en cette expérience) ; car alors l'éther pousse l'air sur l'eau, et l'eau sur le vif-argent, et le vif-argent en la place qu'il abandonne. Mais comme le vif-argent est plus pesant que l'eau, n'étant plus poussé que de l'eau, il la pousse en sa place vers le haut, et prend la sienne vers le bas : ainsi le tuyau demeure plein d'eau. Que l'éther ait la force de pousser en haut et contraindre les choses pesantes à prendre sa place, nous le connoissons de ces instruments de chirurgie qu'on appelle ventouses, où le feu, sortant par les pores du verre, contraint l'air d'alentour de descendre, et pousser la chair et le sang après la scarification dans la ventouse. On fait la même expérience avec un verre de table : si vous y allumez un peu de papier, et le renversez sur une assiette couverte d'eau, ce petit feu invisible, et presque insensible en sortant par les pores du verre, pousse l'air sur l'assiette ; et l'air poussé, pousse l'eau sous le verre. Son mouvement n'est pas plus grand, à cause que l'eau est trop pesante pour monter plus haut.

Ainsi, pour lever une difficulté que lui pose l'interprétation de l'expérience d'Italie, le père Noël a-t-il introduit un nouveau concept : il attribue une nouvelle propriété à l'éther, *la légèreté mouvante*, laquelle, nous l'avons dit, fera l'objet d'une critique féroce de Pascal [39]. Dans la seconde partie de son exposé, le père Noël présente *les expériences qui ont été faites et données au public par M. Pascal le fils,* et en donne ses propres interprétations, reprenant ce qu'il en dit dans ses deux lettres à Pascal.

6. Retour sur la lettre de Pascal à Le Pailleur

Comme j'écrivais ces dernières lignes, le R. P. Noël m'a fait l'honneur de m'envoyer son livre sur notre sujet, qu'il intitule « Le Plein du vide » ; et a donné charge à celui qui a pris la peine de l'apporter, de m'assurer qu'il n'y avait rien contre moi, et que toutes les paroles qui paraissaient aigres ne s'adressaient pas à moi, mais au R. P. Valerianus Magnus, capucin. Et la raison qu'il m'en a donnée est que ce père soutient affirmativement le vide, au lieu que je fais seulement profession de m'opposer à ceux qui décident sur ce sujet. Mais le P. Noël m'en aurait mieux déchargé, s'il avait rendu ce témoignage aussi public que le soupçon qu'il en a donné [40].

Dans le compte rendu qu'il donne de cet ouvrage, Pascal juge que le père Noël n'apporte que *des conjectures au lieu de convictions*, que lorsqu'il veut établir que le vide apparent est un corps, *il dit simplement qu'il trouve beaucoup plus raisonnable de dire que c'est un corps. Quand il est question de montrer le mélange des éléments, il n'ajoute que des choses très faibles à celles qu'il avait dites dans ma lettre* [celle que reçue Pascal]. *Quand il est question de montrer la plénitude du monde, il n'en donne aucune preuve ; et sur ces vaines apparences, il établit son "aether" imperceptible à tous les sens, avec la légèreté imaginaire qu'il lui donne.*

Après cela, Pascal s'attaque aux expériences présentées par le père, des expériences fausses, telles, que nous n'avons pas citées, *qu'un tuyau plein de vif-argent et de ce même vide étant renversé, le vif-argent tombe aussi lentement dans ce vide que dans l'air, et que ce vide retarde son mouvement naturel autant que l'air, et enfin beaucoup d'autres choses qu'il rapporte ; car je l'assure du contraire, et que l'on voit à l'œil nu qu'il ne sort aucune matière du soufflet, mais qu'au contraire l'air y entre, et que le vif-argent tombe dans ce vide avec une extrême impétuosité, etc.*

---

[39] Dans le même ordre d'idée, au milieu du dix-huitième siècle, lorsque les chimistes ont introduit le phlogistique, un être physique qui permet d'interpréter la calcination des métaux, Venel (1723-1775) suppose qu'au lieu de tendre vers le bas comme tous les autres corps de la nature, le phlogistique va en haut. Guyton de Morveau (1737-1816) considère que le phlogistique a une moindre gravité que l'air. (Locqueneux, *Sur la nature du feu aux siècles classiques*, *op. cit.*, p. 193-197).

[40] Pascal, « Lettre à Le Pailleur », in *Polémique avec le P. Noël*, p. 408-412.

La liste des critiques continue qui se clôt par cette conclusion : *Vous voyez par là, Monsieur, que le P. Noël appuie cette matière invisible par des expériences fausses, pour en expliquer d'autres qu'il a mal entendues. Aussi était-il bien juste qu'il se servît d'une matière que l'on ne saurait voir et qu'on ne peut comprendre, pour répondre à des expériences qu'il n'a pas vues et qu'il n'a pas comprises. Quand il en sera mieux informé, je ne doute pas qu'il ne change de pensée, et surtout pour sa légèreté mouvante ; [...]* Pourtant, en 1651, dans une lettre à M. de Ribeyre, Pascal écrit que *le R. P. Noël [...] fit un livret qu'il intitula "Le plein du vide" où il rapporte mot à mot la plupart de mes expériences.*

Ce propos de Pascal n'est pas prémonitoire, il vient de recevoir un billet du P. Noël avant que sa lettre ne soit close, un billet qui renverse la plus grande partie de son livre : *il révoque la légèreté mouvante de "l'aether", en rappelant le poids de l'air extérieur pour soutenir le vif-argent. De sorte que je trouve qu'il est assez difficile de réfuter les pensées de ce père, puisqu'il est le premier plus prompt à les changer, qu'on ne peut être à lui répondre ; et je commence à voir que sa façon d'agir est bien différente de la mienne, parce qu'il produit ses opinions à mesure qu'il les conçoit ; mais leurs contrariétés propres suffisent pour en montrer l'insolidité, puisque le pouvoir avec lequel il dispose de cette matière témoigne assez qu'il en est l'auteur, et partant qu'elle ne subsiste que dans son imagination.* Laissons-là Pascal à son penchant pour la polémique si les scientifiques avaient tous eu ces mêmes convictions sur les hypothèses en sciences, celles-ci auraient été condamnées à la stérilité, mais cela nous l'avons déjà dit.

Il nous faut maintenant revenir sur ce revirement du P. Noël. Celui-ci a non seulement écrit une rétractation de la légèreté mouvante pour en revenir à la pesanteur de l'air, mais il corrige et traduit son ouvrage en latin, ouvrage auquel il donne un nouveau titre, *Plenum novis experimentis auctore Stephano Natale Societatis Jesu.* Dans sa préface, le P. Noël explique que lors de l'impression du *Plein du vide*, la maladie l'empêcha d'en revoir les épreuves, qu'il n'avait pas pu revenir sur certains de ses propos et que quantité de fautes et d'omissions s'étaient glissées dans son texte. Aussi, parce qu'il *balbutiait en français*, a-t-il décidé de le réécrire en latin pour tenir compte des nouvelles expériences de ses adversaires. Dans cet ouvrage, la dédicace au prince de Conti, que les Pascal avait violemment critiquée, est remplacée par une préface. Dans ce texte, il avoue avoir mal compris les expériences de Pascal faute de les avoir vu. En outre il s'est fait montrer quelques expériences par Pierre Petit [41].

[41] Louis Rougier, « La correspondance du père Noël et de Pascal », in *De Torricelli à Pascal* (1927, ?), publié par *Philosophia Scientiae*, 2010, chapitre 10, p. 182-194. [Texte intégral avec une préface de Simone Mazauric].

7. Lettre d'Etienne Pascal au père Noël

La lettre d'Etienne Pascal suit celle de son fils à Le Pailleur de quelques jours, elle fut donc achevée dans le courant du mois de mars 1648.

Le plein du vide, on peut trouver très approprié le titre d'un ouvrage qui pose la question : qu'est-ce qui remplit le vide apparent en haut du tuyau ? Ce n'est pas le sentiment des Pascal, père et fils, qui en la matière, n'ont guère le sens de l'humour. *Le livret de mon fils, contre lequel vous écrivez, est ainsi intitulé : Expériences nouvelles touchant le vide, [...]. A ce titre simple, naïf, ingénu, sans artifice et tout naturel, vous opposez cet autre titre, Le plein du vide, subtil, artificieux, orné, ou plutôt d'une figure qu'on appelle antithèse, si j'ai bonne mémoire* [42]. Suit un long commentaire tout aussi peu amène sur ce titre ; puis la citation complète de l'épître dédicatoire qui m'apprend, écrit Etienne Pascal, il est sensé tenir la plume, *que vous avez l'intention de mordre en riant, et d'égratigner en vous jouant.* En lisant cette lettre, on pourrait croire que dans son épître le père Noël a voulu faire passer ces expériences *pour ridicules, fausses et mal entendues* parce qu'elles l'ont *contraint de sortir hors de l'Ecole et de la philosophie que l'on enseigne dans le collège de Clermont.*

Parce que le P. Noël a écrit que l'on a supposé qu'il y a du vide dans la nature à partir d'expériences *mal reconnues et encore plus mal avérées*, les Pascal ont voulu persuader leur lecteur que le P. Noël voulait dire *que toutes ces expériences sont fausses et mal entendues.* Que le P. Noël ait pensé que ces expériences sont fausses, voilà une assertion qui ne tient pas à la lecture de l'opuscule du P. Noël ; que ce dernier affirme que ces expériences sont mal interprétées lorsqu'on admet le vide – quoi de plus naturel que la confrontation des hypothèses lorsqu'on veut interpréter des phénomènes. Les Pascal feignent de croire que *les paroles fâcheuses* que le P. Noël adresse au P. Magnus ne sont qu'une feinte et qu'elles ne visent que le jeune Pascal. *Mais trouviez-vous en lui sujet de croire qu'il fût si peu intelligent, que de ne pas connaître l'artifice de votre civilité à contretemps, et lieu d'espérer qu'il pût en être persuadé, après que la tissure entière de votre livret a fait si clairement voir que c'est lui et non autre que vous avez voulu provoquer, après que vous avez employé tout ce que vous avez d'industrie pour tâcher à détruire les huit expériences qu'il a faites ; et qu'après votre prétendue destruction de ces huit expériences, vous avez mis fin et terminé votre livre, sans traiter d'autres matières ?*

On peut supposer que quelques copies de cette lettre eurent d'autres lecteurs que leur destinataire ; ceux-ci pourront toujours ignorés que

---

[42] « Lettre d'Etienne Pascal au P. Noël », in Pascal, *Polémique avec le P. Noël*, p. 413-425, pour cette citation et les suivantes. Le P. Noël a alors 70 ans, Blaise Pascal n'a pas encore 25 ans, il eut été inconvenant qu'il signe une telle lettre, des historiens tel Félix Mathieu pensent qu'il est douteux qu'elle ait été rédigée par Etienne Pascal ; il est indéniable que, si le père a tenu la plume, la lettre a été pensée par le père et le fils.

l'adresse du P. Noël au P. Valerianus Magnus s'inscrit dans une suite de critiques faites par les jésuites aux franciscains tant en physique, qu'en théologie entre tenants de Thomas d'Aquin et tenants de saint Augustin. Et les Pascal de préjuger de l'ignorance de cette querelle de moines : *Trouvez-vous que la charité soit plus offensée en la personne de mon fils qu'en celle du P. Valerianus, qui peut-être ne vous vit jamais, ni jamais n'ouïra parler de vous ?*

Les Pascal croient, ou font semblant de croire, que le P. Noël considère que ces expériences sont fausses, parce que l'interprétation qu'ils en donnent introduit le vide dans la nature et détruit la physique des écoles. Croient-ils réellement que leur interprétation soit la seule possible, ou ne cherchent-ils qu'à en persuader leurs lecteurs ?

Pourquoi, feignent-ils de demander, *dans son épître, a-t-il voulu les faire passer pour ridicules, fausses et mal entendues ? Et pourquoi leur a-t-il donné tous ces fameux épithètes en un lieu qui n'était pas destiné à leur réfutation ?*

C'est à vous, mon Père, d'éclaircir le lecteur sur ce doute ; mais en attendant, vous me permettrez de vous dire que ces expériences, si fausses, si mal entendues et si ridicules que vous ayez voulu les figurer, vous ont désarçonné, c'est-à-dire, sans plus allégoriser, contraint de sortir hors de l'Ecole et de la philosophie que l'on enseigne dans le collège de Clermont ; vous l'avez trouvée dans l'impuissance de pouvoir résoudre les conséquences nécessaires de ces ridicules expériences ; il a fallu avoir recours à des forces étrangères. Il faut avouer que vous avez de fidèles amis, car, en très peu de temps, vous avez tiré secours de bien loin. On a vu, en très peu de temps, venir à votre assistance la sphère de feu d'Aristote, la matière subtile de M. Descartes, la matière ignée, l'aether, les esprits solaires, et la légèreté mouvante. Voilà bien des puissances qui viennent à votre assistance, desquelles, si vous en étiez pris à serment, je m'assure que vous n'oseriez affirmer en connaître une seule. Il faut assurément que vous ne soyez pas de ces humains défiants qui ne prennent confiance en qui que ce soit, vu que vous vous êtes jeté ainsi aveuglément entre les bras d'un secours inconnu. Je ne sais pourquoi vous n'avez pas voulu dire dans votre imprimé que cette matière subtile soit de l'invention de M. Descartes ; je ne sais si c'est afin que quelqu'un se pût imaginer que vous en êtes l'auteur, ou si vous avez voulu, par cette dissimulation affectée du nom de M. Descartes, persuader à tous ceux qui liront votre livret que cette matière subtile n'est pas une chose nouvellement inventée. Quoi qu'il en soit, vous avez, premièrement, fort confusément (peut-être pour faire dire que vos pensées sont détachées de celles et d'Aristote et de M. [Descartes] et de qui que ce soit), fort artistement mélangé la sphère du feu avec la matière subtile et la matière ignée.

IV- De la pesanteur de l'air dans l'œuvre de Pascal

1- Descartes & les expériences nouvelles touchant le vide

Descartes a écrit un *Traité du monde* qui ne fut publié qu'après sa mort en 1664, il a publié les *Principes de philosophie* en latin en 1644 et en français en 1647 ; il y suppose que le monde est plein, que le vide n'y a aucune place [43] ; il va sans dire que si des expériences pouvaient démontrer l'existence du vide, elles mettraient en péril cette vision du monde.

Pour moy, je ne conçoy autre chose [...] sinon que, lors qu'un cors se condense, c'est que ses pores s'estrecissent, & qu'il en sort une partie de la matière subtile qui les remplissoit, ainsy qu'il sort de l'eau d'une esponge quand on la presse. Et au contraire, quand un cors se dilate, c'est que ses pores s'eslargissent, & qu'il y entre davantage de matiere subtile, ainsy que j'ay expliqué en plusieurs endroits de mes Meteores [Discours second, p. 172, et Discours cinquiesme, p. 203, &c.] [44].

Avec une telle conviction, l'espace laissé libre par le mercure en haut des tubes barométriques serait vide d'air mais rempli d'une substance plus subtile que l'air, une substance qui pourrait être à l'air, ce que l'air est à l'eau ; c'est ce qu'il affirme dans des lettres qu'il adresse à Mersenne et qui sont présentées ici. Sur la cause de la suspension de l'eau dans les tubes, l'opinion de Descartes est faite depuis longtemps, dès sa lecture des *Discours sur deux sciences nouvelles* de Galilée. Dans une lettre au père Mersenne du 11 octobre 1638, il fait la critique des deux premiers de ces *Discours* et, au fil de sa lecture, il critique les causes avancées par Galilée de l'incapacité des pompes d'élever l'eau à plus de 18 brasses : *Il [Galilée] donne deux causes de ce que les parties d'un corps continu s'entretienent : l'une est la crainte du vuide, l'autre certaine cole ou liaison qui les tient, ce qu'il explique encore apres par le vuide ; & je les croy toutes deux tres*

---

[43] Selon Descartes, l'univers est plein, la matière et l'étendue se confondent ; au début était le chaos ; mise en mouvement désordonné par Dieu, la matière homogène du chaos se fragmente en corps ayant à peu près la même taille. L'érosion de ces corps produit les corpuscules ronds du second élément et des raclures extrêmement ténues qui sont la matière subtile du premier élément, cette matière se glisse en tous les interstices, de sorte qu'il n'y a jamais d'étendue sans matière. Ces deux éléments constituent la substance fluide du ciel, du Soleil et des étoiles. La matière grossière du troisième élément, qui entre dans la composition des taches solaires et des planètes, est faite de grosses particules peu mobiles ayant les formes les plus diverses ; certaines de ces particules ont été formées peu à peu par des particules du premier élément qui, immobilisées, se soudent les unes aux autres par leurs cannelures. Dans un monde plein, les seuls mouvements qui puissent perdurer sont circulaires, le monde est formé de tourbillons contigus. Le système solaire est l'un de ses tourbillons... Qu'en pense Pascal ? Il nous le dit dans les *Pensées* : *Il faut dire en gros : "Cela se fait par figure et mouvement", car cela est vrai. Mais de dire quels, et composer la machine, cela est ridicule, car cela est inutile et incertain et pénible. Et quand cela serait vrai, nous n'estimons pas que toute la philosophie vaille une heure de peine.* (Pascal, *Pensées*, p. 566).

[44] Descartes, « Lettre à Mersenne, 11 octobre 1638 », *Œuvres*, vol. 2, p. 384.

fausses. Ce qu'il attribuë au vuide ne se doit attribuer qu'a la pesanteur de l'air ; & il est certain que, si c'estoit la crainte du vuide qui empeschast que deux corps ne se separassent, il n'y auroit aucune force qui fust capable de les separer. La façon qu'il donne pour distinguer les effets de ces deux causes ne vaut rien, & ce qu'il fait dire a Simplicio est plus vray, & l'observation que les pompes ne tirent point l'eau a plus de 18 brasses de hauteur ne se doit point rapporter au vuide, mais ou a la matiere des pompes ou a celle de l'eau mesme, qui s'escoule entre la pompe & le tuyau, plutost que s'eslever plus haut. Il examine la cole qu'il ajouste avec le vuide pour la liaison des parties des cors, & il l'attribuë a d'autres petits vuides qui ne sont nullement imaginables [45].

Mais reprenons ce texte de Galilée qui est l'objet de la critique de Descartes, un passage de la première journée des *Discours* dans lequel Galilée, par le truchement de l'un de ses acteurs [46], Sagrédo, raconte que, constatant qu'aucune pompe n'a le pouvoir de faire monter l'eau *d'un cheveu au-delà de dix-huit coudées [...] j'ai été jusqu'à cette heure si peu perspicace, que tout en sachant qu'une corde, une baguette de bois ou une tige de fer, peuvent être allongées au point de se rompre sous leur propre poids, si on les attache par leur partie supérieure, il ne m'est pas venu à l'esprit que la même chose se produira encore plus facilement dans le cas d'une colonne ou d'une baguette d'eau. Car ce qui est attiré dans la pompe n'est-il pas, en somme, un cylindre d'eau qui, attaché par en haut, s'allonge de plus en plus, atteignant finalement ce point au-delà duquel, tiré par son propre poids devenu excessif, il se rompt exactement comme une corde ?* [47]

Ainsi Galilée peut-il substituer à ce problème, celui de la résistance à la rupture des cylindres, des fils ou des baguettes à leur propre poids et, par le truchement de Salviati, il peut en tirer les conséquences : *Ainsi, une baguette de cuivre pouvant soutenir son propre poids jusqu'à une longueur de quatre mille cent une coudées, la résistance due au vide par rapport à la résistance totale est mesurée par le poids d'une colonne d'eau longue de dix-huit coudées et de même diamètre que le fil de cuivre ; à supposer que le cuivre soit neuf fois plus lourd que l'eau, la résistance à la rupture due au vide pour une baguette de cuivre quelconque, équivaudra au poids de deux coudées de la même baguette. Par un raisonnement et une opération identiques on pourra trouver, pour tous les corps solides, la longueur maximale de fils ou de baguettes susceptibles de supporter leur propre poids, et du même coup la part revenant au vide dans leur résistance.* Mais

---

[45] Descartes, « Lettre à Mersenne, 11 octobre 1638 », p. 382.

[46] Galilée présente les *Dialogues sur les deux grands systèmes du monde* et les *Discours concernant deux sciences nouvelles*, sous la fiction de conversation entre le copernicien Salviati, l'aristotélicien Simplicio et leur hôte Sagrédo.

[47] Galilée, *Discours concernant deux sciences nouvelles*, p. 18-20, pour cette citation et les suivantes.

peut-on penser qu'il n'existe qu'un seul facteur de résistance, le vide ; selon Sagrédo : *Il vous reste maintenant à nous expliquer en quoi consistent les facteurs de résistance autres que le vide, je veux dire quelle est la colle ou la substance visqueuse qui réunit les unes aux autres les parties d'un solide : car je ne saurais, pour ma part, imaginer une substance agglutinante qui ne serait ni brûlée ni consumée dans un four violemment chauffée en deux, trois ou quatre mois, et, à plus forte raison, en dix ou en cent ; or de l'argent, de l'or ou du verre maintenus tout ce temps à l'état liquide, dès qu'on les retire du four, voient en se refroidissant leurs parties se réunir et se ressouder comme auparavant. Sans compter que la même difficulté qui surgit pour la liaison des parties du verre, réapparaîtra pour les parties de la colle, c'est-à-dire de la cause qui les maintient si fermement unies.*

Ainsi Galilée a-t-il, pense-t-il, démontré que si l'horreur du vide est responsable de la cohésion entre les parties les plus infimes des matériaux, la rupture des matériaux montre que cette horreur est limitée. Sagrédo et Salviati ne sont pas sensibles à l'opinion de Simplicio, l'aristotélicien, qui, contre le vide, considère que les parties de l'eau peuvent se dilater et se raréfier ; que de l'air, des exhalaisons ou d'autres substances plus subtiles ont pu s'introduire par les pores des matériaux : le bois, le verre... On comprend que Descartes préfère l'opinion de Simplicio au vide et à la colle de Sagrédo.

On ne peut aborder la rencontre de Descartes et de Pascal en ignorant que les Pascal, père et fils, et leurs amis, Roberval, Fermat, Le Pailleur, Pierre Petit, ont vivement critiqué les travaux mathématiques de Descartes et sur ce que celui-ci pense d'eux. Nous pouvons nous en faire une idée au détour de quelques lettres de Descartes à Mersenne [48]. Ajoutons que Pascal et

[48] Dans la lettre à Mersenne du 11 octobre 1638, on peut se faire une idée des rapports que Descartes entretient avec ses collègues mathématiciens : *J'ay ry de ce que vous a écrit Monsieur [Fermat] touchant les centres de Gravité, à sçavoir, que ce qui est de plus merveilleux, c'est qu'on les trouve par sa methode : quand cela seroit, voila grande merveille ; & que cette methode est plus à luy qu'aux autres. Mais je vous assure qu'on les peut trouver tous sans aucune Analyse, & mesme quasi sans mettre la main à la plume, en tirant seulement quelques consequences de ce qui est dans Archimede, ainsi que je vous ay mandé dès la premiere fois qu'il en écrivist. Je viens de lire le Traitté de Mechanique du sieur [Roberval], où j'apprens qu'il est Professeur, ce que j'avois ignoré, & je pensois que vous m'eussiez autresfois mandé qu'il estoit President en quelque Province, & je ne m'estonne plus tant de son stile. Pour son Traitté, j'y pourrois trouver quantité de fautes, si je le voulois examiner à la rigueur ; mais je vous diray, en gros, qu'il a pris beaucoup de peine à expliquer une chose qui est bien aisée, & qu'il l'a renduë plus difficile par son explication, qu'elle n'est de sa nature ; outre que Stevin a demonstré avant luy les mesmes choses, d'une façon beaucoup plus facile & plus generale. [...] Pour le Sieur [Petit], de qui vous me mandez que je vous écrive quelque chose que vous luy puissiez monstrer, afin qu'il ne se fasche point, je vous diray que je n'ay nullement coustume de flatter mes ennemis, & que, s'il se fasche de mon silence, il le fust bien encore plus fasché de ma réponse ; car je ne l'aurois point épargné, & j'en aurois eu tres-ample matiere. Les raisons qu'il donne pour prouver l'Existence de Dieu, sont si badines qu'il semble s'estre voulu mocquer de Dieu en les*

Descartes sont dans deux systèmes de pensée qui s'opposent, deux points de vue inconciliables sur la science : Pascal, comme Gassendi, a une approche empiriste de la science ; il suit Gassendi dans la voie du pyrrhonisme chrétien, un pyrrhonisme que ce dernier emprunte à Montaigne. Descartes combat le pyrrhonisme de Montaigne, le cogito cartésien part de l'évidence de l'existence d'un Dieu qui ne peut être trompeur et qui a mis en l'homme des semences de vérité ; la métaphysique cartésienne se présente comme un rempart contre le pyrrhonisme de Montaigne ; l'a-priorisme cartésien est à l'opposé de l'empirisme d'un Gassendi ou d'un Pascal. Paul Mouy a écrit : *Le dogmatisme de Descartes est essentiellement aprioriste, mais il se projette dans le plan expérimental en raison de l'accord établi par Dieu créateur entre nos âmes, d'une part, où les semences de la vérité sont inscrites, le monde réel, d'autre part, où la réalité se conforme aux lois qui ont été créées pour la gouverner. La réciprocité des "raisons" qui "s'entresuivent" de telle sorte que l'expérience prouve la théorie, qui, à son tour, explique l'expérience, ferme un anneau invincible, qui n'est pas un cercle vicieux, et que scelle l'ordre immuable de Dieu*[49]. Ajoutons que dans les années 1740, c'est l'empirisme qui séduit en France, et que la pensée cartésienne n'y sera dominante que vingt ans plus tard. Nous voyons qu'au travers des critiques que Pascal fait au père Noël, c'est Descartes qui est le plus souvent visé.

Le bref opuscule de Pascal paraît le 8 octobre 1647. Pascal avait reçu quelques jours plus tôt, les 23 et 24 septembre, les visites de Descartes, il est alors malade et alité. La première visite de Descartes se fait en présence de Roberval, un familier de Pascal, et de sa sœur Jacqueline, qui narra cette visite dans une lettre à Gilberte. Dans cette lettre de Jacqueline, nous pouvons aussi nous faire une idée des rapports difficiles de Descartes et Roberval : *[...] nous arrêtâmes qu'il viendroit a 10 heures et demie le lendemain ; ce qu'il fit avec Mr Habert, Mr de Montigny, un jeune homme de soutane que je ne connois pas, le fils de Mr de Montigny, et 2 ou 3 autres petits garçons. Mr de Roberval, que mon frere en avoit averti, s'y trouva ; et là, après quelques civilités, il fut parlé de l'instrument [la machine arithmétique], qui fut fort admiré, tandis que M. de Roberval le montroit. Ensuite on se mit sur le vuide, et Mr Descartes avec un grand serieux, comme on lui comptoit une experience et qu'on lui demanda ce qu'il croyoit qui fut entré dans la seringue, dit que c'étoit de la matiere subtile ; sur quoy*

écrivant ; et bien qu'il y en ait une qu'il a empruntée de moy, il luy a toutesfois osté toute sa force en la mettant comme il l'a mise. Mais vous luy pourrez dire, s'il vous plaist, que j'attens ses Objections contre ma Dioptrique, afin que, si elles en valent la peine, je puisse répondre à l'un & à l'autre ensemble ; et que, pour ce qu'il a écrit de Dieu, je craindrois qu'on se mocquast de nous en voir disputer l'un contre l'autre, vû que nous ne sommes point Theologiens de Profession. Descartes, « Lettre à Mersenne, 11 octobre 1638 », p. 390-392.

[49] Paul Mouy, *Le développement de la physique cartésienne, 1646-1712*, Paris, Vrin, 1934, reprint New York, Arno, 1981, p. 43, 44.

mon frere lui répondit ce qu'il put, et Mr de Roberval, croyant que mon frere auroit peine a parler, entreprit avec un peu de chaleur Mr Descartes, avec civilité pourtant, qui lui répondit, avec un peu d'aigreur, qu'il parleroit a mon frere tant que l'on voudroit, parce qu'il parloit avec raison, mais non pas avec lui, qui parloit avec preoccupation ; et la dessus, voyant a sa montre qu'il étoit midy, il se leva, parce qu'il étoit prié de dîner au fauxbourg Saint Germain, et Mr de Roberval aussi, si bien que Mr Descartes l'emmena dans un carosse ou ils étoient tous deux seuls, et ils se chanterent goguette, mais un peu plus fort qu'icy, a ce que nous dit Mr de Roberval, qui revint icy l'après dinée, ou il trouva M. Dalibray. J'avois oublié a te dire que Mr Descartes, fâché d'avoir été si peu ceans, promis a mon frere de le venir revoir le lendemain a 8 heures. Mr Dalibray, a qui on l'avoit dit le soir, s'y voulut trouver, et fit ce qu'il put pour y mener Mr le Pailleur, que mon frere avoit prié d'avertir de sa part ; mais il fut trop paresseux pour y venir [...] car lundy il [Pascal] parla fort toute la journée, le matin a Mr Descartes, et l'après-dinée a Mr de Roberval, contre qui il disputa longtems sur beaucoup de choses qui appartiennent autant a la Theologie qu'a la Physique ; [...] [50].

Jacqueline n'assista pas à la seconde rencontre ; mais nous savons par deux lettres de Descartes à Mersenne quelques lumières sur ces rencontres. Nous l'avons dit, l'opuscule de Pascal n'était pas encore paru lorsque ces rencontres eurent lieu ; Descartes étant très peu de temps après retourné en Hollande, Pascal lui en fit parvenir un exemplaire. Les lettres de Descartes à Mersenne du 13 décembre 1647 et du 31 janvier 1648, dont nous donnons ici des extraits, montrent la réaction de Descartes à l'opuscule de Pascal : *Expériences nouvelles touchant le vide*, telles ces deux lettres, malgré leur concision montrent la proximité de vue de Descartes et du P. Noël sur la matière subtile et la pesanteur de l'air.

Descartes à Mersenne, Egmond, 13 décembre 1647.

[Mon Reverend Pere],

Il y a desja quelque tems que M. de Zuylichem m'a envoyé l'imprimé de M. Pascal, [Expériences nouvelles touchant le vide] de quoy je remercie l'auteur, puisque c'est de sa part qu'il m'est envoyé. Il semble y vouloir combattre ma matiere subtile, & je lui en sais fort bon gré ; mais je le supplie de n'oublier pas a mettre toutes ses meilleures raisons sur ce sujet, & de ne pas trouver mauvais, si en temps & lieu j'explique tout ce que ie croiray estre a propos, pour me defendre.

Vous me demandez un escrit touchant les experiences du vif-argent, & neanmoins vous differez de me les apprendre, comme si je devois les deviner ; mais je ne dois pas me mettre en hasard de cela, pource que, si je rencontrois la verité, on pourroit juger que j'en aurois fait icy l'experience,

[50] Descartes, « Lettre de Jacqueline Pascal à sa sœur », in *Œuvres*, vol. 5, p. 72, 73.

& si je manquois, on en auroit moins bonne opinion de moy ; mais, s'il vous plaist me faire part ingenuement de tout ce que vous avez observé, je vous en auray obligation ; & en cas qu'il arrive que je m'en serve, je n'oublieray pas de faire sçavoir de qui je les tiens. J'avois averti M. Pascal d'experimenter si le vif-argent montoit aussi haut, lorsqu'on est au-dessus d'une montagne, que lorsqu'on est tout au bas ; je ne sçay s'il l'aura fait. Mais, afin que nous puissions aussy sçavoir si le changement des tems & des lieux n'y fait rien, je vous envoie une mesure de papier de deux pieds & demi, ou le troisiesme & le quatriesme pouce, au-dela des deux pieds, sont divisés en lignes, & j'en retiens icy une autre toute semblable, afin que nous puissions voir si nos observations s'accorderont. Je vous prie donc de vouloir observer en tems froid & en tems chaud, & lorsque le vent du sud & du nord souffleront, jusqu'a quel endroit de cette mesure le vif-argent montera ; & afin que vous sçachiez qu'il s'y trouvera de la difference, & que cela vous engage a m'escrire aussy tout franchement vos observations, je vous diray que, lundi dernier, [le 9 décembre 1647] la hauteur du vif-argent estoit justement de deux pieds trois pouces, selon cette mesure, & qu'hier, qui estoit jeudi, [le 12 décembre] elle estoit un peu au-delà de deux pieds & quatre pouces ; mais aujourd'huy elle a rabaissé de trois ou quatre lignes. J'ay un tuyau qui demeure attaché jour & nuit en mesme lieu, pour faire ces observations, lesquelles je crois qu'il n'est pas besoin de divulguer sitost, & qu'il vaut mieux attendre que le livre de M. Pascal soit publié. Je voudrois aussy que vous essayassiez d'allumer du feu dans vostre vuide, & que vous observassiez si la fumée ira en haut ou en bas, & de quelle figure sera la flamme. On peut faire cette experience, en faisant pendre un peu de soufre ou de camphre au bout d'un filet dans le vuide & en y mettant le feu au travers du verre avec un miroir ou verre bruslant. Je ne puis faire cela icy, pource que le soleil n'est pas assez chaud, & je n'ay peu encore avoir le tuyau ajusté avec la bouteille[51].

Descartes à Mersenne, Egmond, 31 janvier 1648.

[…] Je suis bien ayse de ce que vous observez la hauteur du vif argent dans un tuyau fixe. Il y demeure bien quelquefois 10 ou 12 jours sans hausser ny baisser ; mais je l'ay vû a 3 diverses fois hausser, en 2 ou 3 jours, de plus d'un pouce. Et ie m'assure qu'il auroit haussé beaucoup davantage, si l'hyver avoit esté fort froid ; mais il a esté le plus doux cete année, en ce païs, que je l'y aye jamais vû. Tous ces jours, le vif-argent n'a esté qu'a 2 pieds & 3 pouces, quelque peu plus, & je m'estonne de ce qu'il est notablement plus haut a Paris.

Pour l'experience d'allumer du feu, vous ne devez aucunement craindre que la bouteille se casse, pourvû, que ce ne soit pas de la poudre a canon, dont le feu passe trop viste, mais une alumette avec du souffre, ou quelque autre corps qui brusle assez lentement, que vous allumiez, & que vous

---

[51] Descartes, « Lettre à Mersenne, 13 décembre 1647 », in *Œuvres*, vol. 5, p. 98-100.

preniez garde, en l'allumant, que le point bruslant du miroir ou verre, dont vous vous servirez, responde au milieu de la bouteille, & non pas vers sa superficie. Nous pourrons peutestre mieux faire cete experience la cet esté ensemble, lorsque je seray a Paris, si vous ne l'avez faite plutost.

Je suis bien ayse de ce que les protecteurs du vuide font sçavoir leur opinion en plusieurs lieux, & qu'ils s'échauffent sur cete matiere ; car cela pourra tourner a leur confusion, si la verité se decouvre.

Pour l'experience de Monsr. des Argues, qui dit qu'il s'est amassé de l'eau dans un verre sigillé hermetiquement, je l'estime fort possible ; car j'ay bien plus d'inclination a croyre qu'outre les deux matieres du premier & 2 element, que j'ay decrits, il y en a encore plusieurs autres, plus subtiles que l'air, qui peuvent passer par les pores du verre, que non pas que, pource que l'air n'y passe point, il n'y ait aucun autre corps qui puisse y passer.

Je ne sçay pas comme vos chercheurs de vuide veulent faire leur experience en une chambre, ou tout soit si bien fermé, que l'air de dehors n'y ait aucune communication. C'est de quoy ils ne viendront pas aysement a bout ; mais, s'ils en vienent a bout, je vous assure que le vif argent n'y descendra en aucune façon hors du tuyau ; non pas qu'il soit alors moins pesant, ny que la colomne d'air luy resiste davantage, mais pource qu'il n'y aura point de place en la chambre ou il se puisse placer, a cause qu'elle sera toute plaine d'air [52].

Le conseil de Descartes qui suggère de rechercher la cause de l'élévation du mercure dans le tube par la pesanteur de l'air sur la surface du mercure de la cuve, une hypothèse qu'il avait déjà émise presque dix ans plus tôt, une hypothèse que le père Noël a lui aussi avancée dans sa seconde lettre. On conçoit que ces conseils dérangent Pascal, puisqu'ils émanent de personnes qui tiennent pour le plein ; le résultat de l'expérience ne peut donc pas prouver le vide, ce vide pourrait-il n'être qu'apparent ?

2- Les expériences du vide dans le vide

Faut-il attribuer la suspension du vif-argent à la pesanteur de l'atmosphère ? Il existe deux voies pour répondre positivement à cette question, chacune d'elles suffit à la réponse : dans l'une, l'expérience barométrique est faite en bas et en haut d'une montagne par un temps serein, une condition qui est suggérée par les observations des variations de hauteur du mercure en fonction du temps qu'il fait, telles que Descartes les décrit à Mersenne, dans l'autre, l'expérience du vide dans le vide, le vide est fait autour d'un baromètre. Citons tout de suite ceux qui réalisèrent cette expérience : Adrien Auzout [53], qui la monta le premier, Roberval, qui

[52] *Ib.*, p. 115, 116

[53] Adrien Auzout, 1622-1691, est né à Rouen et y vit, son père est un ami d'Etienne Pascal (tous deux collaborent à des travaux de mathématiques), lui-même est un ami de Blaise. Il correspond avec Gassendi, c'est lui qui le renseigne sur l'expérience faite chez les Pascal et

perfectionna le montage expérimental, et Pascal, qui le simplifia considérablement, ils pensent tous qu'elle plaide en faveur du vide, mais Roberval reviendra vite sur ce sentiment ; en effet cette expérience s'interprète tout aussi bien si l'on s'en tient à la matière subtile de Descartes [54]. Le principe de la manipulation d'Auzout consiste a placé un tube barométrique et sa cuve en haut d'un autre tube barométrique pour voir si, en haut du grand tube, le mercure monte dans le petit tube lorsqu'un vide apparent ou réel est établi dans le haut du grand tube ; on constate que le mercure ne monte pas dans le petit tube. Pour faire un tel constat, Auzout prend un tube de verre renflé à une extrémité, le tube est ouvert aux deux bouts et le renflement a sur le coté un petit orifice, le tube est disposé verticalement le renflement est en haut ; une cuvette est introduite dans ce renflement et disposée de telle manière qu'elle n'obstrue pas le tube, un petit tube ouvert aux deux bouts est placé verticalement au dessus de la cuvette, il dépasse du grand tube sans l'obstruer. Des vessies de porc sont utilisées pour obstruer le petit orifice et le haut du grand tube d'où émerge le petit tube. L'un des expérimentateurs bouche avec la main l'orifice au bas du grand tube et un autre remplit le tout de mercure qu'il verse par le haut du petit tube. Quand l'appareil est rempli de mercure, on obstrue le haut du petit tube avec une vessie de porc, alors le bas de l'appareil est plongé dans une cuvette de mercure. On observe alors que le mercure baisse dans le grand tube et qu'il s'y maintient à la hauteur d'environ vingt-six à vingt-sept pouces, tandis qu'il ne monte pas dans le petit tube où il est au même niveau que dans sa cuvette, ce qui montre que rien ne pèse sur le mercure de cette cuvette. Le petit orifice du renflement étant ouvert et l'air emplissant le haut du grand tube, le mercure monte dans le petit tube et descend dans le grand tube où il se met au niveau où il est dans sa cuvette. Auzout ne publia pas ce travail : cette manipulation et le schéma de l'appareil furent publiés dans un ouvrage de Jean Pecquet, *Experimenta nova anatomica* publié à Paris en 1661. On trouve le compte rendu d'une expérience en tout point identique dans un ouvrage publié par le père Noël en 1648 [55].

Dans le dispositif conçu par Roberval, une grosse ampoule de verre est soudée en haut du tube qui plonge dans une cuvette ; cette ampoule remplace la cuvette supérieure de l'appareil d'Auzout, le tube barométrique qui plonge dans cette ampoule est soudé, un second tube permet de faire entrer l'air

---

sur celles qui furent faites par Pascal à Rouen. Ses recherches sur l'astronomie et la pneumatique lui ouvrent les portes de l'Académie des sciences en 1666, il la quitte deux ans plus tard et s'installe à Rome où il passera le reste de ses jours.

[54] P. Mouy, *Le développement de la physique cartésienne, 1646-1712*, Paris, Vrin, 1934, New York, Arno Press, 1981, p. 128- 131. (Voir aussi : Pascal, *Œuvres complètes*, tome 1, notes, p. 1109).

[55] Père Etienne Noël, *Gravitas comparata, seu comparatio gravitatis aeris cum hydragyri gravitate*, Paris, Sébastien et Gabriel Cramoisy, 1648. (Pascal, *Œuvres complètes*, tome 1, p. 1109).

extérieur à la fois dans l'ampoule et au haut du tube qui plonge dans la cuvette. La manipulation est semblable à celle qui est faite avec l'appareil d'Auzout, mais elle est plus facile. Arrêtons-nous sur les recherches de Roberval sur le vide et, par un retour en arrière, voyons ce qui l'a amené à cette expérience du vide dans le vide et montrons à cette occasion les variations de ses opinions sur ce sujet ; à travers elles, nous mesurons mieux les interrogations des uns et des autres sur ces recherches.

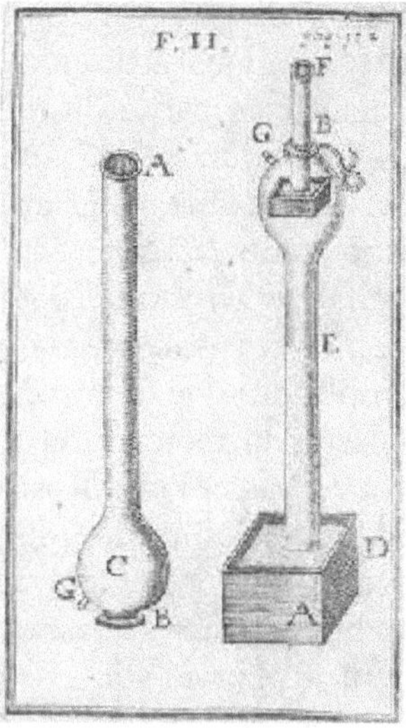

Figure de l'expérience d'Auzout
(Jean Pecquet, Experimenta nova anatomica, Paris, 1661)

A l'hiver 1646, Roberval penche en faveur du vide, mais cette opinion ne va pas sans qu'il ne s'interroge sur ce vide qui, à l'évidence, ne peut être absolu ; puisque la lumière s'y propage, il faut donc supposer ou que la chambre barométrique est traversée par des corpuscules lumineux ou qu'elle est pleine d'une matière subtile qui vibre, selon les opinions que l'on peut avoir sur la nature de la lumière. Avant 1644, il a travaillé sur les phénomènes de capillarité, ce qui l'incline à penser que la suspension du mercure dans le tube pourrait avoir une cause semblable, c'est peut-être ce qu'il pense encore lors de la visite de Descartes à Pascal, visite à laquelle il assistait. En janvier 1648, il se serait rallié à l'idée qu'il règne un vide absolu en haut du tube, du moins si l'on en croit une lettre de Le Tenneur à Mersenne. Quand, au début de 1648, Mersenne diffuse l'idée de faire l'expérience au bas et en haut d'une montagne, Le Tenneur rapporte que Roberval ne croit pas à son succès et Pascal pense que beaucoup de personnes partageaient son sentiment.

Mais diverses expériences vont l'amener à changer radicalement d'avis. Alors qu'à l'académie Bourdelot, on reproduit l'expérience d'Italie, et que l'on en imagine de nouvelles, Roberval y conçoit l'expérience dite de la vessie de carpe, et l'y effectue. Une vessie de carpe vidée de son air et fermée hermétiquement est placée au sommet d'un tube barométrique et s'y enfle jusqu'à crever. Alors qu'une partie de l'assistance et Bourdelot lui-même ne savent qu'en penser, Roberval en déduit que le haut du tube n'est pas vide. Roberval a aussi tenter de vérifier si de petits animaux peuvent survivre dans le haut d'un tube barométrique, mais les résultats obtenus étaient trop hasardeux pour qu'il puisse en tirer la moindre conclusion. Avant ces expériences, Roberval s'est appliqué à de nouvelles expériences. Dans une première expérience, il chauffe la partie du tube qui paraît vide et observe que le mercure descend, il en déduit qu'il y a un corps qui occupe cet espace et que celui-ci s'est dilaté. Mersenne, tenu au courant, écrit, le 20 janvier 1648, à l'un de ses correspondants *Nous ne doutons pas du vide aérien, mais quant à savoir si quelque corps plus subtil ne pénètre le verre, dont il sort aussi facilement, et quel est ce corps, c'est ce dont nous doutons* [56]. Dans une seconde expérience, il remplit un tube de mercure jusqu'à un pied et demi du haut, verse de l'eau au dessus du mercure, et retourne le tube sur la cuve à mercure. Le mercure vient en bas et l'eau passe par dessus, au sommet règne un vide apparent. Roberval voit alors que du mercure montent des bulles d'air plus ou moins grosses, qui représentent un volume assez considérable. En inclinant le tube, les bulles d'air se rassemblent en une seule sous un volume beaucoup plus petit. Roberval suppose que, lorsque le tube n'est pas incliné, les bulles d'air tendent à se dilater dans le mercure où elles rencontrent peu d'obstacles et que, peut-être, elles occupent tout l'espace qui paraît vide, et lorsque le tube est incliné, les bulles d'air pressées par le verre, l'eau et le mercure, se rassemblent en une gouttelette sphérique, dont le volume est d'autant plus réduit qu'elle est plus comprimée. Roberval prend alors un autre tube, y verse du mercure jusqu'à un pouce et demi du bord et le renverse sur la cuve de mercure, alors *un grand changement se produisit dans la hauteur du vif-argent. Celui-ci apparut plus déprimé de quatre doigts pleins que d'habitude, si bien qu'il ne montait plus à la hauteur de deux pieds entiers. Aussi souvent que l'expérience fut répétée, aussi fréquemment le même phénomène apparut dans le tube [...].*

Roberval en tire la conséquence suivante : *En raisonnant à partir des lois de la mécanique au sujet de la dépression du vif-argent produite par l'air, il m'apparut qu'il n'y avait pas d'explication plus élégante et plus conforme aux lois de la nature, que d'accorder que l'air spontanément et de lui-même se raréfie dans le tube, de façon à remplir tout l'espace qui apparaît comme vide, et cela sans que soit cependant épuisée sa tendance à*

[56] Cité par Louis Rougier, *De Torricelli à Pascal*, *op. cit.*, chapitre 7, pour cette citation et les suivantes.

se raréfier, en sorte que cet air, en cherchant à occuper un espace plus vaste, presse de toutes parts les corps qui l'entourent, parmi lesquels seul le vif-argent est apte à céder en refluant vers la partie inférieure, le tube résistant partout ailleurs. Ainsi Roberval découvre-t-il la force d'expansion de l'air et est-il prêt à admettre la proposition de Torricelli, aussi juge-t-il que : *A la surface de la Terre, le poids et la pression de l'air, comprimé et pressé par les couches supérieures de l'atmosphère, est égal à la force qu'il faut pour soulever une colonne de mercure à 27/24 pieds de haut ou une colonne d'eau à trente-deux pieds environ. Dans l'expérience ordinaire de Torricelli, l'air extérieur, pressé et comprimé en raison de sa propre compression, presse le vif-argent contenu dans le tube, étant donné que la dureté du verre résiste à la pression des corps extérieurs ambiants : d'où, pour que la résistance du vif-argent contenu dans le tube équilibre la pression de l'air extérieur, reposant sur le mercure de la cuvette, il faut qu'il reste suspendu à la hauteur de 27/24 pieds.*

En introduisant des bulles d'air dans le tube barométrique, cet air monte dans la chambre et, n'étant plus comprimé par le poids de l'atmosphère, s'y détend et fait baisser sensiblement la hauteur du mercure dans le tube jusqu'à ce que l'équilibre entre l'air et le mercure à l'intérieur du tube et l'air extérieur pressant sur la cuvette soit rétabli. Roberval en déduit que si l'air extérieur était raréfié le vif-argent descendrait et que s'il était condensé, le vif-argent monterait. Mais une question demeure : le haut du tube, dans l'expérience ordinaire, est-il vide ou plein d'un air très faiblement comprimé ou de quelque autre substance ? Roberval pense alors, contrairement à ce qu'il pensait auparavant, qu'un peu d'air raréfié remplit la chambre barométrique, cet air provenant soit de bulles d'air dissoutes dans le mercure ou adhérentes aux parois du tube. C'est pour mettre en évidence la raréfaction spontanée de l'air, qu'il a imaginé l'expérience de la vessie de carpe, qu'il a présenté de nombreuses fois et, nous l'avons dit, à l'académie Bourdelot. Une vessie de carpe, soigneusement vidée, séchée et fermée, est fixée au fond d'un tube, le tube est rempli de mercure et renversé sur une cuve de mercure, comme dans l'expérience habituelle. Alors que la hauteur du mercure baisse dans le tube, on voit que la vessie se gonfle ; en penchant le tube afin d'y faire monter le mercure, jusqu'à ce qu'il entoure la vessie, celle-ci se dégonfle. L'expérience met en évidence la raréfaction spontanée et la condensation violente de l'air. Roberval en déduit que, dans l'expérience de Torricelli, de l'air raréfié occupe le haut du tube barométrique. Il est sur la voie qui l'amène à la mise en œuvre de l'expérience du vide dans le vide. Pascal connaît l'expérience faite par Auzout. Dans une lettre datée du 15 novembre 1647, mais qui fut vraisemblablement écrite en octobre ou novembre de l'année suivante, lettre qu'il adresse à Florin Périer, son beau-frère, nous n'avons aucun mal à reconnaître dans le récit de l'expérience du vide dans le vide, qu'il a faite - ou qu'il est censé avoir faite - en présence de Florin Périer, un appareil semblable à celui d'Auzout. Il est d'ailleurs curieux que Pascal est éprouvé le besoin de faire le compte-rendu de cette expérience dans une correspondance privée à celui qui a assisté à cette expérience.

Je ne saurais mieux vous témoigner la circonspection que j'apporte avant que de m'éloigner des anciennes maximes [telle l'horreur du vide], que de vous remettre dans la mémoire l'expérience que je fis ces jours passés en votre présence avec deux tuyaux, l'un dans l'autre, qui montre apparemment le vide dans le vide. Vous vîtes que le vif-argent du tuyau intérieur demeura suspendu à la hauteur où il se tient par l'expérience ordinaire, quand il était contrebalancé et pressé par la pesanteur de la masse entière de l'air, et qu'au contraire, il tomba entièrement, sans qu'il lui restât aucune hauteur ni suspension, lorsque, par le moyen du vide dont il fut environné, il ne fut plus du tout pressé ni contrebalancé d'aucun air, en ayant été destitué de tous côtés. Vous vîtes ensuite que cette hauteur ou suspension du vif-argent augmentait ou diminuait à mesure que la pression de l'air augmentait ou diminuait, et qu'enfin toutes ces diverses hauteurs ou suspensions du vif-argent se trouvaient toujours proportionnées à la pression de l'air [57].

C'est dans cette même lettre que Pascal demande à Florin Périer, qui est alors conseiller à la Cour des Aides de Clermont, de faire l'expérience barométrique au haut et au bas du puy de Dôme [58].

L'expérience du vide dans le vide décrite par Pascal a attiré l'attention de Louis Rougier et ce qu'il en dit mérite notre attention : Un dispositif très simple, inventé par Auzoult en mai 1648, puis perfectionné par Roberval et par Rohault, permet de réaliser la première phase de l'expérience. *Soit, un gros tube renflé à son extrémité supérieure, de façon à pouvoir soutenir un petit tube plein de mercure renversé sur la cuvette. Le gros tube, maintenu verticalement, est fermé à son extrémité inférieure et ouvert dans sa partie renflée à l'air libre : la pression de l'air étant normale, la colonne de mercure dans le petit tube est à hauteur normale. Noyons entièrement de mercure le grand tube, fermons-le à son extrémité supérieure ; ouvrons-le sur une cuvette à son extrémité inférieure : la chute du mercure, jusqu'à la*

---

[57] Pascal, *Récit de la grande expérience de l'équilibre des liqueurs*, p. 427-429, pour cette citation et les suivantes.

[58] Cette lettre est publiée dans le *Récit de la grande expérience de l'équilibre des liqueurs*, qui paraît en novembre 1648, si cette lettre est réellement du 15 novembre 1647, et qu'elle a été écrite quelques jours après la rencontre de Pascal et de son beau-frère, il est curieux que celui-ci ne lui ait pas demandé de faire cette expérience. Bernard Rochot pense qu'une lettre a été écrite à cette date mais qu'elle a été récrite en octobre 1648. (« Comment Gassendi interprétait l'expérience du puy de Dôme », *L'œuvre scientifique de Pascal*, PUF, 1964, p. 278-301). Félix Mathieu y voit un faux (« Pascal et l'expérience du puy de Dôme », *La revue de Paris*, avril et mai 1906). En outre, il est possible que la description de l'expérience du vide dans le vide soit, elle aussi un ajout. Ajoutons qu'à la mi-octobre 1647, Périer a quitté Clermont pour Moulins, où il a été nommé commissaire du roi et qu'il ne revient à Clermont qu'en juillet 1648. L'expérience du puy de Dôme ne fut faite que le 19 septembre 1648, par un temps fort inconstant. (Michel Le Guern, in Pascal, *Œuvres complètes*, tome 1, p. 1090).

hauteur de suspension normale correspondant à la pression de l'air ambiant, réalise le vide dans la partie renflée du gros tube. N'étant plus contrebalancé par la pression de l'air ambiant, le mercure du petit tube tombe entièrement. Nous discuterons plus loin à quelle date semble avoir été réalisée, pour la première fois, cette expérience. Elle ne dépassait pas, en tout cas, les procédés techniques de l'époque, puisqu'elle se borne à réaliser le vide absolu par une chute du mercure.

Mais comment réaliser la seconde phase ? On peut bien augmenter progressivement la pression atmosphérique dans le grand tube, soit en faisant rentrer peu à peu de l'air par un petit trou pratiqué dans la membrane qui a servi à clore l'extrémité supérieure du grand tube, soit en insufflant par le bas des bulles d'air qui montent à l'intérieur du mercure ; mais comment parviendra-t-on à raréfier à volonté l'air ainsi introduit ? Pour cela, il eût fallu disposer de la machine pneumatique, qui ne fut réalisée qu'en 1655 par Otto de Guericke, dans ses fameuses expériences de Magdebourg. Rien de plus simple [...] il n'est que de se servir d'une cuvette profonde et de soulever progressivement le grand tube. Le volume laissé libre au-dessus du niveau du mercure dans le tube augmentant, l'air qu'on y a laissé sera raréfié en proportion. [...] Pour que Pascal ait pu songer à procéder ainsi, il eût fallu qu'il ait pressenti la loi de Mariotte, au moins sous sa forme qualitative : la pression d'une masse [d'air], à température constante, croît ou décroît quand son volume augmente ou diminue, et cela par suite de la force élastique [de l'air qui le] conduit à occuper tout l'espace qui [lui] est laissé libre. [...] N'est-il pas hasardé d'attribuer à Blaise Pascal, dès le mois de septembre 1647, la claire connaissance de cette théorie ? [59] Mais, Pascal a affirmé par ailleurs : une bulle d'air soumise à une même pression, ne peut pas occuper des espaces variés à divers degrés de raréfaction. *[...] C'est la négation pure et simple de la loi de Mariotte.* Par ailleurs, Florin Périer, dans l'appendice qu'il a ajouté aux *Traités posthumes* de Pascal, traite des nouvelles expériences réalisées en Angleterre par Boyle à l'aide de la machine pneumatique et explicables par les principes établis par Pascal et y fait l'aveu que jusqu'à l'invention de cette machine, *on ne savait réaliser expérimentalement que le vide total par la chute du mercure.* Ainsi peut-on considérer que l'expérience du vide dans le vide que Pascal présente dans la lettre à Périer du 15 novembre 1647 n'a pas été réalisée, et même qu'elle n'était pas réalisable.

Plus tard, Pascal inventera un dispositif simple et ingénieux pour réaliser l'expérience du vide dans le vide ; mais Pascal ne le présente que dans un petit traité, *Traité de la pesanteur et de la masse de l'air*, un traité qui fait suite à un autre traité, le *Traité de l'équilibre des liqueurs*, des traités qui n'eurent leur forme achevée qu'en 1654. Ces traités ne furent publiés que

[59] Louis Rougier, « La lettre de Pascal à Florin Périer », Chapitre VI, in *De Torricelli à Pascal*, *op. cit.*, p. 126-140, pour cette citation et les suivantes.

dans ses œuvres posthumes par Florin Périer en 1663 [60]. L'expérience du vide dans le vide est, dans cet ouvrage, présentée comme un passage à la limite des expériences faites à différentes altitudes. Elle se substitue en quelque sorte, à une expérience qui serait faite avec un tube barométrique au haut de l'extrémité de l'air. Aussi reviendrons-nous sur cette expérience juste après avoir présenté l'expérience du puy de Dôme et la correspondance qui s'en est suivie.

3- Le récit de la grande expérience par Etienne Périer

Les deux visites de Descartes à Pascal et la seconde lettre du père Noël sont antérieures au *Récit de la grande expérience* que nous donnons ici ; tous deux ont suggéré que des expériences soient faites en haut et en bas d'une montagne, ont-ils convaincu Pascal de réaliser cette expérience ? Celui-ci aimerait bien que l'on pense que l'idée est de lui quand, dans la lettre à Périer datée du 15 novembre 1647, il lui demande de réaliser une telle expérience au haut et au bas du puy de Dôme. Selon Pascal, une telle expérience peut faire *voir si les effets que l'on attribue à l'horreur du vide, doivent être véritablement attribués à cet horreur du vide, ou s'ils le doivent être à la pesanteur et pression de l'air ; car pour ouvrir franchement ma pensée, j'ai peine à croire que la nature, qui n'est point animée ni sensible, soit susceptible d'horreur [...] Vous voyez déjà sans doute, que cette expérience est décisive de la question, et que s'il arrive que la hauteur du vif-argent soit moindre au haut qu'au bas de la montagne, [...] il s'ensuivra nécessairement que la pesanteur et pression de l'air est la seule cause de cette suspension du vif-argent, et non pas l'horreur du vide, puisqu'il est bien certain qu'il y a beaucoup plus d'air qui pèse sur le pied de la montagne, que non pas sur son sommet ; au lieu qu'on ne saurait pas dire que la Nature abhorre le vide au pied de la montagne plus que sur son sommet* [61].

Les résultats de l'expérience comblèrent les attentes de Pascal, il pouvait légitimement considérer que la pesanteur de l'air était établie ; quant à l'horreur du vide, Pascal l'agite pour mieux affirmer que le vide se rencontre dans la nature et faire accroire qu'il n'existe pas de matière subtile ; pour ce faire, il lui fallait feindre d'ignorer que le cartésianisme combat tout autant le vide et l'horreur du vide. Ajoutons encore que Pascal feint d'ignorer que les résultats de ces expériences sont aussi conformes aux attentes du père Noël et de Descartes. Nous donnons ici un court extrait de la *Copie de la relation de l'expérience faite par M. Périer. La journée de samedi dernier 19 de ce mois [septembre 1648] fut fort inconstante ; néanmoins, le temps paraissant assez beau sur les 5 heures du matin, et le sommet du puy de Dôme se montrant à découvert, je me résolus d'y aller*

---

[60] Pascal, *Traité de l'équilibre des liqueurs* et *Traité de la pesanteur de la masse de l'air*, p. 459-531.

[61] Pascal, *Récit de la grande expérience de l'équilibre des liqueurs*, p. 426-433.

pour y faire l'expérience. Pour cet effet, j'en donnai avis à plusieurs personnes de condition de cette ville de Clermont, qui m'avaient prié de les avertir du jour que j'y irais, dont quelques-unes sont ecclésiastiques et les autres séculières : entre les ecclésiastiques étaient le T R. P. Bannier, l'un des Pères minimes de cette ville, qui a été plusieurs fois correcteur, (c'est-à-dire supérieur) et M. Mosnier, chanoine de l'église cathédrale de cette ville ; et entre les séculiers, MM. La Ville et Begon, conseillers en la cour des aides, et M. La Porte, docteur en médecine et la professant ici, toutes personnes très capables, non seulement en leurs charges, mais encore dans toutes les belles connaissances, avec lesquelles je fus ravi d'exécuter cette belle partie. Nous fûmes donc ce jour-là tous ensemble sur les 8 heures du matin dans le jardin des Pères minimes, qui est presque le plus bas lieu de la ville, où fut commencée, l'expérience en cette sorte.

Premièrement, je versai dans un vaisseau seize livres de vif-argent, que j'avais rectifié durant les trois jours précédents ; et ayant pris deux tuyaux de verre de pareille grosseur, et longs de quatre pieds chacun, scellés hermétiquement par un bout, et ouverts par l'autre, je fis en chacun d'iceux l'expérience ordinaire du vide, dans ce même, vaisseau, et ayant approché et joint les deux tuyaux l'un contre l'autre sans les tirer hors de leur vaisseau, il se trouva que le vif-argent qui était resté en chacun d'eux était à même niveau, et qu'il y en avait en chacun d'eux, au-dessus de la superficie de celui du vaisseau, vingt-six pouces trois lignes et demie. Je refis cette expérience dans ce même lieu, dans les deux mêmes tuyaux, avec le même vif-argent et dans le même vaisseau, deux autres fois, il se trouva toujours que le vif-argent des deux tuyaux était à même niveau et en la même hauteur que la première fois.

Cela fait, j'arrêtai à demeure l'un de ces deux tuyaux sur son vaisseau en expérience continuelle. Je marquai au verre la hauteur du vif-argent, et ayant laissé ce tuyau en sa même place, je priai le R. P. Chastin, l'un des religieux de la maison, homme aussi pieux que capable, et qui raisonne très bien en ces matières, de prendre la peine d'y observer de moment en moment pendant toute la journée, s'il y arriverait du changement ; et avec l'autre tuyau, et une partie de ce même vif-argent, je fus avec tous ces messieurs faire les mêmes expériences au haut du puy de Dôme, élevé au-dessus des Minimes environ de cinq cents toises, où il se trouva qu'il ne resta plus dans ce tuyau que la hauteur de vingt-trois pouces deux lignes de vif-argent, au lieu qu'il s'en était trouvé aux Minimes, dans ce même tuyau, la hauteur de vingt-six pouces trois lignes et demie, et qu'ainsi, entre les hauteurs du vif-argent de ces deux expériences, il y eut trois pouces une ligne et demie de différence, ce qui nous ravit tous d'admiration et d'étonnement, et nous surprit de telle, sorte, que, pour notre satisfaction propre, nous voulûmes la répéter. C'est pourquoi je la fis encore cinq autres fois, très exactement, en divers endroits du sommet de la montagne, tantôt à couvert dans la petite chapelle qui y est, tantôt à découvert, tantôt à l'abri, tantôt au vent, tantôt au beau temps, tantôt pendant la pluie et les brouillards qui nous y venaient voir parfois, ayant, à chaque fois purgé très soigneusement d'air le tuyau ; il s'est toujours trouvé la même hauteur de vif-argent de vingt-trois pouces deux lignes, qui font les trois pouces une ligne et demie de différence d'avec les vingt-six pouces trois lignes et demie qui s'étaient trouvés aux Minimes. Ce qui nous satisfit pleinement.

Après, en descendant la montagne, je refis en chemin la même expérience, toujours avec le même tuyau, le même vif-argent et le même vaisseau, en un lieu appelé Lafon de l'Arbre, beaucoup au-dessus des Minimes, mais beaucoup plus au-dessous du sommet de la montagne ; et là je trouvai que la hauteur du vif-argent resté dans le tuyau était de vingt-cinq pouces. Je la refis une seconde fois en ce même lieu, et ledit sieur Mosnier, un des ci-devant nommés, eut la curiosité de la faire lui-même : il la fit donc aussi en ce même lieu, et il se trouva toujours la même hauteur de vingt-cinq pouces, qui est moindre que celle qui s'était trouvée aux Minimes d'un pouce trois lignes et demie, et plus grande que, celle que nous venions de trouver au haut du puy de Dôme d'un pouce dix lignes et demie, ce qui n'augmenta pas peu notre satisfaction, voyant la hauteur du vif-argent se diminuer suivant la hauteur des lieux.

Enfin, étant revenus aux Minimes, j'y trouvai le vaisseau que j'avais laissé en expérience continuelle, en la même hauteur où je l'avais laissé, de vingt-six pouces trois lignes et demie, à laquelle hauteur le R. P. Chastin qui y était demeuré pour l'observation, nous rapporta n'être arrivé aucun changement pendant toute la journée, quoique le temps eût été fort inconstant, tantôt serein, tantôt pluvieux, tantôt plein de brouillards, et tantôt venteux. J'y refis l'expérience avec le tuyau que j'avais porté au puy de Dôme, et dans le vaisseau où était le tuyau en expérience continuelle ; je trouvai que le vif-argent était en même niveau, dans ces deux tuyaux, et à la même hauteur de vingt-six pouces trois lignes et demie, comme il s'était trouvé le matin dans ce même tuyau, et comme il était demeuré durant tout le jour dans le tuyau en expérience continuelle […].

Cette relation est suivie d'un commentaire de Pascal : *Cette relation ayant éclairci toutes mes difficultés, je ne dissimule pas que j'en reçus beaucoup de satisfaction, et y ayant vu que la différence de vingt toises d'élévation faisait différence de deux lignes à la hauteur du vif-argent, et que six à sept toises en faisaient environ demi-ligne, ce qu'il m'était facile d'éprouver en cette ville, je fis l'expérience ; ordinaire du vide au haut et au bas de la tour Saint-Jacques-de-la-Boucherie, haute de vingt-quatre à vingt-cinq toises : je trouvai plus de deux lignes de différence à la hauteur du vif-argent ; et ensuite, je la fis dans une maison particulière haute de quatre-vingt-dix marches, où je trouvai très sensiblement demi-ligne de différence ; ce qui se rapporte parfaitement au contenu en la relation de M. Périer. Tous les curieux le pourront éprouver eux-mêmes, quand il leur plaira.*

De cette expérience se tirent beaucoup de conséquences, comme : le moyen de connaître si deux lieux sont en même niveau, c'est-à-dire également distants du centre de la terre, ou lequel des deux est le plus élevé, si éloignés qu'ils soient l'un de l'autre, quand même ils seraient antipodes ; ce qui serait comme impossible par tout autre moyen.

Le peu de certitude qui se trouve au thermomètre pour marquer les degrés de chaleur (contre le sentiment commun), et que son eau hausse parfois lorsque la chaleur augmente, et que parfois elle baisse lorsque la chaleur diminue, bien que toujours le thermomètre soit demeuré au même lieu. L'inégalité de la pression de l'air, qui en même degré de chaleur, se trouve toujours beaucoup plus pressé dans les lieux les plus bas [...].

4- La correspondance avec M. de Ribeyre

En juin 1651, le père jésuite Jean-Paul Médaille, régent de philosophie au collège de Montferrand avait déclaré à l'ouverture de ses thèses : *Il y a de certaines personnes aimant la nouveauté qui se veulent dire les inventeurs d'une certaine expérience dont Torricelli est l'auteur, qui a été faite en Pologne ; et nonobstant cela, ces personnes se la voulant attribuer, après l'avoir faite en Normandie, sont venues la publier en Auvergne*[62]. L'allusion aux travaux de Pascal est évidente, ces thèses ont été soutenues en présence du premier président de la Cour des aides de Clermont-Ferrand, M. de Ribeyre, et lui ont été dédiées. D'où une correspondance entre M. de Ribeyre et Pascal, qui, en dehors de son aspect anecdotique, nous donne de précieux renseignements sur le public de ces expériences et la diffusion de son abrégé, quoique nous ne sommes pas assurés qu'il n'ait pas forcé la note : *Nous [...] fîmes [à Rouen] cette expérience d'Italie sur les mémoires du P. Mersenne, laquelle ayant très bien réussi je la répétai plusieurs fois ; et par cette fréquente répétition, m'étant assuré de sa vérité, j'en tirai des conséquences, pour la preuve desquelles je fis de nouvelles expériences très différentes de celle-là, en présence de plus de cinq cents personnes de toutes sortes de conditions, et entre autres de cinq ou six pères jésuites du collège de Rouen.* Quant à la diffusion de son abrégé dans lequel, répétons-le, Pascal explique clairement qu'il n'est pas l'auteur de l'expérience d'Italie, elle fut très libérale : *Mais afin que vous ne croyiez pas que cette vérité ait été tenue secrète, je ne dois pas vous taire que j'envoyai des exemplaires de ce petit livret à tous nos amis de Paris, et entre autres aux RR. PP. jésuites (qui certainement me font l'honneur de me traiter d'une manière tout autre que celui de Montferrand). Quelques-uns même d'entre eux prirent sujet d'en écrire ; et le R. P. Noël, lors recteur du Collège de Clermont, en fit un livret qu'il intitula "Le plein du vide", où il rapporte mot à mot la plupart de mes expériences. Je ne me contentai pas d'en envoyer à nos amis de Paris, j'en fis tenir en toutes les villes de France où j'avais l'honneur de connaître des*

[62] Pascal, *Correspondance avec M. de Ribeyre*, p. 438.

personnes curieuses de ces matières. Et j'en envoyai même quinze ou trente en la seule ville de Clermont, [...]. Et enfin le P. Mersenne, ne se contentant pas d'en voir par toute la France, m'en demanda plusieurs pour les envoyer, comme il fit, en Suède, en Hollande, en Pologne, en Allemagne, en Italie et de tous les côtés.

En lisant cette lettre de Pascal, on pourrait continuer à ignorer que le père Magni reproduit l'expérience d'Italie sans en revendiquer l'originalité, qu'il l'a reproduite en 1647, sans doute dans les premiers jours de juillet, donc bien avant que Pascal publie ses *Expériences nouvelles touchant le vide* et qu'en quelque sorte il est légitime qu'il pense avoir la préséance. L'ouvrage dans lequel il relate cette expérience, *Admiranda de vacuo et Aristoteles philosophia*, paraît en 1647.

Dans cette lettre de Pascal, on apprend que, lors de la rédaction des *Expériences nouvelles*, Pascal ne savait pas qui était le véritable auteur des expériences d'Italie. Il rappelle ici que dans son récit il avait bien annoncé : *Je n'en suis pas l'inventeur, et elle avait été faite en Italie quatre ans avant mon écrit.* Il faut remarquer qu'il eût été difficile de faire sienne l'expérience de Torricelli. Voilà qu'il reproche au père Valérien Magni d'avoir *voulu s'attribuer la gloire de cette invention.* Il lui reproche aussi *de n'avoir fait aucune chose que répéter l'expérience de Torricelli sans rien y ajouter de nouveau.* Il semble ignorer que le P. Magni s'intéresse à l'interprétation qu'il peut faire de cette expérience, plutôt qu'à en multiplier des variantes, comme lui l'a fait. Il semble d'ailleurs que Pascal se soit fait des illusions sur les variations qu'il a faite de cette expérience, on peut d'ailleurs douter, nous l'avons vu, de la réalisation de certaines d'entre elles et, dans ce doute, nous sommes confortés par l'avis de Boyle et de Koyré. Cette lettre nous donne quelques autres détails intéressants sur la personnalité de Pascal. Détail intéressant, Pascal confie ici pourquoi il n'avait pas retenu la pesanteur de l'air comme cause de la montée du mercure dans le tube barométrique : *Maintenant Monsieur sans plus parler de tout ce différend, que je veux oublier, je vous achèverai la suite de cette histoire, et vous dirai que dès l'année 1647 nous fûmes avertis d'une très belle pensée qu'eut Torricelli, touchant la cause de tous les effets qu'on a jusqu'à présent attribués à l'horreur du vide ; mais comme ce n'était qu'une simple conjecture, et dont on n'avait aucune preuve, pour en connaître ou la vérité, ou la fausseté, je méditai dès lors une expérience que vous savez avoit été faite en 1648 par M. Périer au haut et au bas du puy de Dôme, dont on a aussi envoyé des exemplaires de toutes parts, où elle a été reçue avec joie, comme elle avait été attendue avec impatience* [63]. A la lecture de cette lettre, on pourrait penser que Descartes, Mersenne, le père Noël et bien d'autres n'ont eu aucune part dans la conception de cette expérience ?

---

[63] *Ib.*, p. 446-450, pour cette citation et les suivantes.

Et Pascal d'annoncer la parution prochaine d'un traité *où, par occasion on verra distinctement qui sont les véritables auteurs de toutes les nouvelles vérités qui ont été découvertes en cette matière. Et dans ce détail, on trouvera exactement et séparément ce qui est de l'invention de Galilée, ce qui est de celle du grand Torricelli, et ce qui est de la mienne. Et enfin il paraîtra par quels degrés on est arrivé aux connaissances que nous avons maintenant sur ce sujet, et que cette dernière expérience du puy de Dôme fait le dernier de ces degrés.*

Mais Pascal est bon chrétien, aussi bon chrétien que Tartuffe, il sait pardonner les offenses et il pardonne au bon père d'où vient l'insulte, une insulte qui lui a permis d'écrire une si belle lettre, si belle et tellement à son avantage qu'il l'a rendu publique. *Car il est indubitable, ou que c'est l'effet du rapport de quelques personnes qu'il a crues dignes de foi, ou que c'est l'ouvrage de son propre esprit. Si c'est le premier, je vous supplierai, Monsieur, d'avoir la bonté pour ce bon père de lui remontrer l'importance de la légèreté de sa créance. Et si c'est le second, je prie Dieu dès à présent de lui pardonner cette offense, et je l'en prie d'aussi bon cœur que je la lui pardonne moi-même, et je supplie tous ceux qui en sont témoins, et vous-même, Monsieur, de la lui pardonner pareillement.*

Dans une seconde lettre où il répond à l'embarras de son interlocuteur qui n'a que faire dans cette histoire, Pascal se pose en chevalier blanc : *Je vous conjure, Monsieur, de considérer, pour ce qui me regarde, que parmi toutes les personnes qui font profession de lettres, ce n'est pas un moindre crime de s'attribuer une invention étrangère qu'en la société civile d'usurper les possessions d'autrui ; et qu'encore que personne ne soit obligé d'être savant non plus que d'être riche, personne n'est dispensé d'être sincère : de sorte que le reproche de l'ignorance, non plus que celui de l'indigence, n'a rien d'injurieux que pour celui qui le profère ; mais celui de larcin est de telle nature, qu'un homme d'honneur ne doit point souffrir de s'en voir accuser, sans s'exposer au péril que son silence tienne lieu de conviction.*

On ne peut que trouver dérisoire cette revendication de priorité sur la mise en œuvre d'une expérience qui fut faite antérieurement, et consternant ce discours sur le respect de la propriété intellectuelle par quelqu'un qui ne manque pas d'y faire quelques accros.

V- Gassendi & l'interprétation de l'expérience du puy de Dôme [64]

Gassendi habite à Paris, lorsque Pierre Petit fait l'expérience d'Italie chez les Pascal à Rouen à l'automne 1646 et lorsque Blaise Pascal fait les expériences à Rouen en janvier et février 1647, expériences qu'il ne publiera que le 4 octobre 1647. Pascal est de retour à Paris en mai 1647, il ne semble pas que ces deux-là s'y soient rencontrés. A Paris, Gassendi est en relation fréquente avec Mersenne, Petit et Roberval, mais c'est, semble-t-il, par Adrien Auzout qu'il a le récit des expériences faites à Rouen et au puy de Dôme. Il les connait avant qu'elles ne soient publiées. Gassendi, malade, a quitté sa chaire de mathématiques au Collège de France, il arrive à Lyon le 31 octobre 1648 ; arrivé à Aix en Provence il reçoit une lettre du chanoine Claude Mosnier qui lui narre l'expérience faite le 19 septembre 1648 au puy de Dôme, Mosnier a participé à cette expérience, c'est lui qui a opéré lors de la halte à mi-hauteur. [Gassendi reproduira cette expérience à Toulon le 5 février 1650, au niveau de la mer, au sommet du Faron et à mi-pente, comme elle avait été faite au puy de Dôme]. Gassendi s'est très tôt préoccupé de trouver une interprétation de ces expériences, une interprétation qu'il donne dans une lettre à Bernier du 13 décembre 1648 [65]. *Tu as fait une chose qui m'est agréable en joignant à ta lettre une copie de celle que tu as reçue d'Auvergne de la part de l'excellent Mosnier, qui décrit l'expérience faite en cette Province sur la hauteur variable du mercure qui descend dans un tube fermé par en haut, selon que l'on opère en un lieu bas ou élevé. [...] Je ne m'attarde pas non plus à rappeler que l'observation a été entreprise et achevé sous la conduite du jeune Pascal, cet esprit remarquable, ou plutôt incomparable, dont j'ai déjà parlé dans une brève dissertation que j'ai consacrée à la récente expérience du Vide : en effet, le savant Auzout, que je citais dans ce travail m'a raconté, quand j'étais encore à Paris, que ce jeune homme avait donné ses soins à faire exécuter l'entreprise en Auvergne, où il y a de très hautes montagnes.* Gassendi expose alors *les raisons qui font comprendre que dans un lieu peu élevé (comme au fond d'une vallée, ou en plaine), le mercure s'écoulant dans le tube et y demeurant suspendu s'arrête assez haut ; tandis que sur une hauteur (comme une colline ou le sommet d'une montagne), il se trouve plus bas.* Pour cela, Gassendi présente ses idées sur le vide, sur la fluidité de l'air et de l'eau, sur la cause de cette fluidité, sur la compressibilité de l'air et sur ses mouvements. Sur le vide : Gassendi distingue deux sortes de vide : *l'un se trouve disséminé à travers les choses, en très petite quantité, en particules [petites parties] insensibles ;*

---

[64] Bernard Rochot, "Comment Gassendi interprétait l'expérience du puy de Dôme", *Revue d'histoire des sciences et de leurs applications*, 1963, 16-1, p. 53-76.

[65] Lettre traduite par Bernard Rochot, in "Comment Gassendi interprétait l'expérience du puy de Dôme", *op. cit.*, p. 56-73.

il est exactement intercepté entre les moindres des petits corps dont sont formés, comme de principes, l'air, l'eau, et autres choses, à la façon des petits espaces qui sont compris entre les grains dont est formé comme de ses parties un tas de blé. L'autre est un vide accumulé, ou d'une grandeur appréciable et sensible, tel qu'on peut le concevoir au sein de l'eau ou de l'air, si cette eau ou cet air pouvaient être repoussés tout à l'entour d'espace donné de dimension sensible. C'est-à-dire si cet air ou cette eau était dans un vase clos en expansion. Selon Gassendi, la nature ne pourrait exister sans le *vide disséminé* comme un tas de blé ne pourrait exister sans les petits espaces qu'il recèle entre ses grains. Quant au vide accumulé, il est possible de montrer qu'il n'est pas vrai qu'il soit un sujet d'horreur pour la nature : *la nature ayant formé des corps très fluides, comme l'eau et l'air, cette fluidité s'oppose à ce qu'aucune particule de ces corps soit aisément chassée du lieu qu'elle occupe sans que d'autres, repoussées de leur propre emplacement, ne viennent à cette place ; et tandis que cette fluidité appartient aux corps en question par elle-même, ce n'est que par accident qu'ils ne permettent pas à ce lieu de rester vide, de la même façon que si ma main se meut à l'intérieur d'un tas de blé, les grains viennent d'eux-mêmes couler à la place que la main a quittée, et c'est seulement par accident qu'ils ne laissent pas vide la place de ces grains.*

Gassendi donne ensuite son interprétation de la nature de l'air et la cause de sa fluidité : *La cause de [la] fluidité [de l'air] est la gravité, inhérente à tous les corps terrestres, et en particulier à l'air lui-même, lequel ne paraît pas constitué d'autre chose que d'une masse de corpuscules continuellement chassés hors de la terre, de l'eau et des corps formés par mélange, corpuscules qui cependant tendent tous ensemble vers le globe terrestre dont ils ont été arrachés ; que cela soit en vertu d'une qualité qui leur est propre, ou par attraction de la terre même ; et de telle sorte que, dans toute la région où ils entourent la terre, et qui est appelée atmosphère, s'exerce leur action commune, c'est-à-dire leur gravité ou leur poids, dont l'influence est d'autant plus forte que l'on s'abaisse davantage de la surface de l'atmosphère vers la terre.* Et Gassendi de revenir à l'image du tas de blé : *Il est certain que si les grains de tout à l'heure affluent à l'endroit que la main vient de quitter, parce qu'étant lourds et séparés les uns des autres (c'est-à-dire non pas en continuité l'un avec l'autre, mais en simple contiguïté), ils ne peuvent demeurer suspendus ensemble et par conséquent se précipitent en bas ; [...].*

Lors de la compression de l'air, *les particules mêmes dont il est constitué en viennent à s'appliquer de telle sorte l'une contre l'autre qu'elles occupent une partie des petits intervalles vides qui les séparent ; ainsi la masse d'air, devenue plus dense et plus resserrée, se trouve réduite à un espace moindre ; mais cela ne saurait se faire sans une assez considérable violence [...].* Et encore l'image du tas de blé : *c'est ainsi que dans un boisseau rempli de grains, ces grains peuvent se disposer de telle sorte que les petits intervalles qui les séparent diminuent un peu, et que la masse en soit légèrement réduite, et comprise en un espace plus resserré ; cependant cela ne peut se faire qu'en secouant ou frappant légèrement le boisseau.*

Gassendi a maintenant tous les éléments qui permettent d'interpréter l'expérience du puy de Dôme dans le cadre de l'atomisme. Il se fonde sur cette constatation que la compression de l'air ne se fait pas sans un certain effort : *lorsque nous comprimons l'air dans un pistolet pneumatique, il y faut un certain effort.* Il y voit *la cause pour laquelle la pression du mercure soutenu dans le tube s'exerce sur le mercure qui s'étale en bas [de l'appareil], de façon que l'air qui pèse au dessus soit pressé vers le haut par ce mercure étalé ; mais il ne s'en suit pas que la force de n'importe quelle masse, de n'importe quelle hauteur de mercure soit de nature à contraindre l'air à se concentrer pour ainsi dire sur lui-même (c'est-à-dire à faire pénétrer plus fortement ses particules dans les petits intervalles vides), et à lui faire céder un peu de place ; en réalité la force nécessaire ou, si l'on veut, le poids, est celui d'une masse ou hauteur (de mercure) qui est habituellement dans les basses régions de deux pieds, plus environ trois doigts.*

Curieuse façon d'expliquer le phénomène de supposer que c'est la colonne de mercure dans le tube qui presse l'air qui touche à la surface de mercure de la cuvette ; mais, dans la suite de son exposé les phénomènes sont présentés dans le bon sens, c'est-à-dire que c'est l'air qui pèse sur la surface du mercure de la cuvette, et non ce mercure qui comprime l'air qui est à son contact : *C'est-à-dire que l'air qui pèse au voisinage se trouve, par l'effet d'une propagation de la pesanteur qui se transmet depuis la surface de l'atmosphère, dans un tel état de compression de ses propres parties, que, le mercure se trouvant à une altitude moindre, l'air exerce une pression plus forte : à une altitude plus élevée, une pression moins forte : enfin l'altitude restant la même, il égale la poussée de ce mercure, et lui est équivalent en poids, ou lui fait équilibre.*

Gassendi n'a plus qu'à tirer les conséquences de son propos :

Telles semblent être les raisons qui font comprendre que dans un lieu peu élevé (comme le fond d'une vallée, ou en plaine), le mercure s'écoulant dans le tube et y demeurant suspendu s'arrête assez haut ; tandis que sur une hauteur (comme une colline ou le sommet d'une montagne), il se trouve plus bas. Il est bien clair que dans un lieu peu élevé la quantité d'air qui s'étend par dessus, et cela depuis la partie supérieure de l'atmosphère, est très grande ; l'effort commun des parties composantes est donc plus puissant, et la gravité plus forte (du fait que chaque partie inférieure possède, outre celle qui lui est propre, la gravité surajoutée de toutes les parties situées au-dessus d'elle) et par conséquent aussi la pression des parties les unes contre les autres, leur resserrement l'une sur l'autre, leur mutuel contact à travers les petits espaces vides ; d'où une plus grande densité, une plus grande difficulté à l'intrusion ultérieure de parties nouvelles. Et c'est ainsi qu'il y a nécessairement, dans ce cas, une plus grande résistance à l'écoulement du mercure, et que, pour faire l'équilibre, il faut une plus grande quantité, ou une hauteur plus grande de mercure en un lieu bas qu'en un lieu élevé ; et de la sorte, le mercure dans le tube s'arrête plus haut dans un lieu bas, moins sur une hauteur.

Quant à l'expérience du vide dans le vide, Gassendi n'en fait mention qu'en 1652.

VI- L'expérience du vide dans le vide dans un traité posthume de Pascal

Nous l'avons dit, Pascal n'a pas publié l'expérience du vide dans le vide avec l'instrument qu'il présente dans le *Traité de la pesanteur de la masse de l'air* au temps où elle a été réalisée. On peut penser qu'elle vient après les expériences d'Auzout et de Roberval. Elle vient après la relation du récit de l'expérience du puy de Dôme qui lui permit de constater : *Que, comme les effets de la pesanteur de la masse de l'air augmentent ou diminuent, à mesure qu'elle augmente ou diminue, ils cesseraient entièrement si l'on était au-dessus de l'air, ou en un lieu où il n'y en eût point* [66]. Ainsi chez Pascal, l'expérience du vide dans le vide est-elle présentée comme une extrapolation de l'expérience du puy de Dôme, le passage d'une atmosphère de plus en plus raréfiée au vide.

Après avoir vu jusques ici que ces effets qu'on attribuait à l'horreur du vide, et qui viennent en effet de la pesanteur de l'air, suivent toujours sa proportion, et qu'à mesure qu'elle augmente, ils augmentent, qu'à mesure qu'elle diminue, ils diminuent ; et que par cette raison l'on voit que dans le tuyau plein de vif-argent il demeure suspendu à une hauteur d'autant moindre, qu'on le porte à un lieu plus élevé, parce qu'il reste moins d'air au-dessus de lui ; de même que celui d'un tuyau immergé dans l'eau baisse à mesure qu'on l'élève vers la fleur de l'eau, parce qu'il reste moins d'eau pour le contrepeser : on peut conclure avec assurance que si on l'élevait jusques au haut de l'extrémité de l'air, et qu'on le portât entièrement hors de sa sphère, le vif-argent du tuyau tomberait entièrement, puisqu'il n'y aurait plus aucun air pour le contrepeser, comme celui du tuyau immergé dans l'eau tombe entièrement, quand on le tire entièrement hors de l'eau. La même chose arriverait si on pouvait ôter tout l'air de la chambre où l'on ferait cette épreuve ; car n'y ayant plus d'air qui pesât sur le bout du tuyau qui est recourbé, on doit croire que le vif-argent tomberait, n'ayant plus son contrepoids. Mais parce que l'une et l'autre de ces épreuves est impossible, puisque nous ne pouvons pas aller au-dessus de l'air, et que nous ne pourrions pas vivre dans une chambre dont tout l'air aurait été ôté, il suffit

[66] Pascal, *Traité de l'équilibre des liqueurs* et *Traité de la pesanteur de la masse de l'air*, p. 515-517, pour cette citation et les suivantes.

d'ôter l'air, non de toute la chambre, mais seulement d'alentour, du bout recourbé, pour empêcher qu'il n'y puisse arriver, pour voir si tout le vif-argent tombera quand il n'aura plus d'air qui le contrepèse ; et on pourra facilement le faire en cette façon.

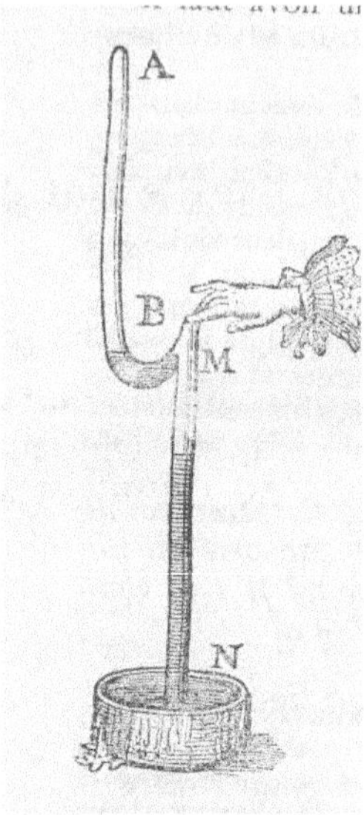

[*Figure, in Pascal, Œuvres complètes, tome 1, p. 516*]

Il faut avoir un tuyau recourbé par en bas, bouché par le bout A, et ouvert par le bout B, et un autre tuyau tout droit, ouvert par les deux bouts, M et N, mais inséré et soudé par le bout M, dans le bout recourbé de l'autre, comme il paraît en cette figure. Il faut boucher B, qui est l'ouverture du bout recourbé du premier tuyau, avec le doigt ou autrement, comme avec une vessie de pourceau, et renverser ce tuyau entier ; c'est-à-dire les deux tuyaux qui n'en font proprement qu'un, puisqu'ils ont communication l'un dans l'autre ; le remplir de vif-argent, et puis remettre le bout A en haut, et le bout N dans une écuelle pleine de vif-argent ; il arrivera que le vif-argent du tuyau d'en haut tombera entièrement, et sera tout reçu dans sa recourbure ; si ce n'est qu'il y en aura une partie qui s'écoulera dans le tuyau d'en bas par le trou M ; mais le vif-argent du tuyau d'en bas tombera en partie seulement, et demeurera suspendu aussi en partie, à une hauteur d'environ vingt-six à vingt-sept pouces, suivant le lieu et le temps où l'on en fait l'épreuve. Or la raison de cette différence est que l'air pèse sur le vif-argent qui est dans l'écuelle au bout, du tuyau d'en bas ; et ainsi il tient son vif-argent du dedans suspendu, et en équilibre ; mais il ne pèse pas sur le vif-argent qui est au bout recourbé du tuyau d'en haut ; car le doigt ou la vessie qui le bouche empêchent qu'il n'y ait d'accès ; de sorte que comme il n'y a aucun air qui pèse en cet endroit, le vif-argent du tuyau tombe librement, parce que rien ne le soutient, et ne s'oppose à sa chute.

Mais comme rien ne se perd dans la nature, si le vif-argent qui est dans la recourbure ne sent pas le poids de l'air, parce que le doigt qui bouche son ouverture l'en garde, il arrive en récompense que le doigt souffre beaucoup de douleur ; car il porte tout le poids de l'air qui le presse par-dessus, et rien ne le soutient par-dessous : aussi il se sent pressé contre le verre, et comme attiré et sucé au-dedans du tuyau, et une ampoule s'y forme, comme si il y avait une ventouse ; parce que le poids de l'air pressant le doigt, la main et le corps entier de cet homme de toutes parts, excepté en la seule partie qui est dans cette ouverture où il n'a point d'accès, cette partie s'enfle et souffre par la raison que nous avons tantôt dite. Et si on ôte le doigt de cette ouverture, il arrivera que le vif-argent qui est dans la recourbure montera tout d'un coup dans le tuyau jusques à la hauteur de vingt-six ou vingt-sept pouces ; parce que l'air, tombant tout d'un coup sur le vif-argent, le fera incontinent monter à la hauteur capable de le contrepeser ; et même à cause de la violence de sa chute, il le fait monter un peu au-delà de ce terme ; mais il tombera ensuite un peu plus bas, et puis il remontera encore ; et après quelques allées et venues, comme d'un poids suspendu au bout d'un fil, il demeurera ferme à une certaine hauteur, à laquelle il contrepèse l'air précisément.

D'où l'on voit que quand l'air ne pèse point sur le vif-argent qui est au bout recourbé, celui du tuyau tombe entièrement ; et que par conséquent si on avait porté ce tuyau en un lieu où il n'y eût point d'air, ou, si on le pouvait jusques au-dessus de la sphère de l'air, il tomberait entièrement.

VII- Roger Costes & la défense de la théorie de la pesanteur de l'air

Mais est-il indubitablement établi que c'est à la pesanteur de l'air qu'est due l'élévation du mercure dans les tubes de Torricelli ? Franciscus Linus, un Anglais, professeur d'hébreu et de mathématiques au Collège anglais de Liège, ne peut s'en convaincre. Il pense que la colonne de mercure dans le tube n'est pas soutenue par le poids de l'atmosphère, mais par des funiculi, des petits fils invisibles, qui, en quelque sorte, suspendent le mercure dans le tube. Il considère que l'on peut rendre ces fils sensibles au toucher : pour ce faire il prenait un tube de 28 pouces de longueur, ouvert à ses deux extrémités, il bouchait l'extrémité inférieure avec le doigt, remplissait le tube de mercure, plaçait un doigt à l'extrémité supérieure plongeait l'extrémité inférieure du tube dans une cuve à mercure, débouchait alors l'extrémité inférieure du tube ; alors il sentait que le doigt placé au sommet du tube était aspiré par lui. Boyle entrepris de réfuter la thèse de Linus dans un ouvrage qu'il publia en 1661. Quelques quarante ans plus tard, Roger Coste ne jugeait pas inutile d'exposer cette réfutation dans ses cours de physique expérimentale du Collège de la Trinité à Cambridge, ces cours furent publiés beaucoup plus tard, après la mort de leur auteur. Le texte retenu est emprunté à ces *Leçons de physique expérimentale* de Costes ; Roger Costes, élève de Newton, a collaboré à la seconde édition profondément remaniée des *Principia* [67], et a traduit en français le *Traité d'optique* de Newton et l'*Essai sur l'entendement humain* de Locke.

Roger Costes, Détail & explication des principaux Phænomenes de l'expérience de Toricelli [68]

Après l'exposition qu'on vient de vous faire, des principaux Phænomenes de l'Expérience de Toricelli [...], je n'ai pas besoin de faire un long discours, pour démontrer qu'ils dépendent de la pesanteur de l'air, la considération de ces Phænomenes suffit presque seule pour vous convaincre de cette vérité. Supposons donc que ces choses nous sont entiérement nouvelles, & laissant tout préjugé, voyons si un mûr examen des effets que nous venons de voir, ne suffit pas pour nous amener à 1a connoissance de leur cause.

Il paroît d'abord, entiérement contraire aux loix d'Hydrostatique, que le vif-argent se tienne beaucoup plus élevé dans le Tube que dans la Cuvette ; car imaginant un plan horisontal, qui passe par l'orifice inférieur du Tube, au travers de toute la masse de vif-argent ; il est évident que la partie du plan qui est continuë & directement placée sous cet orifice, soutient un plus grand poids de ce vif-argent, qu'aucune autre égale partie voisine de ce même plan ; or nous avons vû assez clairement la semaine derniere, que les Fluides ne peuvent jamais rester en équilibre, tant que d'égales parties d'un tel Plan sont inégalement pressées par ces Fluides, comme il arrive dans l'expérience présente. Donc nous devons nécessairement conclure que, ou le cours général de la nature est ici interrompu, & que ces Phænomenes sont une espece de miracle, ou que chaque égale partie du Plan est également pressée, au contraire de ce qui paroissoit d'abord. Mais s'il y a égalité de pression sur ce Plan, elle résulte, ou de quelque augmentation, là où il nous paroît y en avoir le moins, ou de quelque diminution, là où il nous paroît y en avoir davantage ; ou enfin de ces deux moyens réünis ensemble ; c'est-à-dire, qu'il devroit y avoir quelque pression que nous n'appercevons pas jointe à celle du vif-argent de la

[67] On cite communément par cette abréviation l'édition latine des *Principes mathématiques de la philosophie naturelle* de Newton.

[68] Roger Costes, *Leçons de physique expérimentale sur l'équilibre des liqueurs, et sur la nature et les propriétés de l'air,* 7e leçon, p. 129-139.

Cuvette, ou quelque force invisible qui suspendroit le mercure dans le Tube, de façon qu'elle diminuât l'excès de sa pesanteur.

Examinons avec soin chacune de ces deux causes. Si l'égalité procéde de quelque pression ajoûtée à celle du vif-argent de la Cuvette, elle doit venir de quelque chose de contigu à sa surface ; puis donc que l'air seul touche cette surface, il est démontré que la pression de l'air est la seule qui puisse être ajoûtée à celle du mercure de la Cuvette. La pression de l'air est donc une des causes qui peut produire cet effet, considérons l'autre à présent, & cherchons comment l'excès de la pression du vif-argent contenu dans le Tube peut être diminué ; or je vous avouë que cette peine me paroît tout-à-fait inutile, car je ne sçaurois imaginer aucune explication satisfaifante, & qui puisse s'accorder avec les autres Phænomenes de la nature.

François Linus a crû avoir démontré ce qui me paroît ici si difficile ; je vais donc réfuter son sentiment, dont il ne sera peut-être pas inutile de vous donner quelque idée. Comme je n'ai pas le Livre de Linus, je ne sçaurois mieux vous faire connoître ses principes, que par ce qu'en dit le Dr Power.

I. Les Corps sont tellement inséparables les uns des autres, qu'il ne peut y avoir de vuide dans la nature.

II. La partie du Tube qui paroît vuide, est remplie par une espece de toile ou membrane invisible de vif-argent, qui étant séparée de la superficie de la colomne, se subtilise & s'étend si fort, qu'elle remplit tout l'espace qui nous paroît vuide.

III. Ce sont les filets de cette membrane dilatée, qui soutiennent la colomne de vif-argent dans le Tube, & l'empêchent de descendre dans la Cuvette.

IV. Ces petits filets sont extrêmement rarefiés & distendus par le poids du vif-argent qu'ils soutiennent, & lorsqu'on ôte la force qui les retient, ils se recontractent dans leurs premieres dimensions, & tirent ainsi toute sorte de Corps qu'ils entraînent avec eux, à peu près comme les écoulements d'un Corps électrique entraînent en s'en allant des pailles, & d'autres Corps qu'ils sont capables de porter.

V. La faculté extensive de cette pellicule de vif-argent n'est pas indéfinie, elle a des limite au-delà desquels elle ne sçauroit plus s'étendre, & par conséquent si le Tube est d'une hauteur considérable, il se séparera plutôt du mercure une nouvelle pellicule qui s'étendra pour suppléer au défaut de la premiere, & ainsi une troisiéme, une quatriéme, &c ; jusqu'à ce que la colomne du mercure n'ait plus que 28 ou 29 pouces où elle restera suspenduë, n'y ayant alors ni poids ni puissance capable d'en faire séparer une autre pellicule.

Tels sont ses principes, & afin que vous goûtiez mieux l'application qu'il en fait, voici comme il explique pourquoi le vif-argent ne descend pas du tout dans les tuyaux qui ont moins de 29 pouces : « C'est, dit-il, parce que la surface supérieure du mercure s'attache si étroitement au haut du Tube, que le poids de la colomne n'est pas suffisant pour vaincre cette adhésion, & comme il n'y a rien pour venir à la place du mercure, s'il descendoit, il s'y attache fortement pour qu'il n'y ait point de vuide. Dans les tuyaux plus longs, le mercure descend jusqu'à ce qu'il n'ait plus que 29 pouces de hauteur, parce que, dit-il un plus grand poids de mercure est capable de rompre cette adhérence ; d'où la surface supérieure est obligée de se séparer par lames, & de se dilater en une mince pellicule ou assemblage de filets, ce qui supplée au vuide apparent ». C'est ainsi, dit le Dr Power, que ne faisant qu'effleurer les Phænomenes, il en donne les solutions, & explique les plus difficiles, sans le moindre embarras. Telle est l'hypothese de Linus, le seul que je connoisse, qui prétende expliquer notre Expérience par la diminution de la pesanteur du vif-argent dans le Tube.

Nous avons donc suffisamment établi que, ou la nature abandonne dans ce Phænomene, les loix générales qu'elle s'est établie, ou qu'il y a quelque autre pression communiquée au vif-argent de la Cuvette, laquelle, comme je l'ai aussi prouvé, ne peut venir que de l'air contigu au mercure ; ou bien enfin, que l'excès de pression du vif-argent renfermé dans le Tube, est arrêté ou anéanti par quelque autre cause que je ne sçaurois découvrir.

Il n'est pas raisonnable de croire que la nature abandonnât ainsi ses loix ordinaires dans une occasion de si peu de conséquence. Du moins sommes-nous certains, que rien ne nous authorise d'ailleurs à le soupçonner. Il est vrai qu'on a longtemps soutenu dans les Ecoles, que la nature doit tout faire pour prévenir le vuide, pour qui on lui suppose une aversion effroyable ; mais ceux qui ont soutenu ce sentiment, ont dû entendre par le mot de Nature (s'ils y ont entendu quelque chose), ou l'Auteur de tous les Etres créés, ou les Créatures elles-mêmes ; s'ils l'entendoient dans le premier sens, ils opposoient manifestement la science du Créateur à sa sagesse , en supposant qu'il a tellement disposé l'Univers qu'il faille continuellement des miracles pour sa conservation ; car nous pouvons par la présente Expérience, le mettre dans la nécessité d'empêcher le vuide à tout moment. Mais si par le mot de Nature ils entendoient les Créatures elles-mêmes, ils tomboient dans une autre absurdité, en supposant la matiere assez intelligente pour agir d'elle-même, & parvenir à quelque fin déterminée. En voilà assez, je crois, pour vous faire connoître le ridicule de cette opinion de l'horreur du vuide. Quand la longueur du tuyau est moindre que 29 ou 30 pouces, le mercure comme nous avons vû, ne descend point du tout, & n'abandonne pas le haut du tuyau ; là on peut bien dire que la nature s'est écartée de ses loix ordinaires pour prévenir le vuide, pourquoi donc ne s'attache-t'elle pas également à l'éviter ; quand le tuyau a plus de 30 pouces de long ? du moins doit-on dire que son pouvoir est retenu & borné par quelques loix déterminées. Il n'y a donc plus que deux moyens d'expliquer ce Phænomene, sçavoir, par la pression de l'air sur le mercure de la Cuvette, ou par quelque cause inconnuë qui diminuë l'excès du poids du vif-argent dans le Tube voyons lequel de ces deux moyens il faut faire évanoüir pour sçavoir, enfin, à quoi nous devons nous en tenir [...].

VIII- L'art de réécrire l'histoire ou la gloire de Pascal

L'abbé Nollet

Nollet aborde les expériences barométriques de Torricelli et de Pascal dans la 7e leçon du second tome des *Leçons de physique expérimentale*, une œuvre qui fait référence dans l'enseignement de la physique au Siècle des lumières en France et dans le reste de l'Europe. Nollet consacre deux leçons à l'hydrostatique, les 7e et 8e leçons, la 7e est divisée en deux sections ; dans la première il traite *de la pesanteur & de l'équilibre des liqueurs dont les parties sont homogènes*, dans la seconde, de la pesanteur et de l'équilibre de plusieurs liqueurs dont les densités sont différentes. C'est dans cette seconde section que sont relatées les expériences de Torricelli et de Pascal.

Nollet passe très vite sur le sujet, à la suite de la présentation des expériences de Torricelli et de Pascal, insistant sur le rôle de ce dernier dans la diffusion de l'idée de la pesanteur de l'air : *Mais personne ne contribua davantage à découvrir & à faire connoître la pesanteur de l'air, que M. Pascal* [69]. *Enfin, M. Pascal répéta l'expérience de Toricelli avec de l'eau, du vin, de l'huile, &c. & il parut par tous ses résultats, que c'étoit à la pression de l'air qu'on devoit la suspension de toutes ces liqueurs au-dessus de leur niveau, parce que leurs hauteurs étant plus ou moins grandes dans les tubes, à proportion de leurs différentes densités, il étoit palpable qu'elles se mettoient en équilibre avec un poids qui étoit toujours le même à peu près ; & comme il n'y avoit que l'air qui répondît à leur base, ce fluide s'annonçoit lui-même comme la vraie cause de cet effet.* Un peu plus loin, Nollet évoque une expérience où avec un tuyau qui plonge dans l'eau d'un vase, il aspirerait l'eau ; imaginant le cas limite d'une atmosphère infiniment pesante, il pourrait élever l'eau à une hauteur illimitée. De cette expérience fictive, il passe à une expérience réalisable, pour ce faire, il substitue le mercure à l'eau et la réalise avec du mercure.

Si la pression de l'air sur la surface de l'eau étoit infinie, on pourroit ainsi avec un tuyau assez long élever l'eau, ou toute autre liqueur, à une hauteur non limitée. Mais si le poids de l'air n'a qu'une certaine valeur, quand l'eau sera parvenue à telle hauteur, où son propre poids sera égal à celui de l'air qui la souléve, on aura beau sucer celui du tuyau, la puissance de l'air extérieur épuisée, n'aura plus d'effet au-delà. [Préparation de

---

[69] Nollet, *Leçons de physique expérimentale*, tome 2, p. 301, 307, 315, 316, pour les citations suivantes.

l'expérience] Cette expérience se fait de même que la précédente ; mais on se sert de mercure au lieu d'eau, & et le tube doit avoir au moins 30 pouces de longueur, & ne pas excéder une ligne de diamètre. [Effet] Le mercure arrivé à 27 pouces 1/2 ou environ, ne s'éléve pas davantage, quoiqu'on continue de sucer l'air du tuyau. [Explication...] comme le mercure est beaucoup plus pesant que l'eau, la pesanteur de l'air extérieur qui sert à l'élever, se trouve en équilibre avec une colonne moins longue. S'il y avait quelque fluide encore plus pesant que le mercure, on le verroit sans doute se fixer encore plus bas.

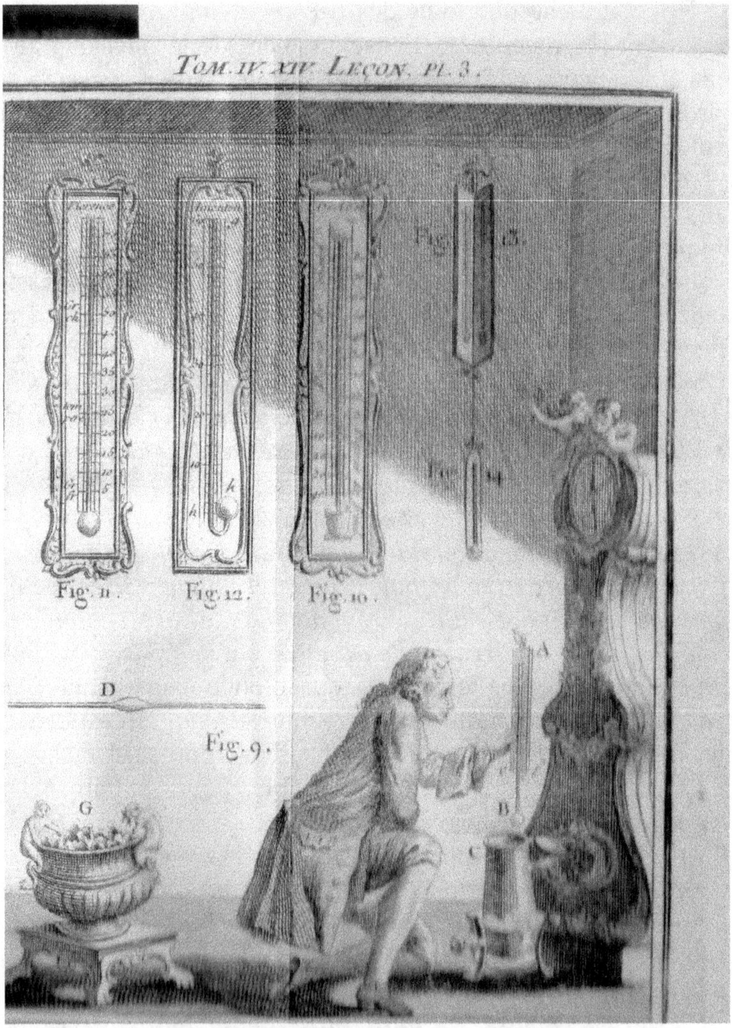

Planche 5, tome 2, leçon 7

L'abbé Pluche

Pluche fut l'un des premiers à œuvrer à la gloire de Pascal pour ses travaux sur l'élévation des liqueurs dans les tuyaux vides d'air. Il montre Pascal perfectionnant les expériences de Torricelli, reprenant la conjecture selon laquelle le poids d'une colonne d'air équilibre une colonne de même poids d'eau ou de mercure ; il le montre donnant à cette conjecture un air de démonstration. Pour ce faire, *rien ne lui parut plus satisfaisant que l'épreuve faite par ses soins sur le Pui-de domme, proche de Clermont en Auvergne. La colonne d'air étant plus courte au sommèt de cette haute montagne qu'au pié, il crut qu'elle devoit moins peser : & on trouva conformément à son attente que le vif-argent, qui au pié de la montagne se soutenoit à vingt-six pouces, descendoit à vingt-trois sur le sommèt. Il employa encore entr'autres moyens fort sensibles un tuyau courbé, comme vous le voyez dans la figure. Le bout marqué A est scellé hermétiquement. L'ouverture B est exactement couverte d'un morceau de vessie. Le tuyau étant plein on le renverse à l'ordinaire. Quand on ôte le doigt du bout plongé dans le vif-argent, que doit-il arriver ? Si l'air pèse ou presse, il soutiendra le vif-argent du tuyau droit à la hauteur de vingt-sept ou de vingt-huit pouces en C, & le vif-argent qui est dans la courbure D, n'ayant aucun rapport à l'air se mettra de part & d'autre en équilibre dans les deux branches. Mais si l'on débouche l'ouverture B, l'air doit précipiter le vif-argent du tuyau droit dans le vase ; & élancer le mercure qui est dans le coude D jusqu'au bout supérieur A. Et c'est aussi ce qui arriva, dans toutes les épreuves qu'on en fit. Je ne sai cependant s'il est parfaitement certain que cet effèt des liqueurs dans le vuide provienne du poids de l'air. On a depuis reconnu que l'air avoit un très-grand ressort, & peut-être ce ressort est-il la vraie cause de ce qu'on attribue à la pression du poids. Quelques curieux qui avoient laissé en place un tuyau de cette sorte, dont l'extrémité inférieure trempoit dans un vase plein de mercure, s'apperçurent bientôt que le mercure qui étoit suspendu dans le tuyau sans retomber n'étoit pas toujours au même point ; qu'il haussoit dans les tems secs, baissoit aux approches de la pluie, & s'agitoit quelquefois brusquement aux approches des orages. On mit toutes ces observations en règle. On plaça un papier gradué, ou une échelle de différentes marques vers l'endroit le plus élevé de la liqueur pour en comparer les progrès, & pour en tirer quelques prognostiques sur les changemens de l'air. On crut y en trouver d'à-peu-près sûrs pour l'étendue d'une journée, ce qui seroit déjà un service important : & au lieu du petit vase séparé du tuyau, on ajoûta à celui-ci une phiole de verre pleine de mercure, en coudant le tuyau, & tenant la phiole ouverte par le haut pour recevoir librement les impressions de l'air. Comme la largeur de cette bouteille est soixante ou quatre-vingt fois plus grande que celle du tuyau, si l'impression de l'air fait par ses changemens monter d'un point la liqueur du vase, il en entre nécessairement soixante ou quatre-vingt fois autant dans le petit orifice du tuyau ; en sorte que l'élévation, ou l'abaissement du mercure dans le tuyau, devient par-là extrémement sensible : en un mot on trouva le baromètre. On a beaucoup cherché pourquoi l'air, qui semble devoir péser davantage aux approches de la pluie, laissoit baisser le mercure du tuyau, au lieu de l'élever davantage par sa pression sur celui du vase* [70].

Commentaires : Pluche et Nollet nous ont fait un compte rendu des travaux sur la pesanteur de l'air de Torricelli et de Pascal qui s'accorde au récit que ceux-ci en ont fait ; Torricelli conjecture que l'élévation d'un liquide dans un tuyau est équilibrée par la colonne d'air qui pèse sur la surface du liquide de la cuve barométrique ; ce qui n'est que conjecture chez Torricelli va être démontrée par Pascal. Mais la démonstration de Pascal est en trompe l'œil : celui-ci considère qu'il est à la croisée des chemins où il convient de choisir entre l'horreur du vide et la pesanteur de l'air, il trouve l'expérience cruciale, l'expérience du vide dans le vide. Le trompe l'œil tient à l'horreur du vide qui n'est qu'une manière de dire, une formule qui frappe l'imagination dont on use dans les écoles, mais ce n'est pas un concept qui a sa place dans la physique d'Aristote ni dans la scolastique à son heure de gloire. De la réfutation de l'horreur du vide par l'expérience, à l'affirmation que le vide se rencontre dans la nature, il n'y a qu'un pas que Pascal franchi d'autant plus allègrement que l'horreur a été invoquée à cet usage. Voilà de quoi satisfaire tous ceux qui, de nos jours, s'en tiennent à la physique exposée dans nos cours de physique classique et ceux qui ne recherchent dans l'histoire de la physique que les quelques bribes qui, sorties de leur contexte, sont réemployées dans nos enseignements. Mais, si nous voulons restituer l'air du temps, il faut que nous tenions compte des diverses approches des phénomènes et de leurs multiples interprétations : que l'extrémité d'un tuyau soit vide d'air ne veut pas dire qu'il y règne un vide absolu, qu'il s'y trouve une matière subtile qui ne pèse ni n'attire la matière pesante qu'elle touche, cela peut tout autant être nié ou affirmé ; Pascal qui tient aux atomes et au vide de Gassendi nie l'existence de cette matière, Descartes tient à son existence. L'expérience qui prouve la pesanteur de l'air n'est même pas une réfutation de la physique d'Aristote, nous avons vu en effet qu'un aussi bon physicien que le père Noël se garde bien de confondre l'air élément et l'air grossier qui nous environne. Pour ceux qui n'ont qu'une connaissance superficielle de l'histoire de la physique, il semble que les expériences barométriques, qui tendent à démontrer que l'air est un fluide pesant, plaident en faveur d'une vision renouvelée du monde. Après les travaux de Copernic, de Kepler, de Galilée et d'autres, on peut raisonnablement penser que la Terre tourne sur elle-même et autour du Soleil et que le Soleil est l'une des nombreuses étoiles disséminées dans un espace

---

[70] Pluche, *Le spectacle de la nature*, tome 4, p. 536-538 ; voir la figure et sa légende : *infra*, p. 103, 104

immense. C'en serait alors fini de la certitude du monde clos des anciens avec la Terre ronde immobile en son centre ; dans ce monde, sous la sphère qui contient l'orbe de la lune, quatre éléments se répartissent les lieux, du centre à la périphérie, du bas vers le haut, selon leurs qualités : au terme le plus bas la terre, lourde absolument, sur la sphère la plus extérieure, le feu, léger absolument et dans les régions intermédiaires : l'eau, lourde relativement et l'air, léger relativement ; ainsi chaque élément trouve-t-il son lieu propre dans le monde sublunaire, il va de soi que la pierre tombe et que la flamme s'élève vers le ciel. En brisant cette vision du monde, s'impose l'idée que l'atmosphère est un vaste océan qui pèse sur les terres et les océans et que la Terre entraîne dans sa course. Mais ce serait une erreur de penser que Pascal s'inscrit dans cette mouvance de pensée, il exprime son scepticisme lors d'une polémique avec le père Noël : *quand on discourt humainement du mouvement ou de la stabilité de la terre, tous les phénomènes des mouvements et rétrogradations des planètes s'ensuivent parfaitement des hypothèses de Ptolémée, de Tycho, de Copernic et de beaucoup d'autres qu'on peut faire, de toutes lesquelles une seule peut être véritable. Mais qui osera faire un si grand discernement, et qui pourra sans danger d'erreur soutenir l'une au préjudice des autres [...] sans se rendre ridicule ?* [71]

Les travaux de Pascal sur les baromètres sont une contribution, somme toute, assez négligeable aux recherches en ce domaine, mais ils eurent une grande diffusion et contribuèrent plus que tout autre à faire connaître ce phénomène. Pour l'historien, leur principal intérêt, c'est qu'ils furent l'objet de polémique qui illustre bien les approches différentes qui, à un moment particulier de l'histoire de la pensée, peuvent être faites d'un même phénomène. Cette plongée dans le passé de la physique illustre la naïveté et l'absence de culture de ceux qui enseignant ces phénomènes prétendent faire découvrir à leurs élèves, une loi physique à partir de la mise en œuvre d'une expérience qui par ailleurs en présuppose les conséquences.

IX- Pascal en procès

En cherchant la cause de l'impossibilité de l'eau à monter à plus de 32 pieds dans les pompes, Torricelli substitue à l'eau un liquide beaucoup plus dense le mercure ; il constate que le mercure ne monte que de 27 ou 28 pouces qu'il y a un vide apparent en haut du tube et considère que la montée du mercure dans le tube est due à la pesanteur de l'atmosphère sur la surface du mercure de la cuve. L'expérience de Torricelli a été répliquée en France, pour la première fois à Rouen chez les Pascal, mais c'est Pierre Petit qui effectue l'expérience, le jeune Pascal n'en est que le spectateur. Blaise Pascal

[71] Pascal, *Polémique avec le P. Noël*, p. 383.

refait bientôt cette expérience, il la reprend ensuite avec de minimes variations et fait une large publicité de ses travaux ; la réputation du jeune prodige en mathématique, la fréquentation de l'académie Mersenne où son père l'a introduit très jeune, son génie littéraire ont fait que les historiens lui attribuent, de confiance, une large contribution aux recherches sur le vide et le poids de l'atmosphère. Pour démontrer que c'est le poids de l'atmosphère qui est la cause de l'élévation du mercure dans le tube, Pascal demande à son beau frère de réaliser l'expérience du puy de Dôme. Est-il le premier qui en ait eu l'idée ? Il en fut pendant longtemps crédité ; pourtant, dès 1691, Adrien Baillet a affirmé que c'est Descartes qui eut l'idée d'une telle expérience.

En 1906, Félix Mathieu [72] publie dans la *Revue de Paris*, un article où il reprend l'affirmation de Baillet pour l'expérience du puy de Dôme et où il attribue l'expérience du vide dans le vide à Adrien Auzoult. En 1931, Louis Rougier [73] publie un article dans le *Mercure de France* dans lequel il considère que la question du vide et de la pression atmosphérique a marqué la défaite de la scolastique médiévale et que Pascal a été le principal artisan de cette défaite.

L'attaque menée contre Pascal participe à la défense de la laïcité, contre le cléricalisme et la résurgence de la scolastique et du thomisme avec les travaux de Jacques Maritain et d'Etienne Gilson. Elle a permis une plus juste appréciation de la contribution de Pascal aux recherches qui furent faites en son temps sur la pesanteur de l'air.

Plus proche de nous, et étranger à la querelle liée à la résurgence de la scolastique en France, Bernard Rochot exprime des doutes sur la véracité des écrits de Pascal. Dans la lettre de Pascal à Périer datée du 15 novembre 1647, lettre qui n'est connue que par l'imprimé du *Récit de la grande expérience* qui ne fut publié qu'à la fin de 1648. La date donnée par Pascal lui assure la priorité de l'idée de cette expérience, mais [écrit Rochot] *on n'a pas manqué de s'étonner qu'il ait fallu attendre jusqu'au 19 septembre 1648, soit dix mois, pour passer à l'exécution. Il eût été facile de trouver, à défaut de Périer, un autre exécutant [...]. Autre anomalie : le caractère vague de ce qui est dit du « vide dans le vide », expérience ; que je fis ces jours passés* [74]. Or il n'est question de ladite expérience, en dehors de la lettre à Périer, qu'à partir du milieu de 1648.

[72] Mathieu Félix, « Pascal et l'expérience du puy de Dôme », *La Revue de Paris*, 1906, p. 565-589, 772-794, 179-206.

[73] Rougier Louis, « De Torricelli à Pascal », (1927- ?), *Philosophia Scientiae*, 14, 2010, introduction de Simone Mazauric.

[74] Rochot Bernard, « Comment Gassendi interprétait l'expérience du puy de Dôme », *Revue d'histoire des sciences et de leurs applications*, 1963, 16 - 1, p. 53-76.

Annexes

La vie de Blaise Pascal

Blaise Pascal [75] naît à Clermont-Ferrand le 19 juin 1623, il a trois ans lorsqu'il perd sa mère, son père, Etienne Pascal, est un haut magistrat, en 1626, il est reçu second président à la cour des aides de Montferrand. Blaise a deux sœurs Gilberte [76] et Jacqueline [77]. En novembre 1631, le père ayant vendu sa charge, sa maison et ses autres biens, les Pascal quittent Clermont et s'installent à Paris. Là, le père se consacre à l'éducation de son fils. Le père participe aux réunions de l'académie Mersenne. Dans son couvent de l'Oratoire, le père Marin Mersenne a monté un laboratoire et établi une société scientifique, une de celles qui préfigurent l'Académie royale des sciences ; le père Mersenne est alors le correspondant de l'Europe savante. En 1635, Blaise a retrouvé quelques-unes des propositions d'Euclide ; il est alors admis à accompagner son père aux réunions de cette académie. A l'automne 1639, Etienne Pascal est chargé du prélèvement de l'impôt de subsistance des troupes en Normandie [78], il arrive à Rouen en janvier 1640, ses enfants le rejoignent au printemps. Blaise travaille alors sur les coniques, c'est ce que nous apprend une lettre de Mersenne à Descartes. L'*Essai pour les coniques*, est publié en janvier ou février de cette même année. En 1642, Blaise Pascal travaille à la fabrication de sa machine arithmétique, une machine dont il achève la mise au point en 1645.

En 1644, Torricelli réalise ses expériences sur le vide. Selon Florin Périer, qui est l'auteur de la préface des *Traités posthumes* de Pascal : *Ce fut le R. P. Mersenne, minime de Paris, qui en eut le premier la connaissance en France ; on la lui manda d'Italie en l'année 1644, et ayant été par son moyen divulguée et rendue fameuse dans toute la France avec l'admiration de tous les savants, M. Pascal l'apprit de M. Petit, intendant des Fortifications, et très habile dans ces sortes de sciences, qui l'avait apprise du P. Mersenne même ; et l'ayant faite ensemble à Rouen en l'année 1646*

---

[75] Le Guern Michel, « Introduction et chronologie », in Pascal, *Œuvres complètes,* tome 1. Pierre Magnard, « Pascal (Blaise) », *Dictionnaire du Grand Siècle*, sous la direction de François Bluche, Paris, Fayard, 1990.

[76] Gilberte est née à Clermont-Ferrand en 1620 ; elle épouse Florin Périer à Rouen en 1641. Le couple habitera à Clermont-Ferrand et c'est Florin Périer qui réalisera l'expérience du puy de Dôme le 15 septembre 1648.

[77] Jacqueline est née à Clermont-Ferrand en 1625, convertie au jansénisme comme les autres membres de la famille, elle entre au monastère de Port-Royal de Paris en 1652, elle meurt à Port-Royal des Champs en octobre 1661.

[78] Sur Rouen et sur la fonction exercée par Etienne Pascal en ce lieu, on lira : Alain Niderst, « Pascal et la vie intellectuelle rouennaise », in *Les Pascal à Rouen*, *op. cit.*, p. 49-69.

de la même sorte qu'elle avait été faite en Italie, ils trouvèrent de point en point ce qui avait été mandé de ce pays-là [79].

En janvier 1646, Etienne Pascal s'est blessé, les deux médecins qui le soignent sont jansénistes et propagateurs de leur foi. L'épisode va bouleverser la vie des Pascal : ils lisent des ouvrages de piété venant de Port-Royal et Blaise fait sa « première conversion », celle-ci n'interrompt pas ses recherches scientifiques [80]. Ainsi est-ce à l'automne de cette même année, que Pierre Petit, de passage à Rouen, répète l'expérience du vide d'Italie, chez les Pascal. En janvier et février 1647, Blaise fait une série d'expériences sur le vide à la verrerie de Rouen ; et dans une lettre datée du 15 novembre de cette même année [81], il écrit à Florin Périer pour lui demander de réaliser une expérience barométrique entre le bas et le sommet du puy de Dôme ; afin de montrer que l'équilibre de l'air avec le vif-argent était dû à la pesanteur et pression de l'air et non un effet attribué à l'horreur que la nature ressent pour le vide. Pour ce faire, il convient de faire l'expérience au bas et au sommet d'une montagne, un même jour lorsque le temps est le même en ces lieux. Mais Périer n'était pas à Clermont et l'expérience ne fut faite que l'année suivante : *M. Périer reçut cette lettre à Moulins, où il était dans un emploi qui lui ôtait la liberté de disposer de soi-même ; de sorte que, quelque désir qu'il eût de faire promptement cette expérience, il ne l'a pu néanmoins plus tôt qu'au mois de septembre dernier* [82].

---

[79] Florin Périer, « Histoire des expériences du vide », in Pascal, *Œuvres complètes*, tome 1, p. 464.

[80] Au début de cette année, Pascal le fils, Auzout et quelques autres, animés d'un zèle inquisitorial, s'érigent en tribunal contre un ancien capucin fort imprudent : « Ils pressent Jacques Forton sieur de Saint-Ange, de leur exposer sa doctrine qu'ils jugent extravagante et dangereuse, afin de le dénoncer aux autorités religieuses, en l'occurrence à l'archevêque de Rouen. » [Hélène Bouchilloux, « La genèse de l'apologétique pascalienne », *Les Pascal à Rouen*, *op. cit.*, p. 280]. L'affaire se dénoue sans condamnation, Saint-Ange ayant signé l'acte de rétractation qui lui a été présenté et Saint-Ange obtient la cure dont il avait auparavant solliciter l'obtention. Le compte rendu de l'affaire Saint-Ange, rédigé par les inquisiteurs eux-mêmes est publié dans les œuvres de Pascal. [« Récit de deux conférences », in *Œuvres de Pascal*, tome 1, p. 547-575, 1113-1118]. Voir aussi : Olivier Jouslin, « Polémique et mondanité dans l'affaire Saint-Ange », *Les Pascal à Rouen*, *op. cit.*, p. 295-320]. Dans une pièce de théâtre, *L'entretien de M. Descartes avec M. Pascal le jeune*, Jean-Claude Brisville a imaginé un entretien où l'affaire Saint-Ange est évoqué ; l'auteur donne une conclusion à cette affaire qui n'est pas la bonne, mais qui aurait pu se produire ; les inquisiteurs improvisés ne recherchaient-ils pas une condamnation : « *Descartes : [Saint-Ange] m'a dit qu'il y a quelques mois un jeune homme d'une grande piété était venu le voir pour se faire expliquer en détail son éclaircissement des mystères. A la suite de quoi, le jeune homme le dénonça, document à l'appui, comme hérétique, à l'archevêque de Rouen. Il fut donc obligé de jeter son froc aux orties et de s'enfuir loin de cette province où il passait sa vie à secourir les pauvres. Et c'est ainsi qu'il était devenu mendiant sur le Pont-Neuf. Où je le rencontrai.* »

[81] Rappelons que Bernard Rochot conteste la date de cette lettre et pense qu'elle a été remaniée pour la publication. (Pascal, *Œuvres complètes*, tome 1, p. 1090).

[82] Pascal, *Récit de la grande expérience*, p. 430.

Lorsque Blaise Pascal commence ses recherches sur le vide, la manière d'appréhender les phénomènes naturels, la perception que l'on a du monde ont beaucoup changé en peu de temps dans les milieux savants étrangers aux Universités, lesquelles restent attachées à la pensée d'Aristote. Avant la naissance de Blaise Pascal, en 1590, la première lunette qui fait voir de près les choses lointaines est fabriquée. En 1610, Galilée a publié *Le messager des étoiles*, qui dépose implicitement contre le système qui met la Terre au centre du monde comme le pensent les péripatéticiens et en faveur de l'héliocentrisme copernicien. En 1618, les premiers microscopes sont fabriqués qui permettent de percevoir l'anatomie d'animaux à peine visible à l'œil nu. En 1632, Galilée publie les *Dialogues sur les deux grands systèmes du monde*. Blaise a 10 ans lorsqu'en 1633, Galilée est condamné par l'Inquisition [83] ; un an après cette condamnation, dans le monde savant, nul ne peut ignorer le système du monde de Galilée, et les entendus de son procès, le père Mersenne en a fait le compte rendu dans ses *Questions physiques et mathématiques* qu'il a publiées en 1634 [84] - Galilée meurt le 8 janvier 1642. Dans la physique péripatéticienne, la Terre est immobile au centre du monde, le monde est limité par la sphère des étoiles fixes qui tourne autour de la Terre en un jour, le Soleil et les Planètes, comme la sphère des étoiles, tournent autour de la terre. Quatre éléments composent le monde sublunaire la terre lourde absolument tient le centre, le feu léger absolument tient l'extrémité ; il convient qu'il y ait un lourd et un léger relatifs, ils sont attribués à l'eau et à l'air. Concevez que la vision du monde de Galilée, qui résulte de ses observations, amène à inventer une nouvelle physique…

En 1624, Gassendi a publié le livre 1 d'un ouvrage contre l'aristotélisme (*Exercitationes adversus Aristoteleos*), Gassendi a fait l'annonce d'autres livres qu'il ne publiera pas, sans doute ne furent-ils jamais écrits. Gassendi a fait des séjours à Paris du 15 octobre 1624 à avril 1625, il a rencontré le père Mersenne peu de jours après son arrivée et ils devinrent très vite amis, ainsi a-t-il fréquenté l'académie Mersenne. Il fit un autre séjour à Paris de 1628 à 1632, un séjour coupé par un voyage au Pays Bas en 1628-29. Dans une lettre du 14 septembre 1629, Gassendi annonce qu'il écrit sur sa philosophie épicurienne (*Philosophiae meae Epicureae*) ; dans une lettre du 17 septembre 1632, c'est Mersenne qui écrit : *Monsieur Gassendi poursuit tousjours sa philosophie épicurienne.* Gassendi a presque entièrement rédigé *De Vita et Doctrina Epicuri* entre 1634 et 1645, mais il ne le publie pas. Il publiera à part les premiers livres de cet ouvrage sous le

---

[83] Aimé Richardt, *La vérité sur l'affaire Galilée*, Paris, François-Xavier de Guibert, 2007. Robert Locqueneux, *Science classique & théologie*, Paris, Vuibert-Adapt-SNES, 2010, p. 24-39.

[84] Marin Mersenne, *Les Questions Inouyes, Théologiques, Physiques, Morales et Mathématiques*, questions 44 et 45.

titre de *De Vita et Moribus Epicuri* en 1647 [85]. Gassendi présente une vision épicurienne d'un monde fait d'atomes et de vide, il publie *De la vie et des mœurs d'Epicure* en 1647 avant de publier les *Syntagma philosophiae Epicuri* en 1649 [86].

En 1637, Descartes publie le *Discours de la méthode, Dioptrique, Météores et Géométrie*, [le *Discours* n'est que l'introduction à ces trois traités de mathématiques et de physique] ; Blaise Pascal a alors 14 ans, mais il y a déjà deux ans qu'il assiste aux réunions de l'académie Mersenne. Les *Principes de la philosophie* paraissent en latin en 1644, et en français en 1647. Revenons à l'hiver 1647, en janvier et février, Blaise Pascal a réalisé – nous l'avons déjà dit – une première série d'expériences sur le vide. A l'été, alors qu'il est malade, il revient à Paris avec sa sœur Jacqueline ; et, les 23 et 24 septembre, il reçoit les visites de Descartes. Au mois d'octobre, Pascal publie les *Expériences nouvelles touchant le vide* [87], le récit de ces expériences tient en peu de pages et est présenté comme l'abrégé *donné par avance d'un plus grand traité sur le même sujet* : un *Traité du vide* qu'il ne publiera pas. Commence alors la controverse de Pascal avec le père Noël d'où sa lettre au père Noël du 29 octobre. C'est ce même mois que meurt Torricelli.

Marin Mersenne meurt le premier septembre 1648, et le 15 de ce mois Florin Périer réalise enfin l'expérience du puy de Dôme, le compte rendu de cette expérience fait l'objet d'une lettre à Blaise Pascal datée du 22 septembre. A l'automne de la même année ou au début de l'année suivante [le texte est chez l'éditeur en novembre 1648] paraît le *Récit de la grande expérience de l'équilibre des liqueurs* [88]. Les copies des deux lettres sont incluses dans cette brochure ; la lettre de Pascal à Florin Périer en date du 15 novembre 1647, dans laquelle il lui demande de réaliser l'expérience, et la lettre de Périer du 22 septembre 1648 qui relate l'expérience. Mais point n'est besoin que paraisse la brochure qui narre cet évènement pour que le monde savant la connaisse. En Provence, Gassendi parle de cette brochure comme s'il l'avait déjà lue alors qu'elle n'est pas encore à la composition. Mersenne est mort, mais ses amis restent et prolongent ses activités. Ajoutons pour montrer l'importance de cette expérience du puy de Dôme, que, le 5 février 1650, Gassendi l'a reprise à Toulon au niveau de la mer, au Faron et à une altitude moyenne.

La philosophie de Gassendi a influencé l'œuvre scientifique de Pascal ; mais il n'eut guère l'occasion de le rencontrer : en 1645, alors que Pascal est à Rouen, Gassendi est à Paris où il enseigne l'astronomie au Collège royal, il

---

[85] Olivier René Bloch, *La philosophie de Gassendi*, La Haye, Martinus Nijhoff, 1971, p. xviii.

[86] Bernard Rochot, *Les travaux de Gassendi sur Epicure et sur l'atomisme, 1619-1658*, Paris, Vrin, 1944.

[87] Pascal, *Expériences nouvelles touchant le vide*, p. 355.

[88] Pascal, *Récit de la grande expérience*, p. 426-437.

y enseignera moins d'un an, les cours sont interrompus par la maladie ; d'où son départ de Paris au mois d'octobre, peu de temps avant le retour de Blaise Pascal. Il ne reviendra à Paris pour y demeurer qu'en 1653. Si Pascal a rencontré Gassendi, cela n'a pu avoir lieu qu'à partir de cette date. Gassendi meurt de phtisie le 24 octobre 1655.

Dans une lettre de juillet ou d'août 1651, Pascal écrit qu'il termine un *Traité du vide* qui ne vît jamais le jour et dont il ne reste qu'une préface et quelques fragments [89]. Etienne Pascal meurt le 24 septembre 1651. Au printemps 1654, Pascal envoie une adresse "*A l'illustre Académie parisienne de mathématiques* " [l'académie de Le Pailleur] et en juillet et août, il publie quelques brefs mémoires de mathématiques, dont le *Traité du triangle arithmétique*.

Le 23 novembre 1654, c'est la nuit du *Mémorial*, la « seconde conversion » de Pascal : *Depuis environ 10 heures et demie du soir jusques environ minuit et demi. Feu Dieu d'Abraham, Dieu d'Isaac, Dieu de Jacob, non des philosophes et des savants. Certitude, certitude, sentiment, joie, paix. Dieu de Jésus Christ. [...]* [90]. En janvier 1655, il fait un bref séjour à la maison de Port-Royal des Champs avec les solitaires et met sa plume à leur service : *Les lettres écrites à un provincial* (les *Provinciales*) paraissent en 1656 et 1657, les *Ecrits des curés de Paris* en 1658 et 1659, les *Pensées* et les *Ecrits sur la grâce* sont restés à l'état de brouillon, etc. Au printemps 1657, il écrit *De l'esprit géométrique* , un texte qui est sa contribution à l'ouvrage d'Arnault et Nicole, *La logique ou l'art de pensée*, un ouvrage souvent appelé, *La Logique de Port-Royal*, l'ouvrage de paraîtra que quelques semaines avant le décès de Pascal. Il semble bien que son intérêt pour les mathématiques et la physique a décliné : on trouve dans les *Pensées* : *Je trouve bon qu'on n'approfondisse pas l'opinion de Copernic. Mais ceci. Il importe à toute la vie de savoir si l'âme est mortelle ou immortelle* [91]. L'intérêt de Pascal pour la recherche scientifique ne s'est peut-être pas complètement éteint, mais il est naturellement enclin à laisser ses travaux à l'état de brouillon, à promettre la publication d'ouvrages de physique et de mathématiques qui n'arrivent jamais, peut-être alors s'abandonne-t-il plus à ce travers qu'avant cette nuit du *Mémorial*, d'où la publication par Florin Périer de ses œuvres posthumes où sont réunis des écrits plus ou moins fragmentaires : en 1665, les *Traités de l'équilibre des liqueurs et de la pesanteur de la masse de l'air*, les traités eux-mêmes furent achevés en 1654, y sont joints différents fragments sur la même matière et en 1666, le *Traité du triangle arithmétique, avec quelques autres petits traités*

---

[89] Cette préface et quelques parties de ces fragments seront reprises dans le *Traité de l'équilibre des liqueurs et de la pesanteur de la masse de l'air* ; un ouvrage qui paraîtra, avec une préface de Florin Périer, en novembre 1663, donc plus d'un an après la mort de Pascal.

[90] Pascal, *Pensées*, Pensée 1711, p. 851.

[91] *Ib.*, Pensées 153, p. 600.

sur la même matière. Dans la préface du *Traité de l'équilibre des liqueurs*, Florin Périer avance quelques raisons à cet état : *Mais quoique depuis 1647 jusqu'à sa mort, il se soit passé près de quinze ans, on peut dire néanmoins qu'il n'a vécu que fort peu de temps depuis, ses maladies et ses incommodités continuelles lui ayant à peine laissé deux ou trois ans d'intervalle, non d'une santé parfaite, car il n'en a jamais eu, mais d'une langueur plus supportable, et dans laquelle il n'était pas entièrement incapable de travailler* [92]. Il a pourtant distrait une part de son temps à des œuvres "profanes" : il a publié l'*Histoire de la roulette* en octobre 1658 et la suite de cette *Histoire* en décembre ; et au début de 1662, il a organisé le premier mode de transport public parisien : *les carrosses à cinq sols.*

Le 29 juin 1662, Pascal est très gravement malade, il est transporté chez les Périer qui habitent alors à Paris, il décèdera le 19 août.

Pascal et Descartes, pyrrhonisme et dogmatisme

Nous avons pu constater que le Dieu de Pascal et le Dieu de Descartes, sont au fondement d'approches contraires de la science. C'est que l'un et l'autre s'inscrivent dans des traditions philosophiques et religieuses différentes, ce sont ces traditions que nous allons brièvement évoquer, textes à l'appui.

Le dogmatisme scolastique. Selon Thomas d'Aquin, des cinq voies qui ne permettent pas de douter de l'existence de Dieu, seules les deux premières traitent de questions qui relèvent de la physique [93].

La preuve de l'existence de Dieu peut être obtenue par cinq voies. La première et la plus manifeste est celle qui part du mouvement. Il est évident, nos sens nous l'attestent, que dans ce monde certaines choses se meuvent. Or, tout ce qui se meut est mû par un autre. En effet, rien ne se meut qu'autant qu'il est en puissance par rapport à ce que le mouvement lui procure. Au contraire, ce qui meut ne le fait qu'autant qu'il est en acte ; car mouvoir, c'est faire passer de la puissance à l'acte, et rien ne peut être amené à l'acte autrement que par un être en acte, comme un corps chaud actuellement, tel le feu, rend chaud actuellement le bois qui était auparavant chaud en puissance, et ainsi le meut et l'altère. Or, il n'est pas possible que le même être, envisagé sous le même rapport, soit à la fois en acte et en puissance, il ne le peut que sous des rapports divers : par exemple, ce qui est chaud en acte ne peut pas être en même temps chaud en puissance ; mais il est, en même temps froid en puissance. Il est donc impossible que sous le même rapport et de la même manière quelque chose soit à la fois mouvant et mû, c'est-à-dire qu'il se meuve lui-même. Donc, si une chose se meut, on doit dire qu'elle est mue par une autre. Que si, ensuite, la chose qui meut se meut à son tour, il faut qu'à son tour elle soit mue par une autre, et celle-ci par

---

[92] Périer, « Histoire des expériences du vide », in Pascal, *Œuvres complètes*, tome 1, p. 466.
[93] Thomas d'Aquin, *Somme théologique,* 1e, question 2, article 3.

une autre encore. Or, on ne peut ainsi procéder à l'infini, car il n'y aurait alors pas de moteur premier, et il s'ensuivrait qu'il n'y aurait pas non plus d'autres moteurs, car les moteurs seconds ne meuvent que selon qu'ils sont mûs par le moteur premier, comme la bâton ne meut que manié par la main. Donc, il est nécessaire de parvenir à un moteur premier qui ne soit lui-même mû par aucun autre, et un tel être, tout le monde le reconnaît pour Dieu.

La seconde voie se réfère à la notion de cause efficiente. Nous constatons, à observer les choses sensibles, qu'il y a un ordre entre les causes efficientes ; mais ce qui ne se trouve pas et qui n'est pas possible, c'est qu'une chose soit la cause efficiente d'elle-même, ce qui la supposerait antérieure à elle-même, chose impossible. Or, il n'est pas possible non plus qu'on remonte à l'infini dans les causes efficientes ; car, parmi toutes les causes efficientes en série, la première est cause des intermédiaires et les intermédiaires sont causes du dernier terme, quoi qu'il en soit du nombre des intermédiaires, qu'ils soient nombreux ou qu'il n'y en ait qu'un seul. D'autre part, supprimez la cause, vous supprimez aussi l'effet. Donc, s'il n'y a pas de premier, dans l'ordre des causes efficientes, il n'y aura ni dernier ni intermédiaires. Or, aller à l'infini dans les causes efficientes ce serait supprimer la première : en conséquence, il n'y aurait ni effet dernier, ni cause efficiente intermédiaire, ce qui est évidemment faux. Il faut donc nécessairement supposer quelque cause efficiente première, que tous appellent Dieu. Thomas d'Aquin suit Aristote qui démontre l'existence d'un premier moteur dans sa *Physique* : [...] *puisque tout mû est nécessairement mû par quelque chose, soit une chose mue du mouvement local par une autre qui est mue, et soit à son tour le moteur mû par une autre chose mue, et celle-là par une autre, et toujours ainsi ; nécessairement il y a une chose qui est premier moteur et l'on ne peut aller à l'infini* [94]. Et ce premier moteur, c'est Dieu. Aristote et Thomas d'Aquin qui le suit, distinguent quatre espèces de mouvements, le mouvement selon l'essence de l'être est génération et corruption, selon la qualité, altération, selon la quantité, croissance et décroissance, et enfin, selon le lieu, il est mouvement local. Ainsi lorsqu'Aristote et Thomas d'Aquin prennent l'exemple du mouvement local, leur démonstration de l'existence d'un premier moteur qui est Dieu, ne perd pas sa généralité.

Le dogmatisme cartésien. Le doute méthodique que pratique Descartes l'amène à cette première certitude *je pense, donc je suis* [95]. De l'existence d'une pensée finie qui peut concevoir quelque chose qui la dépasse infiniment Descartes déduit l'existence de Dieu. Des attributs nécessaires de Dieu, qui ne peut être trompeur, Descartes déduit que les sensations qu'il perçoit correspondent à l'existence d'un corps, le sien, et d'un monde extérieur. Seul ce cheminement mental justifie, pour Descartes, la recherche

---

[94] Aristote, *Physique*, livre VII, 242 a.

[95] R. Descartes, *Discours de la méthode*, 4e partie, p. 32 ; *Principes de philosophie*, I, 7.

d'un système du monde, l'élaboration d'une physique. Dieu a établi librement les vérités mathématiques, éternelles et immuables, qui sont les lois de la nature et les a imprimées en nous, comme des grâces, *ainsi qu'un roi imprimerait ses lois dans le cœur de tous ses sujets s'il en avait aussi bien le pouvoir* [96]. Cette conception des lois de la nature chez Descartes est accordée à la conception de la grâce chez les Oratoriens, un ordre religieux proche du pouvoir royal. La notion de loi physique chez Descartes, comme celle de la grâce chez les Oratoriens, apparaît dénuée de tout caractère téléologique, la loi est efficace par elle-même, irrésistible dans son action sur la matière. D'où l'usage par Descartes des idées claires et distinctes que Dieu a mises en nous et qui nous permettent de comprendre le monde physique. La philosophie de Descartes est en accord avec l'augustinisme de son époque [97].

Nous connaissons clairement et distinctement que la nature d'un corps *consiste en cela seul qu'il est une substance qui a de l'extension en longueur, largeur et profondeur* [98], *qu'il ne peut y avoir d'atomes ou petits corps indivisibles, car il n'est pas possible que Dieu ait ainsi diminué sa toute-puissance* et *que toutes les variétés qui sont en la matière dépendent du mouvement des parties.* Que le mouvement d'une partie se fait en ce qu'elle cède sa place à une autre et prend celle d'une autre et qu'*ainsi dans l'univers, en chaque mouvement, il doit y avoir un cercle ou anneau qui se meuvent ensemble.* Que Dieu est immuable et non versatile, Descartes en déduit qu'il *a créé la matière avec le mouvement et le repos et qu'il conserve maintenant en l'univers par son concours ordinaire, autant de mouvement et de repos qu'il en a mis en le créant.* Ainsi les lois de la nature - *chaque chose demeure en l'état qu'elle est, pendant que rien ne la change, tout corps qui se meut tend à continuer son mouvement en ligne droite* et la quantité du mouvement, qui est *l'extension et la vitesse prises ensemble*, se conserve lors du choc de deux corps - procèdent de l'acte permanent du Créateur et de son immutabilité.

Chez Descartes, seule l'étendue et le mouvement local ont une existence objective, eux seuls suffisent à rendre compte des qualités des corps qui ne sont que subjectives, admettre des actions à distance, c'est recourir à des forces occultes et retomber dans l'irrationnel. Aussi Descartes affirme-t-il l'existence d'un univers plein où la substance et l'étendue se confondent et dans lequel il ne peut y avoir que des actions de contact. Ainsi, chez Descartes, tout se fait par figure et mouvement.

---

[96] R. Descartes, « lettre à Mersenne, le 15 avril 1630 », *Correspondance*, vol. 1, p. 145. M. Mersenne, *Correspondance*, vol. 1, lettre 431.

[97] R. Descartes, « Lettre au Marquis de Newcastle, avril 1648 », *Correspondance*, vol. 5, p. 133-139.

[98] R. Descartes, *Principes de philosophie*, II, 4, 20, 23, 33, 36, 37 et 39 pour les passages cités.

Le pyrrhonisme chrétien chez Montaigne. Les hommes mescognoissent la maladie naturelle de leur esprit : il ne faict que fureter et quester, et va sans cesse tournoyant, bastissant, et s'empestrant en sa besongne, comme nos vers à soye, et s'y estouffe ; mus in pice [c'est une souris dans de la poix] : il pense remarquer de loing je ne sçay quelle apparence de clarté et verité imaginaire ; mais pendant qu'il y court, tant de difficultez luy traverse la voye, d'empeschements et de nouvelles questes, qu'elles l'esgarent et l'enyvrent : non gueres aultrement qu'il adveint aux chiens d'Esope, lesquels descouvrants quelque apparence de corps morts flotter en mer, et ne le pouvants approcher, entreprindrent de boire cette eau, d'asseicher le passage, et s'y estoufferent [99].

Montaigne critique un auteur qui s'inspirant de l'œuvre de Thomas d'Aquin *entreprend, par raisons humaines et naturelles, d'establir et verifier contre les atheïstes touts les articles de la religion chrétienne.* Montaigne juge que *les chretiens se font tort de vouloir appuyer leur créance par la raison humaine*, il juge *qu'à une chose si divine et si haultaine, et surpassant de si loing l'humaine intelligence, comme est cette Verité de laquelle il a pleu à la bonté de Dieu nous esclairer, il est bien besoing qu'il nous preste encores son secours, d'une faveur extraordinaire et privilegiee, pour la pouvoir concevoir et loger en nous ; et ne croy pas que les moyens purement humains en soient aulcunement capables ; et s'ils l'estoient, tant d'ames rares et excellentes et si abondamment garnies de forces naturelles ez siecles anciens, n'eussent pas failly, par leur discours, d'arriver à cette cognoissance. C'est la foy seule qui embrasse vifvement et certainement les haults mysteres de nostre religion : […]* [100].

Le pyrrhonisme chrétien chez Pascal. Le scepticisme de Pascal est proche de celui de Montaigne, il s'en est nourri. La démonstration de l'existence de Dieu est fondée sur la raison chez Descartes, celle de Pascal est fondée sur sa foi en Jésus Christ ; il juge que la raison trop débile pour embrasser l'infinité des choses de la nature ne peut accéder à la connaissance de Dieu : *La dernière démarche de la raison est de reconnaître qu'il y a une infinité de choses qui la surpassent. Elle n'est que faible si elle ne va jusqu'à connaître cela. Que si les choses naturelles la surpassent, que dira-t-on des surnaturelles ? […] Nous ne connaissons Dieu que par Jésus-Christ. Sans ce médiateur est ôtée toute communication avec Dieu. Par Jésus-Christ nous connaissons Dieu. Tous ceux qui ont prétendu connaître Dieu et le prouver sans Jésus-Christ n'avaient que des preuves impuissantes. Mais pour prouver Jésus-Christ nous avons les prophéties qui sont des preuves solides et palpables* [101].

---

[99] Montaigne, *Essais*, livre 3, chapitre 13, p. 406.

[100] *Ib.*, livre 2, chapitre 12, (Apologie de Raimon Sebond) ; p. 50.

[101] Pascal, *Pensées*, in *Œuvres complètes*, tome 2, pensées 177, 178, 702, 77, pour cette citation et les suivantes.

Ainsi Pascal ne peut donner le moindre crédit à la démonstration de l'existence de Dieu faite par Descartes : *Les preuves de Dieu métaphysiques sont si éloignées du raisonnement des hommes et si impliquées, qu'elles frappent peu ; et quand cela servirait à quelques-uns, cela ne servirait que pendant l'instant qu'ils voient cette démonstration, mais une heure après ils craignent de s'être trompés.*

Pascal juge *Descartes, inutile et incertain.*

Descartes [...] Il faut dire en gros « Cela se fait par figure et mouvement », car cela est vrai. Mais de dire quels, et composer la machine, cela est ridicule, car cela est inutile et incertain et pénible. Et quand cela serait vrai, nous n'estimons pas que toute la philosophie vaille une heure de peine.

Le monde juge bien des choses, car il est dans l'ignorance naturelle qui est le vrai siège de l'homme. Les sciences ont deux extrémités qui se touchent, la première est la pure ignorance naturelle où se trouvent tous les hommes en naissant, l'autre extrémité est celle où arrivent les grandes âmes qui, ayant parcouru tout ce que les hommes peuvent savoir, trouvent qu'ils ne savent rien et se rencontrent en cette même ignorance d'où ils étaient partis, mais c'est une ignorance savante qui se connaît. Ceux d'entre deux, qui sont sortis de l'ignorance naturelle et n'ont pu arriver à l'autre, ont quelque teinture de sotte science suffisante et font les entendus. Ceux-là troublent le monde et jugent de tout.

Chapitre 2

Des Machines pneumatiques

I- Du ressort de l'air et de la construction des machines pneumatiques

1- Otto de Guericke et l'invention de la machine pneumatique

Ce sont ses méditations sur le vide qui conduisirent Otto de Guericke, le bourgmestre de Magdebourg [102], à l'invention de la machine pneumatique. Il semble que, jusqu'en 1654, il a ignoré les travaux de Torricelli, et qu'il a tenté de réaliser un engin propre à produire un espace vide afin de trancher la question du plein et du vide agitée par les philosophes anciens et modernes.

Afin de s'assurer si le vide peut réellement exister, il remplit entièrement un tonneau d'eau et le plaça la bonde en bas ; il y adapta une pompe et chercha à en retirer l'eau. Il pensait qu'en vertu de sa pesanteur, elle suivrait le piston de la pompe, et qu'à mesure que l'eau serait tirée du tonneau par le bas, il se formerait un espace vide en haut du tonneau. Trois hommes robustes employés à manœuvrer la pompe ne purent, après beaucoup d'efforts, faire sortir que très peu d'eau, et pendant tout le temps que dura ce travail, ils entendirent dans toutes les parties du tonneau un bruit semblable à celui que produit l'ébullition de l'eau dans une marmite ; c'était l'air extérieur qui pénétrait par les pores du bois dans le petit espace vide produit. Comme il n'avait pas atteint son but, il modifia son expérience. Il prit un petit tonneau rempli d'eau, le renferma dans un tonneau plus grand également rempli d'eau, et fit alors recommencer le même travail sur le petit tonneau, nouvel échec : le petit tonneau se remplit d'eau.

Sans se laisser décourager par ce double échec, il fit fabriquer un ballon de cuivre susceptible d'être ouvert ou fermé en haut à l'aide d'un robinet ; à la partie inférieure, il adapta une pompe pour faire sortir l'air du ballon, comme il l'avait fait pour le tonneau rempli d'eau, mais à présent la manœuvre servait à pomper l'air du ballon au lieu d'aspirer de l'eau. Au

---

[102] Otto de Guericke est né à Magdebourg en 1602, il fit des études de droit à Leipzig, à Helmstadt et à Iéna entre 1617 et 1623. Il étudia ensuite les mathématiques et la mécanique à Leyde puis voyagea en France et en Allemagne avant de revenir dans sa ville natale. Il y était lorsqu'elle fut mise à sac en 1631, par les troupes impériales. Il faillit y perdre la vie, fut fait prisonnier par les Impériaux et libéré contre une rançon. Plus tard, entré au service de la Suède, il fut nommé ingénieur en chef des fortifications d'Erfurth. Son engagement terminé, il revint à Magdebourg et en devint le bourgmestre en 1646, il le fut pendant 35 ans A plus de 80 ans, il abandonna sa fonction, alla vivre auprès de son fils à Hambourg et y mourut en 1686.

premier essai, alors que la pompe était actionnée par deux hommes et que l'on pouvait espérer que tout l'air avait été pompé le ballon se contracta avec fracas à la grande terreur de tous les assistants : on aurait dit un linge chiffonné avec la main. Il convenait de recommencer la tentative avec des vases plus résistants : il put alors faire sortir un peu d'air du ballon, car lorsqu'il l'ouvrit l'air s'y précipita en sifflant.

Lorsque Guericke fit ses premières expériences, il n'avait aucune idée de l'élasticité de l'air ; il pensait que l'air suivait le piston en vertu de sa pesanteur et, dans cette pensée, il disposait la pompe au bas de la boule, plus tard il s'affranchit de cette contrainte.

La machine pneumatique était inventée, il convenait de la perfectionner, elle créait un vide incomplet, les robinets et le piston étaient peu hermétiques et il fallait trois hommes pour manœuvrer cet appareil incommode. Aussi, jusqu'en 1663, Guericke s'employa-t-il à perfectionner sa machine.

Guericke connaissait le fusil à vent qu'il employait pour comprimer l'air ; mais dans ses premières recherches, il ne considérait pas l'air comme un corps élastique. Ce ne fut que plus tard qu'il se convainquit de l'élasticité de l'air par des expériences particulières et exécutées dans ce but :

1° Il relia deux ballons, l'un plein d'air, l'autre vide d'air, séparés par un robinet. Dès que celui-ci était ouvert l'air pénétrait dans le ballon vide et se répartissait également dans les deux ballons ;

2° Il plaça une vessie de bœuf fermée et aplatie dans un ballon : la vessie se gonfla à mesure qu'on fait le vide et ne tarda pas à crever ;

3° Il relia un globe de cuivre avec un long tube qu'il fit monter extérieurement jusqu'au troisième étage de sa maison. Il fit alors le vide, avec la pompe placée à la partie supérieure du tuyau, et vit que le globe, placé à la partie inférieure, se vidait tout aussi bien que si on l'avait mis directement en communication avec la pompe [103].

Guericke acquit ainsi une idée exacte du vide obtenu avec sa machine : *La division de l'air ne se fait pas comme celle d'une matière solide. Celle-ci peut se réduire en parcelles excessivement petites, ainsi que l'espace qu'elle occupe ; tandis que la moindre parcelle d'air, qui reste dans le récipient, remplit celui-ci tout entier : il n'y a de diminué que son élasticité* [104].

Il y a une expérience qui a apporté la célébrité au bourgmestre de Magdebourg, c'est celle qu'il fit en 1654, au Reichtag de Ratisbonne, devant l'empereur Ferdinand III et l'assemblée des princes de l'empire. Guericke faisait le vide à l'intérieur d'une sphère formée de deux hémisphères en cuivre de 0,67 aune de diamètre, parfaitement joints l'un à l'autre ; seize chevaux, huit de chaque côté, ne les séparèrent qu'à grand-peine et il se

---

[103] Johann Christian Poggendorff, *Histoire de la physique*, traduction de E. Bibart et G de la Quesnerie, Paris, Dunod, 1883, Jacques Gabay, 1993.

[104] Cité par Ferdinand Hoefer, *Histoire de la physique et de la chimie*, Paris, Hachette, 1872.

produisit une détonation semblable à un coup de fusil, lorsque les hémisphères se détachèrent l'un de l'autre ; alors que, lorsqu'on laissait pénétrer l'air entre eux, ils se séparaient immédiatement et sans bruit.

Nous l'avons dit, jusqu'en 1663, Guericke s'employa à perfectionner sa machine ; mais c'est Robert Boyle qui, lui apporta les perfectionnements qui en firent véritablement un bon instrument de laboratoire, celui-ci l'utilisa dans un grand nombre de recherches ingénieuses. Boyle eut connaissance de la machine pneumatique par Gaspar Schott, Jésuite de Würzbourg. Celui-ci était en correspondance avec Guericke, et, avec son autorisation, il décrivit le nouvel instrument dans sa *Mechanica hydraulico-pneumatica*, publiée en 1657

2- Le récit de cette histoire par l'un de ses acteurs, l'abbé Nollet

Nous demanderons à l'abbé Nollet de nous présenter ceux qui ont contribuer aux perfectionnements de la machine pneumatique :

Son premier auteur [...] Otto de Guerike [...] commença à la faire connoître à Ratisbone l'an 1654. Quelques années après, Boyle en fit construire une à peu-près semblable qu'il a beaucoup perfectionnée depuis. Le grand usage que fit de cette machine le Philosophe Anglois, & le succès de ses expériences, firent perdre de vûe le Magistrat Allemand à qui l'on en doit l'invention, de sorte qu'à présent le principal effet de cette pompe se nomme communément le Vuide de Boyle. M. Homberg touché des progrès qu'avoit fait la Physique en Allemagne & en Angleterre, par le moyen de cette ingénieuse machine, & n'ignorant pas de quelle utilité elle pouvoit être entre les mains des Sçavans, chercha les moyens de la rendre plus exacte qu'elle n'avoit été jusqu'alors ; & par ses soins, l'Académie royale des Sciences, dont il étoit membre, en fit faire une il y a environ 45 ans, que l'on voit encore au Jardin du Roi parmi les instrumens qui lui appartiennent. Enfin depuis que j'ai embrassé une profession qui me rend l'usage de cette pompe aussi fréquent que nécessaire, je me suis appliqué à la rendre telle, qu'elle pût être d'un service plus sûr, plus commode & plus étendu qu'elle n'avoit été précédemment [...] [105].

Nollet a présenté les changements et les augmentations qu'il a faits à cette machine dans les *Mémoires de l'Académie* des années 1740 et 1741 [106].

---

[105] Nollet, *Leçons de physique expérimentale*, tome 3, leçon 10, p. 186, 187.

[106] Nollet, « Mémoire sur les instruments qui sont propres aux expériences de l'air », *MARS*, 1740, p. 385-432 et 3 planches, p. 567-585 et 3 planches, *MARS*, 1741, p. 338-362 et 2 planches.

3- Mode d'emploi et usages de la machine pneumatique par l'abbé Pluche

Nous nous tournons vers l'abbé Pluche pour lui emprunter le mode d'emploi de la machine pneumatique et l'usage qui en est ordinairement fait dans les cabinets de physique : *Il y a une autre machine destinée à démontrer les ressorts de l'air, & à nous faire connaître les rapports de cet élément avec tout ce qui respire ou végéte ; disons mieux avec toutes les parties de la physique. Car est-il quelque chose sur la terre où l'air n'entre & ne fasse sentir son action ? Est-il quelque élément auquel il ne s'unisse ? Cet admirable instrument qu'on nomme Machine Pneumatique, ou plus ordinairement Machine du Vuide, fut inventé en Allemagne vers le milieu, du dix-septième siécle par Othon de Guerrick, consul de Magdebourg, & perfectionné en Angleterre par le chevalier Robert Boyle, de la Société Royale.*

Sur un support de forme arbitraire est posée horisontalement une platine ronde d'étain ou de cuivre, percée par le milieu, garnie d'une peau de bouc ou de mouton, & destinée à soutenir une calote de cristal, ou tel autre récipient qu'on juge à propos d'y appuier. Sous la platine est un corps de pompe, dans lequel on reçoit l'air du récipient en abaissant le piston. Le robinèt étant tourné, & bouchant exactement l'ouverture du canal qui fait la communication de la pompe au récipient, laisse échapper l'air au dehors par une rainûre pratiquée sur le côté de la clé. Quand le piston est relevé, & l'air dissipé, on ouvre de nouveau le canal, & par de nouveaux coups de piston, on évacue, autant qu'il est possible, l'air du récipient, que la pression de l'atmosphère attache alors inséparablement à la platine, le peu d'air qui reste dessous étant trop débandé pour résister à cette pression. On y voit d'abord flotter quelques vapeurs qui sont des parcelles d'eau, dont l'air est toujours fourni, & qui se sont rapprochées faute de l'appui de l'air, qui en les raréfiant les rendoit invisibles. Si vous avez mis sous le récipient, ou des fruits ridés ou une vessie flasque, mais liée & surchargée d'un poids de plusieurs livres ; la peau des fruits s'étend & devient unie : la vessie s'enfle, & fait monter le poids : un oiseau ou autre animal, vivant y tombe promptement en convulsion : un poisson y éprouve une tension violente : ses yeux s'enflent, & sa bouteille d'air se créve. L'air intérieur qui s'élargit dans leurs corps, parce qu'il n'y en a plus qui comprime l'animal par dehors, lui tient d'abord lieu d'un violent émétique, & le feroit mourir, si on ne lui redonnoit l'air.

Par ces expériences, & par cent autres, on a éprouvé que l'air dilaté occupait une place plusieurs milliers de fois plus grande que celle qu'il occupoit étant comprimé. On a commencé à sentir la puissance de l'air dans toutes les nutritions des animaux & des plantes. Mais de tous les avantages qu'on a pu tirer de cette invention, & assurément ils sont sans nombre ; il n'y en a peut-être point de plus grand que d'appercevoir l'artifice par lequel Dieu nous fait vivre dans un liquide que nous ne sentons point ; en donnant au peu d'air qui est en nous une tendance à se dilater, toute aussi puissante qu'est celle de l'air extérieur à nous écraser par une pression, capable de briser les côtes de nos corps, & de rapprocher subitement le dos de la poitrine. Par cet équilibre vraiment merveilleux, les muscles qui étendent le bras de l'homme, & ceux qui remuent l'aîle du moucheron exercent leurs mouvemens sans résistance malgré l'énorme pression du corps qui les environne : & pour peu que cette pression extérieure augmente ou diminue par le concours de l'eau, du feu, & des vents, il arrive dans les vaisseaux des animaux, & des plantes, des changemens qui en réglent la bonne ou la mauvaise constitution. Tous les progrès de la physique expérimentale nous font donc toucher au doigt ces deux vérités, l'une que Dieu entretient le monde par la loi générale d'un mouvement simple & régulier ; l'autre que le plus petit ballon de feu, d'eau, ou d'air est une machine composée avec art & par une volonté spéciale [107].

Les inventions modernes

Légende de la planche : de gauche à droite, nous trouvons un thermomètre à esprit de vin ou à mercure, une machine pneumatique, un tuyau courbé de Pascal et un baromètre. Au quatrième tome du "*Spectacle de la Nature*", l'abbé Pluche présente ainsi l'expérience du tuyau courbé de Pascal qui met en évidence la pesanteur de l'air : *Le bout marqué A est scellé hermétiquement. L'ouverture B est exactement couverte d'un morceau de vessie. Le tuyau étant plein on le renverse à l'ordinaire. Quand on ôte le doigt du bout plongé dans le vif-argent, que doit-il arriver ? Si l'air pèse ou presse, il soutiendra le vif-argent du tuyau droit à la hauteur de vingt-sept ou de vingt-huit pouces en C, & le vif-argent qui est dans la courbure D, n'ayant aucun rapport à l'air se mettra de part & d'autre à l'équilibre dans les deux branches. Mais si l'on débouche l'ouverture B, l'air doit précipiter le vif-argent du tuyau droit dans le vase ; & élancer le mercure qui est dans le coude D jusqu'au bout supérieur A. Et c'est aussi ce qui arriva dans toutes les épreuves qu'on en fit* . (A.-N. Pluche, *Le spectacle de la nature*, tome 4, p. 537). L'abbé présente comme suit le fonctionnement de la Machine Pneumatique ou "Machine du Vuide", cet admirable instrument qui *fut inventé en Allemagne vers le milieu du dix-septième siécle par Othon de Guerrik, consul de Magdebourg, & perfectionné en Angleterre par le chevalier Robert Boyle, de la Société Royale. Sur un support de forme arbitraire est posée horisontalement une platine ronde d'étain ou de cuivre, percée par le milieu, garnie d'une peau de bouc ou de mouton, & destinée à soutenir une calote de cristal, ou tel autre récipient qu'on juge à propos d'y appuier. Sous la platine est un corps de pompe, dans lequel on reçoit l'air du récipient en abaissant le piston. Le robinèt étant tourné, & bouchant*

[107] Pluche, *Le spectacle de la nature*, tome 4, p. 543-546.

exactement l'ouverture du canal qui fait la communication de la pompe au récipient, laisse échapper l'air au dehors par une rainûre pratiquée sur le côté de la clé. Quand le piston est relevé, & l'air dissipé, on ouvre de nouveau le canal, & par de nouveau coup de piston, on évacue, autant qu'il est possible, l'air du récipient, que la pression de l'atmosphère attache alors inséparablement à la platine, le peu d'air qui reste dessous étant trop débandé pour résister à cette pression. (*Ib*., p. 543, 544).

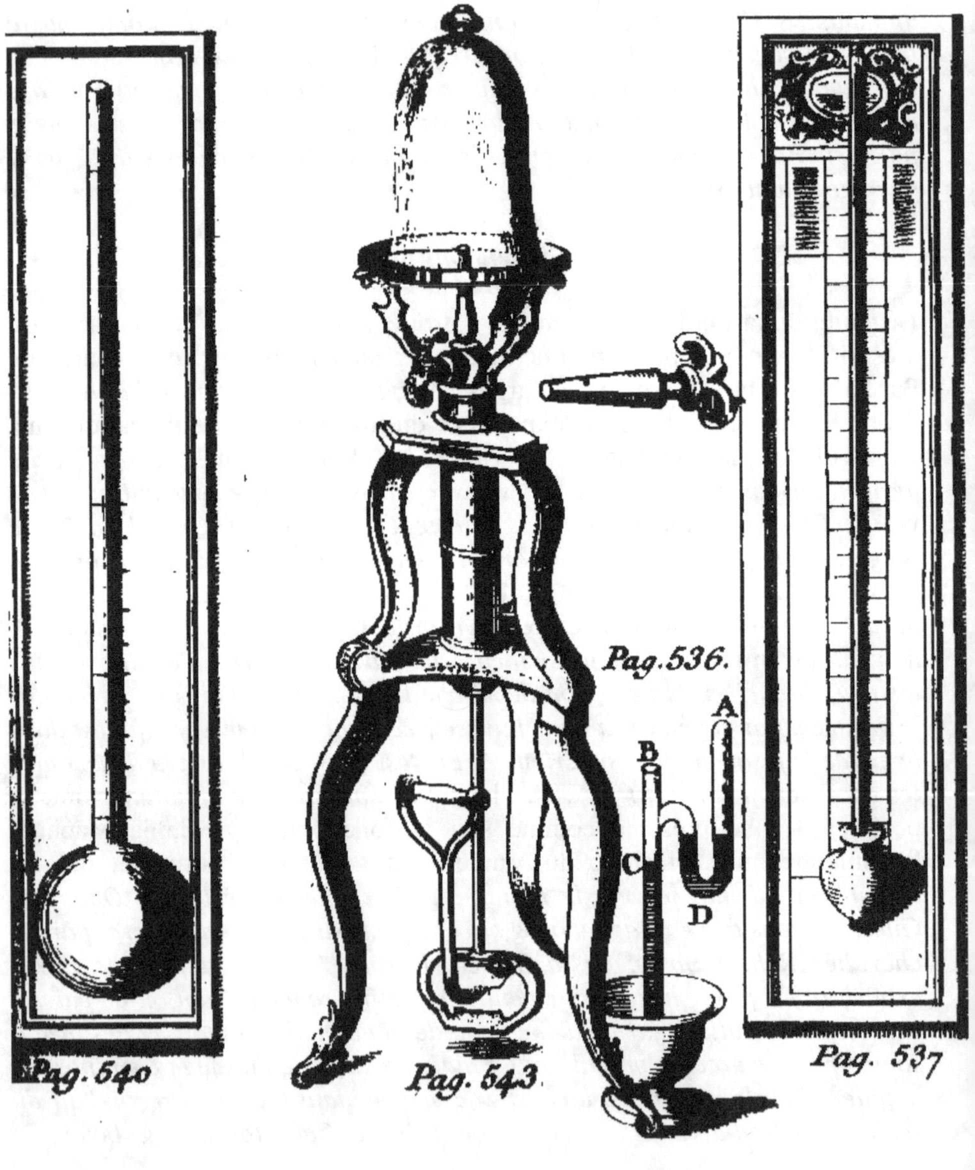

II- De la vertu de ressort de l'air

Nous abordons cette seconde propriété de l'air qu'on nomme alors son élasticité ou son ressort, une propriété à laquelle sont liés les noms de Boyle et de Mariotte.

Boyle [108], nous l'avons dit, eut connaissance de l'invention de la pompe pneumatique en 1657. Il réalisa alors diverses recherches sur l'élasticité, on disait alors le ressort, de l'air qu'il publia en décembre 1659 : *New experiments physico-mechanical touching the spring of the air.* Avec la collaboration de Robert Hooke, il entreprit le perfectionnement de la pompe pneumatique.

Selon Boyle, cette élasticité, ce ressort de l'air, *peut s'expliquer en concevant que l'air au voisinage de la Terre est une accumulation de corpuscules reposant l'un sur l'autre, à l'image d'une toison de laine. Car celle-ci consiste en de nombreux poils fins et flexibles, dont chacun peut, comme un ressort, être facilement courbé ou comprimé, mais qui tend à se redresser de soi-même. Ainsi, bien que ces poils et ces corpuscules d'air auxquels nous les assimilons cèdent aisément à une pression extérieure, chacun d'entre eux est doué, du fait de sa structure, d'un pouvoir ou principe de libre dilatation* [109].

Boyle donne une interprétation corpusculaire de l'élasticité de l'air ; c'est qu'il apprécie l'empirisme et l'atomisme de Gassendi, cependant entre Gassendi et Descartes, il ne choisit pas ; n'a-t-il pas déclaré un jour : *« je ne les ai pas lu sérieusement dans ma jeunesse, évitant ainsi d'être imbu de théories ou de principes, avant d'avoir essayé de penser par moi-même au contact des faits.* Les querelles entre Gassendi et Descartes ne lui semblent que métaphysiques puisque tous deux expliquent les phénomènes par les figures et les mouvements de corpuscules élémentaires. Par ailleurs, Boyle pense qu'il existe peut-être un éther qui s'étend à tout l'univers, et qui permettrait de rendre compte de certains phénomènes : actions mécaniques

---

[108] Boyle est l'avant-dernier des quinze enfants du comte de Cork, il naquit en 1626, fut élevé dans des principes puritains et y conformera sa vie ; en 1638 son père l'envoya à Genève pour compléter son éducation, il y passa quelques années sous la surveillance d'un gouverneur, il visita ensuite l'Italie et le sud de la France, il était à Florence lorsque Galilée mourut. En 1644, à la mort de son père, il rentre en Angleterre, il y jouit alors d'une grande fortune. Il se consacre alors à la philosophie et à la théologie ; son installation à Oxford, en 1654, va l'amener à s'intéresser aux sciences naturelles, il se joint à un groupe de personnes curieuses de philosophie expérimentale, qu'il nomme dans ses lettres le *collège invisible* et continuera à en faire partie lorsque ce collège se fixera à Londres, s'adjoindra des membres londoniens et se constituera en la très officielle *Royal Society.* Boyle restera encore longtemps à Oxford et ne se fixera à Londres qu'en 1668. En 1680, il fut élu président de la *Royal Society*, il mourut en 1691, à 65 ans ; célibataire, il consacra tout son temps à ses études religieuses et à ses recherches en physique.

[109] René Dugas, *La mécanique au XVIIe siècle*, Neuchâtel, Edition du griffon, 1954, p. 336, 339, pour cette citation et les suivantes.

ou magnétiques… : *Je considère que la partie interstellaire de l'univers, composée d'air et d'éther, ou d'autres fluides analogues, est transparente ; et que l'éther est comparable à un vaste océan où les globes lumineux, çà et là, nagent de leur propre mouvement, comme des poissons, ou sont emportés par des tourbillons comme des solides ; mais ces globes sont extrêmement dispersés, en sorte que la proportion des étoiles fixes et des corps planétaires à la partie transparente du monde est extrêmement faible et à peine notable.*

C'est à l'occasion de sa réfutation de la thèse de Linus, que nous avons abordé précédemment, que Boyle découvrit la loi de compression de l'air. Pour ce faire Boyle choisi un tube en U aux branches inégales, la branche la plus courte est hermétiquement close, la plus haute est ouverte ; il enferme une certaine quantité d'air dans la branche la plus courte en versant du mercure dans le tube, cet air est à la pression de l'atmosphère si le mercure est au même niveau dans les deux branches, il note qu'en ajoutant 29 pouces de mercure, la pression de l'atmosphère étant elle-même à peu près de 29 pouces, le volume de l'air enclos était réduit de moitié, en continuant sa manipulation il obtient un tableau de valeurs numériques imprécises. Généralisant ces résultats, il pose la loi selon laquelle le volume de l'air se comprime en proportion du poids qui le presse et publie ce premier résultat en 1661 dans *Defensio de elatere et gravitate æris adversus objectiones Francisci Lini*. Ces travaux furent complétés par ceux de Richard Townley ; celui-ci établit que l'air dilaté perd son ressort en proportion de son extension.

C'est bien plus tard que l'abbé Edme Mariotte [110] aborda l'étude du ressort de l'air. Il semble bien qu'il ignorait les travaux de ses prédécesseurs, qu'il refit avec beaucoup de soins et qu'il rapporta avec une clarté et une élégance de style qui contrastent fort d'avec les ouvrages de Boyle. Nous donnons ici un extrait du discours *De la nature de l'air* de l'abbé Mariotte.

Mariotte, *De la nature de l'air*, 1676

La seconde propriété de l'air est de pouvoir être extrêmement condensé & dilaté, & de conserver toûjours une vertu de ressort, par laquelle il repousse ou fait effort pour repousser les corps qui le pressent, jusqu'à ce qu'il ait repris son extension naturelle. La plûpart des autres ressorts s'affoiblissent peu à peu, mais on ne remarque point que celui de l'air

[110] L'abbé Mariotte était prieur de Saint-Martin-sur-Beaune, près de Dijon, lorsqu'en 1666 il fut élu à l'Académie des sciences de Paris. Parmi ses travaux, citons son *Traité du mouvement des eaux et des autres fluides*, publié après sa mort en 1686, des travaux qui nous ramènent à l'art des fontaniers, ceux de Florence, que nous avons rencontrés en compagnie de Galilée au début de cet ouvrage. Ici ce sont les machines hydrauliques des châteaux de Versailles et de Chantilly qui retiennent l'intérêt de Mariotte.

s'affoiblisse ; & quelques-uns m'ont dit avoir vû des arquebuses à vent chargées depuis plus d'un an, faire le méme effet qu'étant chargées de nouveau. L'air se dilate aussi très-facilement par la chaleur, & se condense par le froid, comme on le remarque tous les jours par plusieurs expériences.

Il ne faut pas croire que l'air qui est proche de la surface de la terre, & que nous respirons, ait son étenduë naturelle : car, puisque celui qui est au-dessus, est pesant, & qu'il a une vertu de ressort ; Celui qui est ici bas étant chargé du poids de toute l'atmosphére, doit être beaucoup plus condensé que celui qui est le plus élevé, qui a la liberté entière de se dilater ; & celui qui est entre ces deux extrémitez, doit être moins condensé que celui qui touche la terre, & moins dilaté que celui qui en est le plus éloigné.

On peut comprendre à peu près cette différence de condensation de l'air par l'exemple de plusieurs éponges qu'on auroit entassées les unes sur les autres : car il est évident, que celles qui seroient tout au haut, auroient leur étenduë naturelle ; que celles qui seroient immédiatement au-dessous, seroient un peu moins dilatées ; & que celles qui seroient au-dessous de toutes les autres, seroient très-serrées & condensées. Il est encore manifeste, que si on ôtoit toutes celles du dessus, celles du dessous reprendroient leur étenduë naturelle par la vertu de ressort qu'elles ont ; & que si on en ôtait seulement une partie, elles ne reprendroient qu'une partie de leur dilatation.

La première question qu'on peut faire là-dessus, est de sçavoir si l'air se condense précisément selon la proportion des poids dont il est chargé, ou si cette condensation suit d'autres loix & d'autres proportions. Voici les raisonnemens que j'ai faits pour sçavoir si la condensation de l'air se fait à proportion des poids dont il est pressé.

Etant supposé, comme l'expérience le fait voir que l'air se condense davantage lorsqu'il est chargé d'un plus grand poids ; il s'ensuit nécessairement, que si l'air qui est depuis la surface de la terre jusqu'à la plus grande hauteur où il se termine, devenoit plus léger, sa partie la plus basse se dilateroit plus qu'elle n'est ; & que s'il devenoit plus pesant, cette même partie se condenseroit davantage. Il faut donc conclure que la condensation qu'il a proche de la terre, se fait selon une certaine proportion du poids de l'air supérieur dont il est pressé, & qu'en cet état, il fait équilibre par son ressort précisément à tout le poids de l'air qu'il soutient.

De-là il s'ensuit, que si on enferme dans un barométre du mercure avec de l'air, & qu'on fasse l'expérience du vuide ; le mercure ne demeurera pas dans le tuyau à la hauteur qu'il étoit : car l'air qui y est enfermé avant l'expérience, fait équilibre par son ressort au poids de toute l'atmosphére, c'est-à-dire, de la colomne d'air de même largeur, qui s'étend depuis la surface du mercure du vaisseau jusqu'au haut de l'atmosphère, & par conséquent le mercure qui est dans le tuyau ne trouvant rien qui lui fasse équilibre, il descendra : mais il ne descendra pas entièrement ; car lorsqu'il descend, l'air enfermé dans le tuyau se dilate, & par conséquent son ressort n'est plus suffisant pour faire équilibre avec tout le poids de l'air supérieur. Il faut donc qu'une partie du mercure demeure dans le tuyau à une hauteur telle que l'air qui est enfermé étant dans une condensation qui lui donne une force de ressort capable de soûtenir seulement une partie du poids de l'atmosphère, le mercure qui demeure dans le tuyau, fasse équilibre avec le reste ; & alors il se fera équilibre entre le poids de toute cette colomne d'air, & le poids de ce mercure resté joint avec la force du ressort de l'air enfermé. Or si l'air se doit condenser à proportion des poids dont il est chargé ; il faut nécessairement qu'aiant fait une expérience en laquelle le mercure demeure dans le tuyau à la hauteur de quatorze pouces, l'air qui est enfermé dans le reste du tuyau, soit alors dilaté deux fois plus qu'il n'étoit avant l'expérience ; pourvû que dans le même tems les barométres sans air élévent leur mercure à vingt-huit pouces precisément.

Pour sçavoir si cette conséquence étoit véritable, j'en fis l'expérience avec le Sieur Hubin, qui est très-expert à faire des barométres & des thermométres de plusieurs sortes. Nous nous servîmes d'un tuyau de quarante pouces, que je fis emplir de mercure jusqu'à vingt-sept pouces & demi, afin qu'il y eût douze pouces & demi d'air, & qu'étant plongé d'un pouce dans le mercure du vaisseau il y eût trente-neuf pouces de reste, pour contenir quatorze pouces de mercure, & vingt cinq pouces d'air dilaté au double. Je ne fus point trompé dans mon attente : car le bout du tuyau renversé étant plongé dans le mercure du vaisseau, celui du tuyau descendit, & après quelques balancemens, il s'arrêta à quatorze pouces de hauteur ; & par conséquent l'air enfermé qui occupoit alors vingt-cinq pouces, étoit dilaté au double de celui qu'on y avoit enfermé, qui n'occupoit que douze pouces & demi.

Je lui fis faire encore une autre expérience, où il laissa vingt-quatre pouces d'air au-dessus du mercure ; & il descendit jusques à sept pouces, conformément à cette hypothèse : car sept pouces de mercure faisant équilibre au quart du poids de toute l'atmosphère, les trois quarts qui restoient étoient soûtenus par le ressort de l'air enfermé, dont l'étenduë étant alors de trente-deux pouces, elle avoit même raison à la première étenduë de vingt-quatre pouces, que le poids entier de l'air aux trois quarts du même poids.

Je fis faire encore quelques autres expériences semblables, laissant plus ou moins d'air dans le même tuyau, ou dans d'autres plus ou moins grands ; & je trouvai toûjours, qu'après l'expérience faite, la proportion de l'air dilaté, à l'étenduë de celui qu'on avoit laissé au haut du mercure avant l'expérience, étoit la même que celle de vingt-huit pouces de mercure, qui est le poids entier de l'atmosphère, à l'excès de vingt-huit pouces par-dessus la hauteur où il demeuroit après l'expérience ; ce qui fait connoître suffisamment, qu'on peut prendre pour une régle certaine ou loi de la nature, que l'air se condense à proportion des poids dont il est chargé.

Que si l'on en veut faire des expériences plus sensibles, il faut avoir un tuyau recourbé, dont les deux branches soient paralleles, & dont l'une soit d'environ huit pieds de hauteur, & l'autre de douze pouces ; la grande doit être ouverte au haut, & l'autre scellée exactement. On commencera à verser un peu de mercure pour remplir le fond où est la communication des deux branches, & on fera en sorte que le mercure ne soit pas plus haut dans l'une que dans l'autre, afin d'être assûré que l'air enfermé n'est pas plus condensé ou dilaté que l'air libre. On versera ensuite peu à peu du mercure dans le tuyau, prenant garde que le choc ne fasse entrer de nouvel air avec celui qui est enfermé ; & on verra, comme je l'ai vû plusieurs fois, que, lorsque le mercure sera élevé à quatre pouces dans la petite branche, le mercure sera dans l'autre quatorze pouces plus haut, c'est-à-dire, dix-huit pouces au-dessus du tuyau de communication ; ce qui doit arriver, si l'air se condense à proportion des poids dont il est chargé, puisque l'air enfermé est alors chargé du poids de l'atmosphére qui est égal au poids de vingt-huit pouces de mercure, & encore de celui de quatorze pouces, dont la somme 42 pouces en à 28 pouces premier poids qui tenoit l'air il a douze pouces dans la petite branche, réciproquement comme cette étenduë de douze pouces est à l'étenduë restante de huit pouces.

Si l'on verse de nouveau mercure jusqu'à ce qu'il soit monté à 6 pouces dans la petite branche, & qu'il n'y reste que 6 pouces d'air, le mercure sera dans l'autre branche plus haut de 28 pouces que le haut de ces six pouces ; ce qui doit arriver suivant la même hypothèse : car alors l'air enfermé sera chargé de 28 pouces de mercure, & de la pesanteur de l'atmosphére qui en vaut aussi 28, dont la somme 56 est double de 28, comme la première étenduë de 12 pouces d'air est double des 6 pouces qui restent ; & lorsqu'en continuant de verser du mercure dans la grande branche, il sera dans la petite à 8 pouces de hauteur, Il y aura 56 pouces de mercure au-dessus, dans la grande branche ; ce qui fait encore la même proportion.

Si on veut pousser l'expérience plus loin, on pourra verser encore du mercure, jusqu'à ce que l'air de la petite branche soit réduit à 3 pouces ; & on verra que dans l'autre branche, le mercure sera élevé à 84 pouces plus haut, lesquels avec les 28 du poids de l'atmosphére sont 112, nombre quadruple de 28, de même que la première étenduë de 12 pouces est quadruple de la dernière de 3 pouces.

Pour bien faire ces expériences, il faut que la petite branche soit d'une largeur uniforme par-tout ; car pour la grande, il n'est pas nécessaire que sa largeur soit précisément égale en toute sa longueur [111].

---

[111] Mariotte, « De la nature de l'air », 1676, in *Œuvres*, édition de 1740, tome 1, p. 150-153.

Ainsi Mariotte montre-t-il que le produit du ressort de l'air par son volume est constant, la remarque qu'il a fait antérieurement conduit à penser qu'il a veillé à ce que la température du laboratoire est restée constante pendant la durée de l'expérience. Notons que lorsque Mariotte écrit : *On peut comprendre à peu près cette différence de condensation de l'air par l'exemple de plusieurs éponges qu'on auroit entassées les unes sur les autres,* il use d'une image qui permet de comprendre cette condensation de l'air, mais cette image n'engage pas son opinion quant à la nature de l'air.

Dans son *Essai de physique*, Musschenbroek reprend les expériences de Boyle et de Mariotte qui établissent la règle selon laquelle : « *L'air, tel qu'il est tout proche de notre Globe, se raréfie de telle manière, que son volume est toujours en raison inverse des poids qui le compriment* ». Il reprend ensuite les expériences de Mariotte qui établissent que la même règle a lieu lorsqu'on comprime l'air ; mais il trace la limite de validité de cette règle : *J'ai observé qu'en comprimant l'air bien fortement & en le réduisant en un volume quatre fois plus petit, l'effet ne répondoit plus à la régle précédente, car cet air commençoit alors à faire plus de résistance, ce que Mr. Boyle a aussi remarqué avant moi. Il est aussi impossible que cette règle puisse être toujours constamment vraye ; car lorsque l'air se trouve si fort comprimé, que toutes ses parties se touchent & ne forment qu'une seule masse solide, il n'y a plus moyen de comprimer davantage cette masse, puisque les Corps sont impénétrables* [112].

III- Interpréter le ressort de l'air, la prudence de l'abbé Nollet

Quelques Physiciens [Otto de Guerike et Boyle] ont pensé que l'air pourroit bien n'être autre chose qu'un mélange des particules les plus subtiles qui s'exhalent de tous les autres corps, & qui étant trop divisées pour reprendre leur premiére forme, demeurent sous celle d'un fluide particulier qu'elles composent : mais outre que cette opinion n'est appuyée sur aucune preuve, l'air a des propriétés constantes, des caractéres inaltérables par lesquels il se fait toûjours connoître, & qui ne manqueroient pas de varier selon les circonstances du tems & du lieu, s'il étoit vrai qu'ils dépendissent de la décomposition de plusieurs matiéres & de l'assemblage de tant d'extraits. Il est donc plus naturel de penser que l'air est une espéce de substance particuliére, dont la nature est fixe, que ses parties intégrantes sont homogénes, ou que ses principes sont unis de tout temps, pour ne céder à aucun des efforts que nous pourrions faire pour le décomposer. La fluidité de l'air est telle qu'on ne la voit jamais cesser, tant que ses parties se touchent, & que leur contiguité n'est point interrompue par une trop grande

112 Pierre Musschenbroek, *Essai de physique*, tome 2, p. 655.

quantité de matiére étrangére. Nous voyons communément des liqueurs se glacer par le froid ; certains fluides comprimés cessent de couler, & se fixent sous la figure qu'on leur fait prendre : mais dans quelque climat & dans quelque saison que ce soit, on ne voit jamais aucune partie de l'atmosphére devenir solide ; & la compression la plus forte qu'on ait jamais employée, n'a pû durcir ou fixer l'air. La fluidité est-elle donc de son essence ? est-il absolument impossible qu'il la perde ? c'est ce que l'on ne voit pas ; mais aussi ce seroit une témérité d'avancer le contraire, sans en apporter des preuves.

Cette fluidité si constante de l'air viendroit-elle de la seule subtilité de ses parties, comme l'a pensé un sçavant Chymiste [Boerhaave ?] *c'est ce que l'on ne présumera pas, si l'on fait attention que l'eau, & quelques autres liqueurs, qui cessent d'être fluides par un grand froid, passent à travers de certains corps que l'air ne peut jamais pénétrer* [Boyle] *; car la ténuité des parties étoit capable d'entretenir constamment la fluidité, ou l'eau ne devroit pas se glacer plus que l'air, ou l'air, qui ne se glace jamais, devroit avoir des parties plus fines, plus pénétrantes que ne le sont celles de l'eau.*

Or c'est un fait constaté par M. de Réaumur, que l'air ne passe point à travers du papier mouillé, & de quelques autres matiéres qui sont très-propres à filtrer l'eau ; d'où il résulte que les parties de l'air sont plus grossiéres ou moins subtiles que celles de l'eau, à moins que la figure dans les unes ne compense la ténuité des autres. Il est vraisemblable que l'air demeure constamment fluide, parce qu'il est parfaitement élastique : s'il n'étoit que compressible, ses parties rapprochées pourroient peut-être se toucher d'assez près pour former un corps dur, & rien ne les obligeroit à sortir de cet état, comme la neige pressée entre les mains prend la figure & la consistance d'une boule solide : mais le ressort qu'elles ont, tend toujours à rarefier la masse qu'elles composent, parce que la plus forte compression ne peut que le tendre & non pas le forcer ; par ce moyen ces parties conservent cette mobilité respective en quoi consiste la fluidité.

On peut concevoir les parties intégrantes de l'air comme des petits filamens contournés en forme de spires flexibles & élastiques, & leur assemblage à-peu-près comme un paquet de coton ou de laine cardée que l'on peut réduire en un plus petit volume lorsqu'on le presse, mais qui tend toujours à se remettre dans son premier état.

Cette idée n'est qu'une esquisse bien grossiére de la nature de l'air ; & j'avoue qu'il y a peut-être cent contre un à parier, que les parties de cet élément n'ont point la figure que je leur attribue, parce que pour les supposer telles, je n'ai d'autre raison que leur flexibilité & leur ressort, & qu'elles peuvent être élastiques avec cent figures différentes d'un filet spiral : aussi lorsque j'adopte cette hypothése avec la plupart des Physiciens, je ne prétends point dire ce qu'elles sont, mais seulement ce qu'elles peuvent être ; & c'est moins pour prendre un parti sur leur figure, que pour être en état de faire mieux connoître le ressort admirable du fluide qu'elles composent [...] [113].

IV- Ouverture de nouveaux champs de recherche

1- Les expériences du vide, objets d'un rapport du secrétaire perpétuel de l'Académie des sciences

La fameuse Experience de Torricelli ayant donné l'idée qu'il pouvoit y avoir un espace vuide d'air, M. Gericke de Magdebourg inventa une Machine qui avoit un Recipient d'où l'air sortoit entierement. Là, se voyoient plusieurs effets nouveaux, & imprévûs, produits par l'absence de l'air qui n'avoit jamais été éprouvé, & les corps mis dans ce Recipient étoient comme transportés dans un Monde different de celui-ci. Chaque jour la Phisique s'enrichissoit de quelque observation nouvelle sur les effets de l'Air ; car rien ne le fait si bien connoître que ce qui arrive dans les lieux où il n'est pas. L'extinction du son dans le vuide, & le boüillonnement des liqueurs, sont des phénomenes trop connus presentement pour être rapportés ici ; nous ne parlerons que de quelques Experiences plus particulieres.

1. Un Goujon mis dans un vaisseau plein d'eau, ne mourut point quand on eut tiré l'air du recipient ; mais dès qu'on l'y eut laissé rentrer, il tomba au fond de l'eau, & y demeura toujours. Il étoit impossible qu'il en sortît, parce que quand on avoit pompé l'air, sa vessie s'en étoit vuidée, ainsi qu'on le reconnut ensuite par la dissection ; & l'on sait que les poissons ne peuvent monter dans l'eau, que quand leur vessie prenant plus d'air qu'elle n'en avoit, leur corps entier devient tant soit peu plus leger qu'un volume égal d'eau.

2. On voulu voir si la chaleur passoit dans le vuide. On mit du beurre sous le recipient, & l'air étant pompé, on mit au-dessus du recipient une cloche de fer bien chaude, & au bout de 5. ou 6. minutes le beurre n'étoit point fondu, quoique le recipient lui-même fût dévenu fort chaud. Il est vrai qu'en approchant d'avantage le beurre du haut du recipient, de sorte qu'il n'en étoit plus qu'à 3. doigts, il commença à se fondre ; mais il se fondit bien plus vîte, lorsqu'on laissa rentrer l'air, quoiqu'en même tems on ostât la cloche. C'est que l'air alla s'échauffer contre le recipient, & comme il est d'une certaine grossiereté, il étoit bien plus propre à agir sur le beurre que cette matiere fine & déliée, qui tenoit la place de l'air dans tout cet espace.

3. On renferma dans le recipient un petit vaisseau plein de terre, où l'on avoit semé des graines de plantes, qui commençoient à lever, & un autre petit vaisseau plein d'eau, où trempoit une petite branche d'une plante avec ses fleurs. On pompa l'air, & au bout de 24. heures, rien n'étoit changé en aucune façon. Le recipient ayant été exposé au soleil, les fleurs qui en furent

[113] Nollet, *Leçons de physique expérimentale*, tome 3, leçon 10, p. 177-181.

frappées, secherent aussi-tôt. Il s'étoit élevé de la terre d'un des vaisseaux, des vapeurs qui s'étoient attachées aux parois du verre, en forme de petites gouttes d'eau. Au bout de 8. jours, il y avoit au fond du recipient une grande quantité d'eau assés considerable. Il parut d'abord étonnant que les vapeurs pussent s'élever dans le vuide, où les choses les plus legeres, comme de très-petites plumes, tombent aussi pesamment que du plomb, ce qui marque l'extrême délicatesse de la matiere contenuë dans le recipient. Mais il est certain d'ailleurs qu'il s'y forme de l'air, quand on y enferme quelques corps ; car tous les corps contiennent de l'air, qui n'en peut sortir, pressé, comme il est, par le poids de l'air exterieur ; mais dès qu'il en est déchargé dans le vuide, il s'exhale peu à peu, & forme dans le recipient un air qu'on appelle artificiel, & qui a differentes qualités selon les differens corps d'où il est sorti. Son poids fait remonter dans le vuide le Mercure, qui étoit entierement tombé, lorsqu'on avoit tiré l'air[114].

2- Une collection de faits "thermologiques"

Dès le XVIIe siècle l'usage du thermomètre avait permis de se prémunir contre la subjectivité de la sensation : il apparût que l'hiver le fer n'est pas plus froid que la plume, que les caves ne sont pas plus chaudes l'hiver que l'été, que l'air qui sort du soufflet et refroidit la main ne change pas l'indication du thermomètre... Les savants du XVIIIe siècle précisèrent ces observations et en ajoutèrent d'autres, ainsi Fahrenheit constata-t-il que l'eau peut rester liquide à une température inférieure au terme de sa congélation mais que le moindre ébranlement la ramène à ce terme et la congèle instantanément. Ils s'intéressèrent aussi au moyen d'obtenir un froid artificiel : ainsi, en mêlant de l'esprit de nitre (acide nitrique étendu d'eau) à de la glace pilée tous deux à la température de congélation de l'eau, Fahrenheit, vit son thermomètre descendre de 19 degrés ; en mêlant de l'esprit de nitre et de la glace à cette température, il obtint un froid encore plus intense et en réitérant l'opération, il parvint à un froid de 40 degrés de son échelle au dessous de la congélation de l'eau. Avec le perfectionnement des thermomètres, l'étude des climats devint plus précise : on voulut connaître les degrés de chaud et de froid des diverses régions et leurs évolutions journalières ou annuelles ; ces études furent le domaine de prédilection des physiciens genevois. Boyle avait montré que le point d'ébullition de l'eau dépend de la force pressante, dans ses *Recherches sur les modifications de l'atmosphère*, publiées en 1772, le genevois De Luc détermina le point d'ébullition de différentes eaux à différentes altitudes, ses résultats, comme ceux obtenus par une commission de la Royal Society de Londres, s'avérèrent discordants à cause d'une certaine influence de la substance des vases, ce que Gay-Lussac montra un demi-siècle plus tard. De

---

114 Fontenelle, « Experience du vuide », *MARS*, 1668, p.45-47.

Luc remarqua aussi que l'eau saturée de sel marin a une température d'ébullition plus élevée. L'idée de déterminer la température des métaux par leur dilatation, le principe du pyromètre, née au XVIIe siècle, fut mise en œuvre par de nombreux physiciens, de Musschenbroeck à Lavoisier et Laplace en passant par Wedgwood. Les mesures qui furent faites alors de la dilatation linéaire du verre et des métaux s'accordaient peu entre elles, il s'avéra qu'il fallait tenir compte des techniques de fabrication des échantillons ; on pensait que l'augmentation de longueur était proportionnelle à la température, les perfectionnements des techniques de mesure apportés par De Luc et par Ramsden mirent fin à cette illusion. Dans la seconde moitié du siècle, De Luc, le Roy, Schmidt et Lavoisier commencèrent l'étude de la dilatation volumique des liquides ; De Luc mit en évidence que la plupart des liquides comme le mercure se dilatent graduellement à partir de leur point de congélation alors que d'autres comme l'eau se contractent d'abord jusqu'à un certain degré où ils atteignent une contraction maximale. Ainsi l'invention, puis les perfectionnements des thermomètres ont-ils permis une investigation plus ou moins systématique des phénomènes de la chaleur et du froid aux XVIIe et XVIIIe siècles. Dans la seconde moitié du Siècle des lumières, des expériences calorimétriques complèteront ce tableau des connaissances des phénomènes thermiques ; et à la fin de ce siècle, les théories de la chaleur qui seront retenues pendant les quatre premières décennies du siècle suivant seront en place.

Chapitre 3

D'une nouvelle construction des thermomètres par Amontons

I- Brève histoire de l'invention des premiers thermomètres

L'abbé Pluche nous rappelle que : *L'usage du thermométre n'est pas un amusement de pure curiosité. Il sert à déterminer le dégré de chaleur qu'on veut donner à l'air d'une chambre, à l'eau des étuves, à une serre chaude, soit qu'on y veuille hâter nos plantes communes, soit qu'on y veuille conserver des plantes étrangères. Cet instrument dirige une infinité d'expériences où il faut juger exactement du dégré de chaleur de ce qui fermente, & du dégré de froid de ce qu'on a congelé artificiellement. C'est enfin tout particulièrement par la comparaison des thermométres d'une construction uniforme, placés en différens pays, qu'on peut tirer des inductions propres à perfectionner la connoissance de l'air. Pour juger sainement des variations du chaud, il faut placer le thermométre à un air libre au Nord, & dans les lieux inaccessibles au soleil, aux grandes réflexions de la lumière, & à la chaleur des cheminées. Le Nord est aussi l'exposition la plus favorable pour le barométre* [115].

Pour nous, il n'est pas besoin d'un discours pour nous convaincre que cet appareil est absolument nécessaire à l'étude des phénomènes qui touchent au chaud et au froid.

1- Histoire de l'invention des premiers thermomètres à air

Selon Dalancé, le thermomètre : *a été inventé par un païsan de Nord-Hollande, nommé Drebbel, qui pour son industrie, et pour ses rares inventions, fut apellé en Angleterre auprès du savant Roi Jaques, où il a aussi inventé le microscope* [116]. L'abbé Nollet ajoutera au portrait que : *ce paysan [...] n'étoit point un de ces hommes grossiers qui ne connoissent que les travaux de la campagne ; il paroît qu'il avoit naturellement beaucoup d'industrie, et apparemment quelque connoissance de la physique de ce tems là* [117]. Cornélius Drebbel [118] relate ses observations sur la dilatation de l'air

[115] Pluche, *Le spectacle de la nature*, tome 4, p. 542, 543.

[116] Dalencé, *Traité des baromètres, thermomètres et notiomètres ou hygromètres*, p. 53, 54.

[117] Nollet, *Leçons de physique expérimentale*, tome 4, p. 387.

[118] Poggendorff détruira l'image d'Epinal en esquissant la biograghie de Drebbel : *Cornelius Drebbel naquit à Alcmar en Hollande, en 1572, et mourut à Londres en 1634. Souvent, pour donner sans doute à sa biographie un caractère particulier, on a voulu en faire un paysan. Mais s'il était né à la campagne, il n'était certainement pas paysan dans le sens propre du*

par la chaleur dans un ouvrage écrit en hollandais dès 1608, dont la traduction latine : "*De natura elementorum*" fut publié à Hambourg en 1621. Il semble cependant que Drebbel s'inspira des "*Pneumaticorum libre tres*" de Giambattista della Porta dont l'édition italienne de 1606 contient le dessin et la description d'un tel thermomètre. En fait, les principes de tels instruments qui usent de la raréfaction et de la condensation de l'air selon les degrés de chaud et de froid, sont connus en Occident depuis que les "*Pneumatiques*" de Héron d'Alexandrie (Ier siècle après J.C.) ont été traduits et imprimés : en latin en 1575 et en italien en 1589 [119].

Ce thermomètre à air qu'utilisaient della Porta et Drebbel *étoit un tube de verre terminé en haut par une boule creuse de même matière ; et plongé par le bas dans un petit vase rempli d'eau ou de quelqu'autre liqueur colorée ; le tout étoit attaché sur une planche divisée en parties égales, avec des chiffres de 5 en 5 ou de 10 en 10... Pour mettre cet instrument en état de marquer les augmentations du froid et du chaud, l'Auteur appliquoit sa main sur la boule pour l'échauffer : aussitôt l'air du dedans se dilatoit, augmentoit de volume, et ne pouvant plus tenir dans cette espèce de vaisseau, une partie sortoit par en bas, à travers la liqueur colorée ; on cessoit alors d'échauffer la boule, ce qui donnoit lieu à l'air qui étoit resté de se condenser, en se refroidissant ; en même temps celui de l'atmosphère, qui pesoit sur la surface du petit vase, faisoit monter la liqueur dans le tube jusqu'au milieu ou aux trois quarts de sa longueur. Cela étant fait, on voit bien que cette liqueur colorée, qui occupoit une partie du tube, devoit s'y élever ou s'abaisser, selon que la température de l'air extérieur refroidissoit ou échauffoit celui qui occupoit la boule et la portion du tuyau immédiatement au dessous* [120].

L'un des premiers thermoscopes à air est décrit dans un ouvrage : "*Matematica maravigliosa*" publié à Rome en 1611 par un ingénieur, Bartoloméo Telioux qui est aussi un commentateur de Héron : le tube de verre de ce thermomètre porte une échelle arbitraire à 8 degrés divisés chacun en 60 minutes [121]. Il semble que ces thermoscopes sont au point de

---

mot, puisque Ferdinand II, empereur d'Allemagne, lui confia l'éducation de son fils et l'appela au Conseil impérial. Pendant les troubles de 1620, les troupes du prince Electeur Frédéric V le firent prisonnier et s'emparèrent de ses biens. Mais grâce à l'intervention de personnes puissantes, il fut bientôt mis en liberté. Il alla alors à la cour de Jacques 1er, roi d'Angleterre, beau-père de Frédéric, qui aimait à s'entourer de savants, et il demeura à Londres jusqu'à sa mort. (Poggendorff, *Histoire de la physique*, *op. cit.*, p. 156).

[119] Dans la biographie de Galilée, son dernier élève et laudateur, Vincenzo Viviani, lui attribue l'invention du premier thermomètre. Galilée aurait conçu le premier thermomètre dès 1597, alors qu'il étudiait les pneumatiques de Héron. Ce thermomètre était constitué d'un tube de verre terminé par une boule à une extrémité et ouvert à l'autre : une goutte d'eau séparait l'air intérieur de l'air extérieur.

[120] Nollet, *Leçons de physique expérimentale*, tome 4, p. 387, 388.

[121] Le thermomètre de Santorio est décrit dans le manuscrit de 1611 de l'ouvrage de Télioux et désigné sous le nom de "thermoscopium" ; une dénomination qui convient mieux que celle

départ d'études thermoscopiques qui sont le plus souvent effectuées par des médecins tenants de l'aristotélisme scolastique, pour lesquels il convient de repérer l'intensité des qualités de chaud et de froid des corps, ce qu'on appelle alors le degré de chaleur, le tempérament ou la température du corps. Ce thermomètre que Dalancé attribue à Drebbel est utilisé par Santorio Santorius, un professeur de médecine de l'Université de Padoue, qui désirait suivre l'évolution de la fièvre chez ses malades. Le malade porte à la bouche ou tient dans le creux de la main la petite boule de verre. Santorius signale son invention en 1612 mais ne la décrit qu'en 1630. Ce thermomètre est alors doté de graduations décimales entre deux repères : l'un des points fixes est obtenu en refroidissant la boule avec de la neige, l'autre en l'échauffant à la flamme d'une bougie.

On trouve le même usage médical d'un tel thermomètre chez le médecin anglais Robert Fludd, qui donne la description de son thermomètre dans sa "*Philosophia mystica*" parue en 1638. Il apparut, après les premières observations barométriques d'Evangelista Torricelli en 1644, que ces thermomètres étaient aussi sensibles aux variations de la pression atmosphérique qu'à celles de la température.

L'abbé Nollet exprime cet inconvénient de l'instrument en ces termes : *Ce thermomètre avoit beaucoup de défauts qui l'ont fait abandonner : le plus grand de tous, c'est qu'il étoit sujet, comme un baromètre, aux variations du poids de l'atmosphère, qui ne suivent pas, comme l'on sçait, celles de la température. Comme la liqueur colorée ne montoit dans le tuyau qu'en vertu de la pression de l'air du dehors, il pouvoit arriver que cette liqueur fût sollicitée à s'élever par cette cause, tandis qu'une augmentation de chaleur dilatant l'air du dedans, exigeoit qu'elle descendît ; et alors ces deux causes opposées l'une à l'autre, ou se détruisoient mutuellement à forces égales, ou ne produisoient dans les autres cas qu'un effet participant de l'une et de l'autre, toujours équivoque et peu propre à indiquer le vrai degré de chaleur qu'on cherchoit à connoître* [122]. L'abbé souligne que malgré ses défauts, *cet instrument avoit ce qu'il faut essentiellement pour faire un thermomètre ; c'étoit un fluide très-dilatable renfermé dans un vaisseau transparent, et d'une figure propre à rendre sensibles les moindres changemens que le froid ou le chaud pourroient causer au volume* [123]. Pendant longtemps les thermomètres seront fabriqués sur ce principe. Mais avant qu'une telle critique puisse être formulée, l'instrument se révélait d'un emploi suffisamment incommode pour que l'on cherche à lui en substituer un autre.

---

de thermomètre pour les instruments de cette époque dont les indications ne sont pas le plus souvent comparables.

[122] Nollet, *Leçons de physique expérimentale*, tome 4, p. 388, 389.

[123] *Ib.*, p. 389.

2- L'invention des thermomètres à liquide

Dans une lettre au père Marin Mersenne du 1er janvier 1632, le chimiste français Jean Rey mentionne un thermomètre à liquide. Cet instrument est formé d'un ballon rempli d'eau surmonté d'un tube fin ouvert à son extrémité supérieure, l'élévation de l'eau dans le tube permet de repérer le degré de chaleur. *Il y a diversité de thermoscopes ou de thermomètres, à ce que je voy. Ce que vous en dittes ne peut convenir au mien, qui n'est rien plus qu'une petite phiole ronde, ayant le col fort long et deslié. Pour m'en servir, je la mets au soleil, et parfois à la main d'un febricitant, l'ayant toute remplie d'eau, fors le col ; la chaleur dilatant l'eau fait qu'elle monte. Le plus et le moins m'indiquent la chaleur grande ou petite* [124].

Quelques années plus tard, pour éviter l'évaporation du liquide thermométrique, les tubes furent scellés. Ainsi se trouvent réalisés des thermomètres qui, bientôt, seront appelés *thermomètres de Florence*, il semble qu'ils y sont en usage dès 1641 : le grand-duc Ferdinand II de Médicis les utilisent en 1644 pour contrôler ses expériences sur l'éclosion artificielle des œufs de poule et pour réaliser différentes observations météorologiques. Selon Viviani, le grand-duc Ferdinand II de Médicis prit une part importante dans le perfectionnement des thermomètres dont il confie la réalisation à un "émailleur" [125] fort habile : Guiseppe Moriani qui, selon Antinori, substitua l'esprit de vin [126] à l'eau dont on remplissait les thermomètres pour éviter qu'il ne se casse par la congélation du liquide. Ces thermomètres furent aussi d'un grand usage dans l'académie que Ferdinand II fonda à Florence en 1657, laquelle fut nommée "*L'Accademia del Cimento*", l'Académie de l'expérience, parce qu'elle s'est imposée de n'étudier la nature que par l'expérience. Cette académie comprend neuf membres ordinaires qui publièrent collectivement les résultats de leurs recherches en un volume d'essais : les "*Saggi di naturali sperienze fatte nell ' Accademia del Cimento*" à Florence en 1667, l'année de sa dissolution. Il existe deux types de thermomètres de Florence selon que la tige est droite ou contournée en forme de serpentin. Ils ont pour la plupart une échelle à 50 divisions, certaines ont des échelles à 60, 70, ou 100 divisions, les thermomètres à serpentin, jusqu'à 300 ou 400 divisions. Les principes fixant l'échelle sont mal définis, un thermomètre à 50 divisions marque de 11 à 12° par grand froid, l'hiver, à Florence et 40° sous l'action du soleil au plus forte

---

[124] Mersenne, *Correspondance (1631-1633)*, tome 3, p. 244.

[125] On appelait ainsi, aux siècles classiques, les artisans qui travaillaient les tubes et les tiges de verre.

[126] Dans la chimie ancienne, l'esprit désigne la partie la plus volatile des corps soumis à une distillation. L'esprit de vin est un alcool obtenu par la distillation de matières qui ont éprouvé une fermentation spiritueuse.

chaleur de l'été [127]. Seule l'habilité de l'artisan lui permettait de fabriquer des thermomètres dont les échelles concordent passablement.

Cependant, le thermomètre florentin reste un appareil assez sommaire ; l'abbé Pluche d'en faire un éloge très mesuré :

Le thermométre n'est autre chose qu'une bouteille surmontée d'un tuyau ou d'un coû très-long & très-délié, dont la largeur intérieure est vingt, trente, ou tant de fois qu'on le juge à propos plus étroite que le corps de la bouteille ; ensorte que si l'on ferme le tuyau à la lampe d'un émailleur après avoir empli la bouteille, & une partie du coû avec de l'esprit de vin coloré, la liqueur ne puisse s'enfler & monter d'un point dans le corps de la bouteille sans monter de vingt ou trente points dans le petit tuyau. L'esprit de vin & le mercure sont plus propres pour cet effèt que toute autre liqueur, parce qu'ils ne se gélent pas.

Le feu qui roule dans l'air extérieur n'y sauroit augmenter sans s'insinuer dans tout ce qu'il rencontre, & par conséquent dans la liqueur de la boule du thermométre. Il ne sauroit entrer dans le corps de la boule sans dilater l'esprit de vin : & si peu qu'il s'élargisse, il fait monter sensiblement le filèt de cette liqueur dans le tube. Au contraire si le feu diminue de quantité ou d'activité dans la masse de l'air, il diminue à proportion dans la masse de l'esprit de vin. Celle-ci se condense quelque peu : & si la largeur de la boule est à celle du tuyau comme 1 est à 20, la liqueur de la boule ne peut se condenser d'un quart de ligne que le filèt du tuyau ne descende de vingt quarts de ligne, c'est-à-dire, de cinq lignes. Une échelle graduée & collée sur la planche où le tube est embouëté, fait juger de la dilatation ou du resserrement de la liqueur.

Mais le caprice des ouvriers étant l'unique régle qui fixe la proportion de la boule au tube ; qui détermine le point d'où l'on commence la numération ; qui fasse le choix d'une liqueur plus ou moins susceptible de dilatation ; enfin qui assigne aux dégrés leur mesure ; l'effèt naturel de cette variété de construction, est de ne savoir presque ce qu'on dit quand on accuse telle ou telle élévation dans le thermométre. Il est bien sensible que les thermométres

---

[127] Poggendorff relate que *Par suite de cette absence de points fixes bien déterminés dans l'échelle des thermomètres florentins, nous ne pourrions aujourd'hui nous rendre compte des indications de ces instruments, si Antinori, en 1829, n'avait été assez heureux pour découvrir, dans un magasin de Florence, au milieu de nombreux appareils en verre remontant à cette glorieuse époque, une caisse remplie de thermomètres dont l'échelle contenait 50 divisions. Grâce à cette découverte, Libri put comparer le thermomètre florentin à esprit de vin avec un thermomètre à mercure de Réaumur. Voici les résultats de cette comparaison :*

50° Fl = 44° R
13°,5 = 0° R

par conséquent

0° Fl = 15° R.

(Poggendorff, *Histoire de la physique*, *op. cit.*, p. 233).

de deux villes, ou de deux maisons différentes, ne parleront point le même langage, & qu'on ne les sauroit comparer [128].

Malgré les perfectionnements que Boyle et Halley apportèrent à ces instruments, ils gardèrent plusieurs défauts qui, selon Nollet, *rendaient (leurs) décisions vagues et incertaines.* Les indications de ces thermomètres ne peuvent être comparées entre elles puisque chacun d'eux marque pour lui-même et à sa façon particulière les différents degrés de chaud et de froid et, de plus, ils ne partent pas de quelque point fixe de chaleur ou de froid. Ainsi ne pouvait-on comparer la température d'un temps ou d'un lieu, à celle d'un autre temps et d'un autre lieu, qu'en employant le même thermomètre, ce qui ne permettait pas l'étude de tous les climats de la terre. Nous verrons plus loin comment Réaumur, a cherché à éliminer les défauts des “thermomètres de Florence”.

En 1702, dans son *Discours sur quelques propriétés de l'Air, & le moyen d'en connoître la température dans tous les climats de la Terre*, Amontons présente une manière de fabriquer des thermomètres dont les indications corrigées sont comparables. Conformément, au but que le pouvoir politique a assigné aux travaux de l'Académie des sciences, Amontons montre quel peut être l'intérêt de son invention. Au dire d'Amontons, Colbert a dû renoncer au dessein qu'il avait eu de faire construire une quantité considérable de thermomètres et de les envoyer dans différentes parties de la terre pour y faire des observations sur les saisons et les climats, car différents thermomètres à esprit de vin donnent des indications qui ne sont pas comparables entre elles.

Nous verrons aussi qu'Amontons va s'efforcer de trouver le moyen de réaliser ce dessein, c'est à dire de se donner les moyens de fabriquer des thermomètres dont les indications soient comparables entre elles. Pour ce faire, en 1702, il détermine un point fixe de température, celui de l'ébullition de l'eau, et revient au thermomètre à air qu'il construit sur le principe fondé sur l'expérience, qu'un air toujours sous le même volume augmente son ressort, donc équilibre un poids plus grand, à proportion de son accroissement de chaleur ; dans ces thermomètres, une augmentation de température est déterminée par l'accroissement de la force expansive de l'air dont le volume reste sensiblement constant ; alors que dans tous les instruments de cette espèce construits jusque là, elle était déterminée par l'augmentation du volume de l'air enfermé.

---

[128] Pluche, *Le spectacle de la nature*, tome 4, p. 538-543.

II- D'une nouvelle propriété de l'air et d'une nouvelle construction des thermomètres par Amontons

Nous nous arrêtons à la découverte d'une nouvelle propriété de l'air faite par Amontons et à l'usage qu'il en fit pour construire des thermomètres dont les indications soient comparables entre elles ; pour ce faire, il lui faut, selon Nollet, imaginer pour la construction des thermomètres, une règle qui permette d'obtenir, n'importe où et n'importe quand, des instruments comparables, des instruments marquant assurément par un même nombre la même intensité de chaleur. *Pour remplir ce projet, M. Amontons faisoit usage de deux belles découvertes qu'il venoit de faire... : la première, que le ressort ou la force élastique de l'air s'augmente d'autant plus par le même degré de chaleur, que ce fluide est chargé d'un plus grands poids : la seconde, que l'eau qui a une fois acquis assez de chaleur pour bouillir, ne devient pas plus chaude, quoiqu'elle continue de bouillir plus longtemps* [129].

1- Des propriétés de l'air

La construction des thermomètres à air n'a été possible que grâce à la connaissance des propriétés de l'air. Les expériences de Torricelli ont démontré la pesanteur de l'air, les travaux de Mariotte [130] ont établi une seconde propriété de l'air qui est *de pouvoir être extrêmement condensé & dilaté, & de conserver toûjours une vertu de ressort, par laquelle il repousse ou fait effort pour repousser les corps qui le pressent, jusqu'à ce qu'il ait repris son extension naturelle* [131]. Comme en passant il remarque que *l'air se dilate aussi très-facilement par la chaleur, & se condense par le froid, comme on le remarque tous les jours par plusieurs expériences.*

Nous ne reprendrons pas ici le texte de Mariotte, *De la nature de l'air*, que nous avons placé au chapitre précédent et en retiendrons la loi qu'il en a tirée : *la condensation de l'air se fait selon la proportion des poids dont il est chargé.*

2- D'un mémoire d'Amontons sur les machines à feu

En 1699, Amontons publie un mémoire sur le moyen de se servir du feu pour faire mouvoir les machines, la machine imaginée par lui est la première du genre, on ne faisait alors que faire travailler l'eau et l'air. Pour ce faire, Amontons va mettre en évidence deux autres propriétés de l'air, c'est ce que nous retiendrons de ce mémoire puisqu'il est nécessaire de les connaître pour concevoir le thermomètre à air. Pour cela, il fait une première expérience de raréfaction de l'air par la chaleur de l'eau bouillante : *On a plongé dans un chaudron plein d'eau, les boules des trois tubes ACD, ACD, ACD, d'égale*

---

[129] Nollet, *Leçons de physique expérimentale*, tome 4, p. 394.

[130] Amontons fait référence à Mariotte et semble ignorer les travaux de Boyle.

[131] Mariotte, « De la nature de l'air », *Essais de physique*, p.150, 151.

longueur, chacun ouvert en A, recourbé en C, & se terminant en une boule D, les capacités des boules étoient entr'elles comme les nombres 1, 2, 3, aussi bien que celles des tubes AB, qui d'ailleurs étoient assez étroits, le moyen n'ayant gueres que demi ligne de diametre interieurement, il y avoit dans chaque verre, du mercure depuis l'entrée E des boules jusqu'en B, où le mercure étoit trois pouces plus haut qu'en E, à cause que l'air dont les boules étoient pleines, n'ayant trouvé aucune issuë lorsqu'on avoit versé le mercure par les ouvertures A, le soûtenoit par son ressort & l'empêchoit de descendre au niveau de celui de l'entrée des boules.

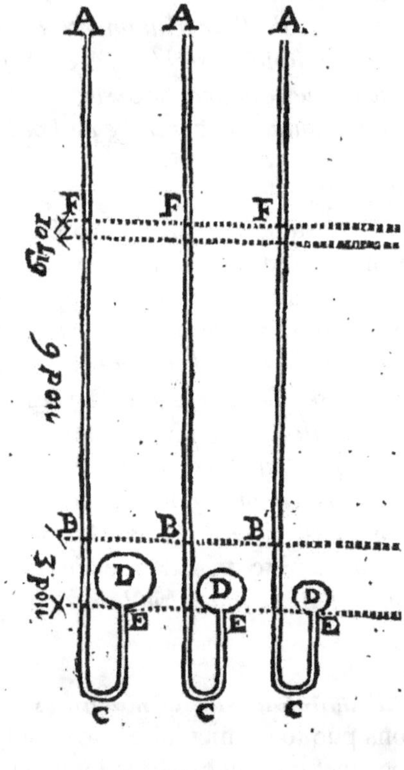

Figure

On a mis le tout sur le feu, & le mercure en B, est monté également dans des tems égaux dans tous les trois verres ; ensorte que lorsque l'eau a commencé à fremir, il étoit neuf pouces plus haut que B, & neuf pouces dix lignes lorsqu'elle a été entierement boüillante, après quoi il a cessé entierement de monter.

Amontons en déduit : *1°. Que la chaleur de l'eau boüillante a des bornes qu'elle ne passe point.*

2°. Que des masses inégales d'air augmentent également la force de leur ressort par des degrès de chaleur égaux, & au contraire.

3°. Que la chaleur de l'eau boüillante n'augmente la force du ressort de l'air que jusqu'à lui faire soûtenir environ le poids de dix pouces en hauteur de mercure, ou de onze pieds huit pouces d'eau plus que le poids de l'atmosphere. Car la quantité dont l'air diminuë son ressort en se dilatant pour remplacer le mercure qui monte de B en F, égale à peu près les deux lignes qui manquent aux dix pouces en cette expérience. [On suppose que le poids de l'eau est à celui du mercure comme 1. à 14.]

4°. Que si l'air a la liberté de s'étendre, pressé seulement par le poids de l'atmosphere, il n'augmentera son volume par la chaleur de l'eau bouillante que d'environ le tiers de sa masse ; car selon les expériences de M. Mariotte, l'air faisant équilibre par son ressort à des poids proportionnés aux volumes où ces poids se réduisent par leur pression, & ces volumes étant entre eux en raison inverse de ces poids, si la hauteur du mercure est supposée de 41. pouces, comme en effet dans cette expérience elle le peut être, & que le volume d'air soit exprimé par le nombre 3, lorsque la hauteur du mercure ne sera plus que de 31. pouces, le volume sera. 3 30/31

Fontenelle résume très simplement les principes de fonctionnement de cette machine à feu, principes sur lesquels Amontons construira son thermomètre à air. *La chaleur agit très-puissamment & très-promptement sur l'Air. S'il a une entiere liberté de s'étendre ; elle ne fait que le rarefier & augmenter son volume. S'il ne peut du tout s'étendre, elle ne fait qu'augmenter la force de son ressort. S'il peut s'étendre, mais seulement jusqu'à un certain point, la force de son ressort en est d'autant moins augmentée. Le froid au contraire resserre l'Air, & en diminuë le ressort.*

L'Air dont le ressort est augmenté par la chaleur, peut soûtenir ou élever un plus grand poids que celui de 28. pouces de mercure, ou de 32. pieds d'eau qu'il porte ordinairement.

3- La construction des thermomètres à air

L'instrument qui lui permit la première de ces “belles découvertes” est déjà celui qu'il utilisera comme thermomètre. Amontons adapte à une boule creuse un tube de verre recourbé ; le poids de la colonne de mercure dans le tube comprime l'air qui remplit la boule. Les propriétés de l'air qui ont permis de concevoir le fonctionnement de la machine à feu sont celles-là même qui sont reprises pour les thermomètres à air. Que la chaleur de l'eau bouillante a des bornes qu'elle ne dépasse pas donne un point fixe de température facilement reproductible en quelques temps et quelques lieux que ce soit : *Ce degré de chaleur nécessaire pour établir l'uniformité dans la construction des thermomètres pourroit être celui de l'eau commune bouillante, l'expérience n'aïant fait connoître qu'elle ne peut acquérir un plus grand degré de chaleur, quelque longtemps qu'elle soit sur le feu, et quelque grand que soit ce feu* [132].

ABCD est un de ces tubes de verre dont je me suis servi... pour connoître l'augmentation du ressort de l'air par la chaleur de l'eau bouillante, ouvert en A, recourbé en C, et se terminant en une boule D... La longueur de ce tube depuis A jusqu'en B sera de 46 pouces, afin que la totalité AC soit environ de 48. Il y aura du mercure depuis l'entrée E de la boule, et dans tout le reste du tube jusques vers l'ouverture A, ensorte que la boule D étant dans l'eau boüillante, l'air qu'elle renferme soûtienne par son ressort 73 pouces de mercure, y compris le poids de l'atmosphère qu'on suppose toûjours égal à 28 pouces, et seulement 45 pouces sans le comprendre, à commencer au niveau du mercure qui sera en E ; alors la surface du mercure dans le tube AB proche de l'ouverture A, sera le terme d'où l'on pourra commencer à compter tous les autres degrez de chaleur qui seront moindres que celui de l'eau boüillante... (M. Amontons, "Discours sur quelques proprietez de l'air, et le moyen d'en connoître la température dans tous les climats de la terre" Mémoires de l'Académie royale des Sciences, 28 juin 1702, p. 159, 160).

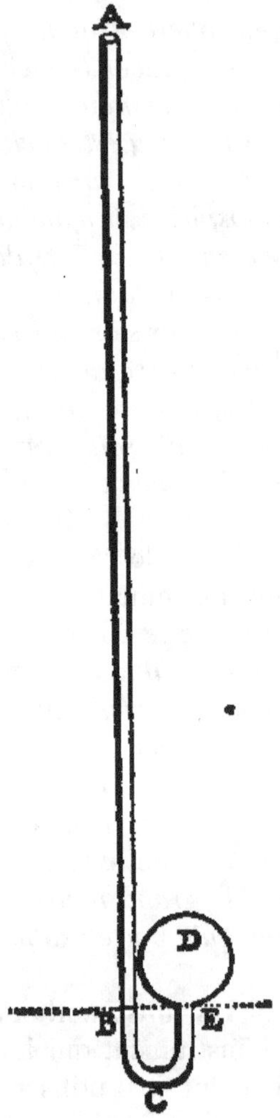

Le thermomètre d'Amontons

[132] Amontons G., « Discours sur quelques proprietez de l'air, et le moyen d'en connoître la température dans tous les climats de la terre », *MARS*, 1702, p. 159, 164, 165 pour cette citation et les suivantes.

Il s'ensuit qu'en tout pays, on pourra, en tout temps, déterminer le degré de chaleur en le comptant à partir de la chaleur de l'eau bouillante : *pour exprimer le plus grand ou le moindre degré de chaleur d'un climat, il n'y aura qu'à compter le nombre des pouces & des lignes dont la surface du mercure vers A sera plus basse que l'endroit où la chaleur de l'eau bouillante l'avoit fait monter, ayant de plus égard au poids de l'atmosphère dans le tems de l'observation, s'il est plus ou moins pesant que 28 pouces de mercure ; parce que la surface du mercure vers A sera trop basse de la quantité dont le poids de l'atmosphère excédera celui de 28 pouces de mercure, ou trop haute de la quantité qui défaillera desdits 28 pouces. C'est pourquoi dans le premier cas on ôtera cet excès des pouces & lignes comprises depuis le degré de la chaleur de l'eau bouillante, & dans le second cas on l'y ajoutera. Il sera donc facile, à l'aide de ces Thermométres, de connoître la température de tous les climats de la terre, & de construire d'autres Thermométres à esprit-de-vin pour chaque climat qui pourront être comparés à ces nouveaux Thermométres à air.*

Amontons réalise diverses expériences alors que le poids de l'atmosphère est de 28 pouces de mercure, il observe *avec ces thermomètres que l'air que nous appelons ici tempéré soutient environ 19 pouces de mercure moins que celui qui est poussé par un degré de chaleur égal à celui de l'eau bouillante.*

Le 16 Juin 1702 j'exposai au Soleil à l'heure de midi un Thermométre à esprit de vin de ceux qui mis au dehors à l'air libre, sans toutefois être au Soleil, parcourent une étendue d'environ 33 pouces du plus grand froid au plus grand chaud qu'on expérimente à Paris. J'exposai en même-tems auprès du premier le nouveau Thermomètre ..., & j'observai que le degré de chaleur du Soleil soutenoit 13 pouces 2 lignes 1/2 de mercure moins que celui de l'eau bouillante & 5 pouces 9 lignes 2/3 plus que celui de l'air tempéré de notre climat. [...] J'ai mis une autre fois ce nouveau Thermomètre dans de l'eau où il y avoit une assez grande quantité de glace, & le mercure n'y baissa que de deux pouces au dessous du tempéré, c'est-à-dire 21 pouces au dessous du degré de chaleur de l'eau bouillante, d'où nous devons vrai-semblablement conjecturer qu'il reste encore dans la glace un degré de chaleur fort considérable ; ce que l'on connoîtra aisément si on considere qu'après les premieres gelées les Thermométres ordinaires baissent encore considérablement.

Si on veut entendre par cela que le degré de chaleur d'une certaine quantité d'air correspond à la quantité de chaleur qu'il contient, on peut en déduire que le ressort de l'air serait nul s'il était dépourvu de toute chaleur et qu'alors son degré de chaleur serait nul. En conjecturant ainsi les propos d'Amontons, on peut déterminer "*l'extrême froid de ce thermomètre*". Portons un regard anachronique sur ce passage de ce mémoire d'Amontons. Puisque la pression de l'air refroidi dans la glace fondante est de 51 1/2 et échauffé par l'eau bouillante, de 73 pouces, ce qui correspond aux températures de 0° et 100° de l'échelle centésimale actuellement en usage, on détermine facilement, sur cette échelle, que l'extrême froid est de moins 239,5 C. [133].

L'abbé Nollet résume ainsi les principes des thermomètres d'Amontons : *Il avoit donc d'une part, un point fixe de chaleur très saisissable, à portée de tout le monde, et qui renfermoit au-dessous de lui tous les degrés de froid et de chaud qu'on pouvoit éprouver dans les différens climats ; d'un autre côté il employoit fort ingénieusement le poids d'une colonne de mercure, pour charger et comprimer une masse d'air contenue dans une boule creuse à laquelle étoit adapté un tube de verre recourbé (Comme on peut le voir par la figure). Il apprenoit par la hauteur plus ou moins grande du mercure dans le tube (A B), de combien le ressort de l'air contenu dans la boule (D) était moindre que celui qu'il reçoit de l'eau bouillante, quand on l'y tient plongé, et comme on sçavoit que ce ressort augmenté ou affoibli était l'effet d'une chaleur plus ou moins forte, on jugeoit de l'intensité de cette cause par la colonne de mercure plus ou moins longue que soutenoit l'air de la boule* [134].

Ainsi Amontons juge-t-il, par la hauteur de mercure au-dessus du niveau dans la boule, du ressort de l'air qui y est enfermé et convient-il de repérer le plus ou moins grand degré de chaud de l'atmosphère par le ressort de cet air en se référant à *un point fixe et commun (la chaleur de l'eau bouillante) d'où l'on peut compter tous les degrés de chaleur qui seront au dessous, en quelque lieu du monde que ce puisse être* [135].

Comme le souligne Poggendorff, *le thermomètre à air d'Amontons différait essentiellement de tous les instruments de cette espèce... dans son principe. Dans tous les thermomètres à air construits jusque là, la température était mesurée ou déterminée par la dilatation ou l'augmentation du volume de l'air enfermé. Dans l'instrument d'Amontons, au contraire, elle est mesurée par l'accroissement de la force expansive de l'air dont le volume reste sensiblement constant...* [136].

Pour que l'air conserve un volume sensiblement constant lorsqu'il pousse la colonne de mercure, il faut que la capacité de la boule soit proportionnée à la grosseur du tube. Compte tenu de nécessités techniques, Amontons choisit des tubes et des boules dont les diamètres sont dans le rapport de 1 à 58. Il importe naturellement de rendre insensibles les variations de volume de l'air.

---

[133] Des historiens y voient l'introduction du concept de zéro absolu, les contemporains d'Amontons, et peut-être Amontons lui-même, n'accordèrent pas une grande importance à cette remarque faite en passant. Dans l'histoire de l'Académie des sciences, Fontenelle ne fait aucune allusion à l'extrême froid de ce thermomètre.

[134] Nollet, *Leçons de physique expérimentale*, tome 4, p. 394, 395.

[135] Fontenelle, « Sur une nouvelle propriété de l'air ; sur un article de M. Amontons », *HARS*, 1702, p. 6.

[136] Poggendorff J. C., *Histoire de la physique*, *op. cit.*, p. 313.

En effet, cet air de la boule que nous supposons condensé jusqu'à un certain point, doit augmenter uniquement son ressort par la chaleur et non-pas par son volume ; car l'augmentation du volume nuiroit à celle du ressort, et ce n'est que par celle-ci que l'on mesure dans cette machine les degrés de chaleur [137]. Il importe en outre de corriger la mesure des températures des variations de la pression atmosphérique ; Nollet note, parmi les inconvénients de cet instrument, les corrections qu'il faut apporter pour "avoir égard à la hauteur actuelle du baromètre". *Si le thermomètre, par exemple, avoit été construit dans un tems et dans un lieu où le baromètre marquoit 28 pouces, et qu'on vînt à le consulter lorsque le même baromètre ne manquoit plus que 27 pouces 1/2 ; il falloit rabattre six lignes de l'élévation du mercure dans le tube du thermomètre ; et au contraire compter sur l'addition d'une pareille quantité, si du tems de la construction, à celui de l'observation, le baromètre avait monté de six lignes* [138].

En 1730, Fontenelle relève que le "thermomètre de Florence de Sanctorius", bien que défectueux, *est presque le seul, car celui de M. Amontons... est peu connu et peu usité, quoique construit sur de meilleurs principes, et d'une manière fort ingénieuse, mais comme il est d'une construction difficile, et qui demandait, du moins pour un temps, la main de l'auteur lui-même, sa mort, qui survint, empêcha qu'il s'en répondît un assés grand nombre* [139].

Il n'y avait donc, au milieu du XVIIIe siècle, qu'un petit nombre de ces thermomètres que seuls "*les curieux conservent dans leurs cabinets*". Et ceci, bien qu'Amontons ait, peu avant sa mort prématurée, instruit et guidé un "habile et célèbre émailleur" parisien, le sieur Hubin. Dans ses "*Leçons de Physique*", l'abbé Nollet avance d'autres raisons à la faible diffusion de l'instrument d'Amontons. D'abord, la nécessité pour en interpréter les indications d'avoir égard aux variations du poids de l'atmosphère. Ainsi *cette attention qui auroit peu coûté à des physiciens étoit pourtant une sujétion incommode dans l'usage d'un instrument qui devoit passer entre les mains de tout le monde* [140]. Ensuite, les grandes dimensions et la forme peu maniables du thermomètre *mettoi(ent) le verre en plus grand risque d'être cassé et ne permettoi(en)t pas qu'on pût le plonger dans des liqueurs ou dans d'autres matières qu'on n'auroit eû qu'en petite quantité, comme il arrive assez souvent dans les laboratoires de Physique ou de Chymie*.

---

[137] Fontenelle, « Sur une nouvelle propriété de l'air ; sur un article de M. Amontons », p. 5.

[138] Nollet, *Leçons de physique expérimentale*, tome 4, p. 395, 396.

[139] Fontenelle, « Sur une nouvelle construction de thermomètre ; sur un article de M. Réaumur », *HARS*, 1730, p. 9.

[140] Nollet, *Leçons de physique expérimentale*, tome 4, p. 396-398, pour cette citation et les suivantes.

Le thermomètre d'Amontons fut critiqué à cause de l'humidité de l'air qui est enfermé dans le tube. L'abbé Nollet peut alors écrire : *Enfin, pour être sûr que plusieurs thermomètres de cette espèce, eussent tous la même marche, il falloit que les masses d'air renfermées dans les boules fussent de la même qualité ; car on sçait que la dilatabilité de ce fluide dépend beaucoup de son degré de pureté, et que s'il est plus ou moins humide seulement, le même degré de chaleur le dilate avec des différences très-considérables ; comment pouvoit-on s'assûrer au juste de l'état de celui dont on remplissoit la boule, dans des tems et des lieux éloignés les uns des autres.*

Ainsi, tels qu'ils furent construits, les thermomètres d'Amontons présentaient quelques défauts : leurs dimensions les rendaient peu maniables, leurs indications nécessitaient pour être interprétées que l'on tienne compte du poids de l'atmosphère, enfin l'humidité de l'air enfermé du tube affectait sa dilatabilité et empêchait que plusieurs de ces thermomètres aient la même marche ; aussi leur usage se perdit-il vite. Selon Nollet : *Ces difficultés, jointes à celles d'une construction assez délicate, ont empêché que le thermomètre de M. Amontons, tout ingénieux qu'il étoit, ne s'acréditât d'une certaine façon : un ouvrier fort intelligent de ce tems-là [Le sieur Hubin], instruit & guidé par l'Auteur même, en répandit un certain nombre, que des Curieux conserverent dans leur Cabinets ; mais ce qu'on nomme le Public, prit peu de part à cette invention ; à peine trouve-t-on quelque Ouvrage de physique, où il soit fait mention de l'usage qu'on en fait.*

Ainsi donc seuls “les thermomètres de Florence ou de Santorius” sont en usage, en France, au début du XVIIIe siècle alors que, selon Fontenelle, ils *marquent à la vérité, les différents degrés de chaud et de froid, mais chacun les marque pour soi et à sa manière* [141]. Fahrenheit, Réaumur et beaucoup d'autres vont tenter de remédier à ces défauts des “thermomètres florentins”.

Les mémoires présentés par Amontons à l'Académie des sciences de Paris en 1699 et en 1702 sont trop longs pour être reproduits ici, nous avons choisi le compte rendu que Fontenelle publie du second mémoire dans l'*Histoire de l'Académie royale des sciences* pour l'année 1702. En retenant le texte de Fontenelle, nous ne pouvons plus, dès à présent, passer sous silence le problème de l'interprétation de la dilatation de l'air par la chaleur ; ici Fontenelle mêle plus que ne le fait Amontons la cause du phénomène à sa mise en évidence expérimentale, signalons seulement qu'Amontons est plus évasif que son rapporteur sur la nature de l'air et de la chaleur, mais que les précisions apportées par Fontenelle ne contredisent pas le propos d'Amontons. Ajoutons que le mécanisme qui est censé expliquer la dilatation

[141] Réaumur, « Sur une nouvelle construction de thermomètre… », p. 9.

de l'air par la chaleur est autant conforme à la physique cartésienne qu'à l'atomisme de Gassendi.

Fontenelle, "*Sur une nouvelle propriété de l'air & une nouvelle construction de thermomètre*" [142]

La premiere découverte que la Philosophie moderne ait faite sur la nature de l'Air, a été celle de sa pesanteur, qui sembla si paradoxe au commun du monde, & même à la plûpart des Philosophes. De la pesanteur de l'air, on alla à son ressort, autre qualité que l'on y auroit aussi peu soupçonnée que la premiere.

Il faut donc concevoir l'Air comme composé d'une infinité de petites lames à ressort, soit spirales, soit de telle autre figure qu'on jugera plus convenable. Quand l'air est comprimé par quelque force étrangere, les lames se serrent, & leurs extremités s'approchent ; & plus cet effet est grand, plus le ressort de l'air est tendu, & disposé à se débander avec violence. Les lames occupent moins d'espace, lorsque leurs extremités s'approchent, & c'est ce qu'on appelle la condensation de l'air, ou la diminution de son volume. Feu M. Mariotte de l'Academie des Sciences, ayant cherché quelle étoit la proportion des differentes condensations de l'air, trouva par toutes ses experiences qu'elle suivoit celle des poids dont il étoit chargé. Ainsi l'air que nous respirons étant chargé du poids de toute l'Atmosphere, égal au poids de 28 pouces de Mercure, un air qui seroit chargé de 56 pouces de Mercure seroit deux fois plus condensé, ou réduit en un espace deux fois moindre.

Cette regle de M. Mariotte n'est pourtant pas absolument vraie ; car on peut supposer que le poids dont on chargera l'air augmente à l'infini, & on ne peut concevoir que sa condensation augmente de même. Quand les deux extremités d'une même lame seront venues à se toucher, c'en est fait, un plus grand poids ne peut faire rien de plus. Mais il faut convenir que nous ne sçaurions aller par le secours d'aucune Machine jusqu'à cette derniere condensation de l'air, que nous en sommes même toûjours fort éloignés, & que toutes nos experiences ne roulent que sur des condensations moyennes, où se renferme la regle de M. Mariotte, qui hors delà seroit fausse. Il est clair par ce qui a été dit, que l'augmentation du ressort de l'air suit sa condensation, & la diminution de son volume.

Ce ne sont pas seulement les poids dont l'air est chargé qui augmentent son ressort, la chaleur l'augmente aussi, mais seulement lorsqu'elle ne peut augmenter son volume, ou l'augmenter suffisamment. Car elle fait toûjours sur lui l'un de ces deux effets ; elle le rarefie s'il a la liberté de s'étendre, ou

[142] Fontenelle, « Sur une nouvelle propriété de l'air ; sur un article de M. Amontons », p. 1-8.

s'il ne l'a pas, elle augmente son ressort. S'il n'a la liberté de s'étendre qu'en partie, elle augmente d'autant moins son ressort qu'elle le rarefie davantage.

On a vû dans l'Histoire de 1699, que M. Amontons ayant eu besoin pour son Moulin à feu de connoître la mesure ou la proportion de l'augmentation du ressort de l'air par la chaleur, avoit trouvé que la chaleur de l'eau boüillante n'augmentoit la force du ressort de l'air que d'un peu plus que le tiers de ce qu'il en a sur la surface de la terre, où il est chargé du poids de l'Atmosphere, c'est-à-dire, qu'elle augmentoit son ressort d'un peu plus que le tiers de 28 pouces de Mercure.

Cette connoissance suffisoit alors à M. Amontons, & il n'alla pas plus loin. Mais depuis, en suivant la nature de plus prés, il a trouvé une proprieté de l'air, nouvelle, singuliere, & qui peut d'abord paroître surprenante. Plus l'air est chargé d'un grand poids, plus son ressort s'augmente par un même degré de chaleur.

La raison en est que l'action de la chaleur consiste en une infinité de petites particules très-agitées qui pénètrent les corps. Quand elles entrent dans une masse d'air, elles en ouvrent & en développent les lames spirales, non-seulement parce que ce sont de nouveaux corps qui se logent dans leurs interstices, mais principalement parce que ce sont des corps qui se meuvent avec beaucoup de violence. Delà vient l'augmentation de ce volume d'air. Que s'il est enfermé de maniere qu'il ne se puisse étendre, les particules de feu qui tendent à ouvrir ses spires, & ne les ouvrent point, augmentent par consequent leur force de ressort, qui cesseroit si elles s'ouvroient librement. Quand l'air est condensé, il y a plus de particules d'air dans un même espace, & quand les particules de feu viennent à y entrer, elles exercent donc leur action sur un plus grand nombre de particules d'air, c'est à dire, qu'elles causent ou une plus grande dilatation, ou une plus grande augmentation de ressort. Or quand l'air est chargé d'un plus grand poids, il est plus condensé, & par consequent s'il ne peut alors s'étendre, comme on le suppose toûjours, un même degré de chaleur augmente davantage son ressort.

M. Amontons a trouvé par experience que l'augmentation causée au ressort de l'air par la chaleur de l'eau boüillante, est égale au tiers du poids dont l'air est alors chargé, si l'experience est faite dans le Printemps ou dans l'Automne, c'est à dire dans un temps qui tienne à peu prés le milieu entre le grand chaud & le grand froid. Ainsi l'air que nous respirons, toûjours chargé d'un poids de 28 pouces de mercure ou environ, étant échauffé par de l'eau boüillante, augmenteroit la force de son ressort de 9 pouces 4 lignes. Un air condensé au double l'augmenteroit de 18 pouces 8 lignes, qui sont le tiers de 56. Reciproquement un air, toûjours dans le même état de condensation, augmentera differemment son ressort, selon les differens degrés de chaleur.

Ces découvertes ont conduit M. Amontons à l'invention d'un nouveau Thermometre. Car si l'on prend un tuyau recourbé, dont une branche qui sera tres courte se termine en une boule, si cette boule est pleine d'un air plus condensé qu'il ne l'est naturellement, & s'il y a du mercure dans la longue branche ouverte par le haut, il est évident que cet air en vertu de sa condensation seule qui aura augmenté son ressort, soûtiendra le mercure de l'autre branche au dessus du niveau, que quand la chaleur répanduë dans l'air exterieur viendra encore augmenter le ressort de l'air enfermé dans la boule, il élevera son mercure plus haut, & le laissera tomber quand cette chaleur viendra à diminuer. C'est là le principe general du Thermometre de M. Amontons.

Ce qu'il y a de plus difficile & de plus fin dans la pratique de la construction, c'est de condenser l'air de la boule ; mais ce détail ne nous est pas permis, & on le verra dans le Memoire de l'Auteur. Cet air de la boule que nous supposons condensé jusqu'à un certain point, doit augmenter uniquement son ressort par la chaleur, & non-pas son volume ; car l'augmentation du volume nuiroit à celle du ressort, & ce n'est que par celle-ci que l'on mesure dans cette Machine les degrés de chaleur. Cependant il est impossible que l'air de la boule dont le ressort sera augmenté éleve le mercure du tuyau, sans avoir autant augmenté son propre volume, que le mercure occupera de nouvel espace par son élevation. Le seul remede à ce mal inévitable, est que le tuyau soit tres-étroit par rapport à la capacité de la boule, & que par consequent une augmentation absolument insensible du volume de l'air enfermé dans la boule, ne laisse pas de faire un effet sensible sur le mercure du tuyau.

Il faut fixer au tuyau une longueur dans laquelle les degrés aïent une assés grande étenduë. M. Amontons prend un tuyau de 47 pouces, à les compter au dessus du niveau du mercure qui sera dans la petite branche. Il condense ou charge l'air de la boule, de maniere qu'outre le poids de l'Atmosphere égal à 28 pouces qu'il porte toûjours, il porte encore 28 autres pouces. Si cet air chargé de 56 pouces reçoit la chaleur de l'eau boüillante, il augmentera son ressort du tiers de 56, c'est à dire de 18 pouces & 8 lignes, & portera 74 pouces 8 lignes de mercure. Il suffit donc que le tuyau ait 47 pouces, afin qu'un air condensé au double de celui que nous respirons puisse élever le mercure jusqu'au degré de chaleur de l'eau boüillante ; car de 74 pouces 8 lignes, ôtant 18 qui sont le poids de l'atmosphere, & qui ne doivent pas être comptés sur la longueur du tuyau, reste 46 pouces 8 lignes. Mais comme par l'operation de M. Amontons l'air n'est pas condensé précisément au double de celui que nous respirons, ces nombres diminuënt un peu. Le mercure ne monte par l'eau boüillante qu'à 45 pouces, & un tuyau de 46 suffit.

Le grand avantage de ce Thermometre, est que son degré extrême de chaleur est déterminé à celui de l'eau boüillante. Dans les Thermometres ordinaires, il n'y a rien de déterminé ni de fixe, nul terme constant & précis d'où l'on puisse compter, & qui serve à regler les comparaisons. On prend l'étenduë que l'esprit de vin aura parcouruë du plus grand froid au plus grand chaud d'une certaine année, on divise cette etenduë en cent parties, si l'on veut, dont chacune est un degré du Thermometre. Il est bien vrai que ce Thermometre peut servir à comparer d'autres années à celle de l'observation, on sçaura de combien elles auront été plus ou moins chaudes, & plus ou moins froides ; mais cette comparaison n'apprend rien, à moins que l'année de l'observation n'eût été la plus chaude, & en même temps la plus froide qu'il soit possible, ce qui n'est pas à présumer, & ne peut jamais être certain. Et quand même cette année aurait été au plus haut degré possible & du chaud & du froid, ce ne seroit que pour un certain climat, & peut-être pour un seul lieu de tout ce climat, & la constitution de l'air de differens climats, ou de differens lieux ne pourroit être comparée par des Thermometres qui y auroient été faits, puisqu'ils n'auroient rien de commun. Mais la chaleur de l'eau boüillante étant selon toutes les apparences égale par toute la terre, & tres-certainement plus grande que celle d'aucun climat, c'est un point fixe & commun, d'où l'on peut compter tous les degrés de chaleur qui seront au dessous, en quelque lieu du monde que ce puisse être. Par-là le Thermometre, auparavant borné & équivoque, devient un instrument universel, & qui n'a plus rien d'incertain.

Dans la constitution d'air que nous appellons ici temperée, le mercure du Thermometre nouveau est 19 pouces au dessous du degré où il monteroit par l'eau boüillante, c'est à dire, qu'il est à 26 pouces dans un tuyau où il monteroit à 45. Ce Thermometre ayant été exposé aux rayons du Soleil dans le mois de Juin à midi, il a monté 5 pouces 9 lignes ⅔ au dessus du temperé, & il n'a baissé que de 2 pouces au dessous, quand la boule a été plongée dans de l'eau où il y avoit une grande quantité de glace. On voit par cette experience, & on le voyoit aussi par les anciens Thermometres, que le grand froid, du moins celui qui est grand par l'impression qu'il fait sur nous, n'est pas si éloigné du temperé que le grand chaud ; qu'il reste encore dans ce qui nous paroit un grand froid plusieurs degrès de chaleur, & que nous sommes plus sensibles au froid qu'au chaud. Dans tout ce qui appartient à nos sensations, nous ne sommes pas en état de juger assés sainement, ni avec assés de precision, & il nous faut des instrumens inanimés, qui soient, pour ainsi dire, plus indifferens que nous, & qui redressent les erreurs de nos jugemens. Eût-on crû que le chaud qu'il fait aux rayons du Soleil à midi dans le solstice d'Eté, ne differe du froid qu'il fait quand l'eau se glace, qu'environ comme 60 differe de 51 ½, ou 8 de 7, & que la même matiere qui produit par son agitation les plus grandes chaleurs, & les plus insupportables de nôtre climat, ayant alors 8 degrés de mouvement, elle en a encore 7 lorsque nous sentons un froid extrême ?

Pourvû que dans le Thermometre de M. Amontons la capacité de la boule soit si grande que celle du tuyau soit insensible par rapport à elle, c'en est assés, il n'importe de quelle grandeur soit cette capacité ; une plus grande masse d'air ou une plus petite, supposé que de part & d'autre l'air soit également condensé, augmenteront également la force de leur ressort par un même degré de chaleur, & la raison en est manifeste ; car quoique dans une plus grande masse d'air qui est au même degré de condensation qu'une autre, il y ait un plus grand nombre de ressorts, ce nombre plus grand ne fait que récompenser précisément la grandeur de l'espace où ils sont répandus, & s'il y en avoit un plus petit nombre, il est clair que cette plus grande masse d'air seroit la plus foible.

La grosseur de la boule est donc indifferente, dés qu'elle n'a plus proportion sensible avec la capacité du tuyau. Mais si l'on compare ensemble deux de ces nouveaux Thermometres, & que l'on veüille les trouver précisément au même point par les mêmes degrés de chaleur, il faut que de part & d'autre la boule & le tuyau soient dans la même proportion. C'est que l'air enfermé dans la boule augmente réellement de volume, quoiqu'insensiblement, & cette augmentation est sensible dans le tuyau, puisqu'elle est égale à l'élevation du mercure. Afin donc que dans des tuyaux de diffèrente grosseur le mercure élevé vienne au même point, il faut que dans le plus grand tuyau, par exemple, la nouvelle place qu'occupe le mercure soit égale à une plus grande augmentation du volume d'air enfermé dans la boule, & par consequent que ce volume soit plus grand, c'est à dire en un mot que les boules & les tuyaux des deux Thermometres soient dans les mêmes proportions.

Comme l'on objectoit dans l'Assemblée à M. Amontons que cette égalité de proportions ne devoit pas être facile à executer en boules & en tuyaux de verre, il répondit que les Emailleurs ont toûjours un tres-grand nombre de boules & de tuyaux separés, & qu'ils ajustent ensuite, comme bon leur semble, telle boule avec tel tuyau, que quand on auroit une fois choisi une proportion, & la boule & le tuyau qui la garderoient entr'eux, il n'y avoit qu'à mesurer leur capacité avec du mercure, prendre ensuite une boule au hazard, mesurer avec du mercure sa capacité, trouver par une regle de trois la capacité du tuyau qui seroit dans la proportion requise, & enfin choisir entre tous les autres le tuyau qui auroit cette capacité. M. Amontons a donné autrefois cette methode au sieur Hubin, pour faire à coup sur des Thermometres semblables & proportionnels à un premier que l'on auroit reconnu pour bon.

Il y a encore d'autres observations à faire sur la construction du nouveau Thermometre. Nous avons supposé, par exemple, dans tout ce discours pour une plus grande facilité, le poids de l'Atmosphere toûjours égal à 28 pouces de mercure ; cependant il est bien sûr qu'il varie toûjours, & il faut avoir égard à cette variation. Il en faut avoir aussi au chaud, ou au froid qu'il fait dans le temps de la construction, & ce qu'il y auroit de plus commode, seroit de faire ce Thermometre dans un temps qui fût temperé, & où s'il étoit possible le Barometre fût aussi à 28 pouces.

Documents

Eloge de M. Amontons, par Fontenelle

Guillaume Amontons[143] *naquit en 1663 sur le minuit du dernier jour d'Août. Il étoit fils d'un Avocat, qui ayant quitté la Normandie d'où il étoit originaire étoit venu s'établir à Paris. Il étudioit encore en Troisième, lorsqu'il lui resta d'une maladie une surdité assez considérable, qui le sequestra presque entièrement du commerce des hommes, du moins de tout commerce inutile. N'étant plus qu'à lui-même, et livré aux pensées qui sortoient du fond de la nature, il commença à songer aux Machines. Il entreprit d'abord la plus difficile de toutes, ou plutôt la seule impossible, je veux dire le Mouvement perpétuel, dont il ne connoissoit ni l'impossibilité ni la difficulté. En y travaillant, il s'aperçut qu'il devoit y avoir des principes dans cette matière, et qu'à moins que de les savoir, on y perdoit son temps et sa peine. Il se mit donc dans la Géométrie, quoique selon la coutume de toutes les familles, la sienne s'y opposât, et sans doute avec assez de raison, si on ne regarde les sciences que comme des moyens d'arriver à la fortune.*

On assure qu'il ne voulu jamais faire de remèdes sur la surdité, soit qu'il désespérât d'en guérir, soit qu'il se trouvât bien de ce redoublement d'attention et de recueillement qu'elle lui procuroit, semblable en quelque chose à cet Ancien, que l'on dit qui se creva les yeux pour n'être pas distrait dans ses méditations philosophiques.

M. Amontons apprit le Dessin, l'Arpentage, l'Architecture, et fut employé dans plusieurs Ouvrages publics : mais il ne fut pas long-temps sans s'élever plus haut ; et il joignit à cette Méchanique qui produit nos Arts, et n'est occupée que de nos besoins, la connoissance de la sublime Méchanique qui a disposé l'Univers.

Les Instrumens tels que les Baromètres, les Thermomètres, et les Hygromètres, destinés à mesurer des variations physiques, qui nous étoient, il y a peu de temps, ou absolument inconnues, ou connues seulement par le rapport confus et incertain de nos sens, sont peut-être de toutes les inventions utiles de la Philosophie moderne, celles où l'application de la

---

[143] Fontenelle, « Eloge de M. Amontons », *HARS*, 1705, p. 154-154.

Méchanique à la Physique est la plus délicate ; et d'ailleurs, comme on s'étoit contenté du premier hasard, ou de la première idée qui avoit fait naître ces inventions assez heureusement, elles étoient demeurées ou défectueuses en elles-mêmes, ou d'un usage peu commode. M. Amontons les étudia avec beaucoup de soin ; et en 1687, n'ayant encore que vingt-quatre ans, il présenta à l'Académie des Sciences un nouvel Hygromètre qui en fut fort approuvé. Il proposa aussi à M. Hubin, fameux Emailleur, et fort habile en ces matières, différentes idées qu'il avoit pour de nouveaux Baromètres et Thermomètres : mais M. Hubin l'avoit prévenu dans quelques-unes de ces pensées ; et il fit peu attention aux autres, jusqu'à ce qu'il eut fait un voyage en Angleterre, où elles lui furent proposées par quelques-uns des principaux Membres de la Société Royale.

Peut-être ne prendra-t-on que pour un jeu d'esprit mais du moins très ingénieux, un moyen qu'il inventa de faire savoir tout ce qu'on voudroit à une très grande distance, par exemple de Paris à Rome, en très-peu de temps, comme en trois ou quatre heures, et même sans que la nouvelle fût sue dans tout l'espace d'entre-deux. Cette proposition si paradoxe et si chimérique en apparence, fut exécutée dans une petite étendue de pays, une fois en présence de Monseigneur, et une fois en présence de Madame ; car quoique M. Amontons n'entendît nullement l'art de se produire dans le monde, il étoit déjà connu des plus grands Princes, à force de mérite. Le secret consistoit à disposer dans plusieurs postes consécutifs, des gens qui, par des lunettes de longue vue, ayant apperçu certains signaux du poste précédent, les transmissent au suivant, et toujours ainsi de suite ; et ces différens signaux étoient autant de Lettres d'un Alphabet dont on n'avoit le chiffre qu'à Paris et à Rome. La plus grande portée des lunettes faisoit la différence des postes, dont le nombre devoit être le moindre qu'il fût possible ; et comme le second poste faisoit les signaux au troisième, à mesure qu'il les voyoit faire au premier, la nouvelle se trouvoit portée de Paris à Rome presque en aussi peu de temps qu'il n'en falloit pour faire les signaux à Paris.

En 1695, M. Amontons donna le seul Livre imprimé qui ait paru de lui, et le dédia à l'Académie des Sciences. Il est intitulé : Remarques et Expériences Physiques sur la construction d'une nouvelle Clepsidre, sur les Baromètres, Thermomètres et Hygromètres. *Quoique les Clepsidres, ou Horloges à eau, si usitées chez les Anciens, aient été entièrement abolies parmi nous par les Horloges à roue, infiniment plus justes et plus commodes, M. Amontons ne laissa pas de prendre beaucoup de peine à la construction de sa Clepsidre, dans l'espérance qu'elle pourroit servir sur mer ; car, de la manière dont elle étoit faite, le mouvement le plus violent que pût avoir un Vaisseau ne la dérégloit point, au lieu qu'il dérègle infailliblement les autres Horloges. On a pu voir dans le Livre de M. Amontons avec combien d'art sa Clepsidre étoit construite ; et il n'y a guère d'apparence qu'il se soit rencontré avec aucun des anciens Inventeurs.*

Il entra dans l'Académie en 1699, lorsqu'elle reçut son nouveau Réglement. Aussi-tôt il donna dans nos Assemblées la Théorie des Frottemens, qui a tant éclairci une matière si importante dans la Méchanique, et jusques-là si obscure. Son nouveau Thermomètre vint ensuite, invention qui n'est pas seulement utile pour la Pratique, mais qui a donné de nouvelles vues pour la Spéculation. Nos Histoires ont parlé à fond de ces découvertes ; un Volume nouveau qui va paroître en contiendra encore une autre du même Auteur, c'est son Baromètre rectifié ; et le Volume qui viendra encore après contiendra son Baromètre sans Mercure à l'usage de la Mer, et des Expériences nouvelles et fort curieuses qu'il a faites sur le Baromètre et sur la nature de l'Air ; tant le nom et les découvertes de M. Amontons ont de peine, pour ainsi dire, à quitter la place qu'ils tenoient dans nos Histoires.

En effet, celle que cet Académicien remplissoit dans la Compagnie étoit presque unique. Il avoit un don singulier pour les Expériences, des idées fines et heureuses, beaucoup de ressources pour lever les inconvéniens, une grande dextérité pour l'exécution, et on croyoit voir revivre en lui M. Mariotte, si célèbre par les mêmes talens. Nous ne craignons point de comparer à un des plus grands Sujets qu'ait eu l'Académie, un simple Elève tel qu'étoit M. Amontons. Le nom d'Elève n'emporte parmi nous aucune différence de mérite ; il signifie seulement moins d'ancienneté, et une espèce de survivance.

M. Amontons jouissant d'une santé parfaite, qui se déclaroit même par toutes les apparences extérieures, n'étant sujet à aucune infirmité, menant et ayant toujours mené la vie du monde la plus réglée, fut tout d'un coup attaqué d'une inflammation d'entrailles; la gangrène s'y mit en peu de jours, et il mourut le 11 Octobre, âgé de quarante deux ans et près de deux mois. Il étoit marié, et n'a laissé qu'une fille âgée de deux mois. Le Public perd par sa mort plusieurs Inventions utiles qu'il méditoit, sur l'Imprimerie, sur les Vaisseaux, sur la Charrue. Ce qu'on a vu de lui, répond que ce qu'il croyoit possible, devoit l'être à toute épreuve ; et le génie de l'invention naturellement subtil, hardi, et quelquefois présomptueux, avoit en lui toute la solidité, toute la retenue, et même toute la défiance nécessaires.

Les qualités de son cœur étoient encore préférables à celles de son esprit : une droiture si naïve et si peu méditée, qu'on y voyoit l'impossibilité de se démentir ; une simplicité, une franchise et une candeur, que le peu de commerce avec les hommes pouvoit conserver, mais qu'il ne lui avoit pas données ; une entière incapacité de se faire valoir autrement que par ses Ouvrages, ni de faire sa cour autrement que par son mérite, et par conséquent une incapacité presque entière de faire fortune.

Dalencé Traittez des barométres thermométres et notiométres ou hygrométres, a Amsterdam, chez Paul Marret, M. D. CCVII. *p. 61-76.*

[...]

Puis que le propre de la chaleur est de dilater & de raréfier les corps, il est certain, que les parties de l'air étant fluides & plus-delicates que celles des autres corps, la moindre chaleur, qui lui arrive, les dilate, les raréfie & les fait étendre considérablement.

Figure 1 (page 63)

L'on a jugé, que, si on pouvoit marquer la quantité de cette raréfaction de l'air, elle serviroit à faire connoître en même temps la quantité, ou pour mieux dire le dégré de chaleur qu'il feroit dans ce même lieu. On a crû que, pour cét effet, il falloit renfermer quelque petite portion d'air commun dans quelque vaisseau transparent de verre ou de cristal, au travers duquel il pût recevoir l'impression de l'air général, où il est situé, & dont il est environné, & marquer ainsi en quelque sorte cette impression. On a d'abord pris à ce dessein, une phiole grosse comme une noix, ou comme un œuf de pigeon, elle peut même être plus grosse si l'on veut ; de cette phiole sortoit un tuiau de la grosseur d'une plume à écrire, & d'un pied de longueur ; ou environ ; (on trouve des matras, à peu prés de cette figure, dont on se sert en Chimie.) On mit d'abord dans cette phiole, ou matras, un peu d'eau commune, autant qu'il en falloit pour occuper la moitié de son cou, l'autre moitié & la boule, ou phiole, étant demeurez pleins d'air commun. On a renversé le bout du cou dans un vase plein de la même eau, comme il est marqué dans la Figure.

A, est la phiole ou boule de verre,

BB, le cou de la phiole, dans lequel il y a de l'eau commune jusqu'en C, le reste de ce cou & la boule, ou la phiole, étant pleins d'air commun.

D, le vase où il y a de la même eau, dans laquelle on a fait tremper le bout du cou E.

Lorsqu'on échauffe la boule A, seulement par la chaleur de la main, ou autrement, l'air commun, contenu dans cette boule, venant à se rarefie par la chaleur, à se dilater & à s'étendre, & par conséquent à avoir plus de place qu'il ne faisoit auparavant, cet air, dis-je, presse sur l'eau contenuë dans le cou, & l'oblige à descendre. Lors qu'ensuite un air froid extérieur frappe cette même boule, ou phiole, & la rafraîchit, l'air, qui y est renfermé, recevant l'impression de cette fraîcheur, se resserre, se condense, & par consequent occupant moins de place, & aiant moins de volume ; se retire dans la boule, ou phiole, & alors l'eau du vase d'en-bas étant aidée & pressée par l'air extérieur, monte dans le tuiau, & occupe la place que l'air renfermé lui vient de quitter en se retirant dans la boule d'en-haut.

On trouvera ensuite le moien de faire, que cette petite machine, qui étoit composée de deux piéces, ne fût plus que d'une seule, comme elle est décrite dans l'explication de la Figure ci-jointe.

AA, est un tuiau de verre, ou de cristal, gros environ comme une moienne plume à écrire, & long de dix-huit pouces, ou deux pieds, plus ou moins à volonté.

B, est une boule, ou phiole, tenant au bout de ce tuiau, & qui est de la même matiere ; grosse environ comme un œuf de pigeon, plus ou moins selon la grosseur & la longueur du tuiau.

C, le bout d'en-bas du tuiau recourbé, aiant à son extrémité une autre petite phiole, ou boule, marquée D, ouverte par un petit trou en E.

Cette machine étant ainsi préparée, & étant encore toute vuide, c'est-à-dire n'étant remplie que d'air commun, on n'y peut introduire aucune liqueur, que par la methode suivante, parce que la petitesse du trou, ne permet pas à l'air d'en sortir lorsque l'eau y veut entrer. Il faut pour cela échaufer la boule, ou phiole d'en-haut par la chaleur d'un rechaut, d'une chandelle, ou d'une lampe ; car alors l'air, qu'elle contient, se rarefiant à proportion de la chaleur qu'on lui donne, il en sort une partie par le trou de la phiole d'en-bas.

Lorsqu'on juge qu'il en est assez sorti, pour faire place à la liqueur qu'on y veut introduire, ce qui ne se connoît que par l'expérience & par l'usage, il faut tremper le bout où est la phiole troüée, dans la liqueur qu'on y veut faire entrer.

Alors l'air extérieur, qui est froid en comparaison de la boule, qui vient d'être échaufée, frappant contre cette boule, la rafraîchit, & rafraîchit en même temps l'air qu'elle renferme, lequel venant à se condenser & à se resserrer, comme nous l'avons expliqué ci-devant, se retire en partie dans la boule, ou phiole d'en-haut, & abandonne une partie du tuiau, dans lequel l'air extérieur fait effort de s'introduire, mais en étant empêché par la liqueur, dans laquelle trempe le bout, où est le trou de ce tuiau, il la presse, & l'oblige à y monter & à occuper tout l'espace que l'air exterieur abandonne en se resserant & se retirant dans la boule d'en-haut. Il faut ensuite, lorsqu'on juge qu'il est entré dans ce thermométre assez de liqueur, pour occuper la moitié du tuiau, & la moitié de la boule d'en-bas, l'ôter de la liqueur où le bout ouvert trempoit, & l'appliquer sur une petite planche faite exprez, sur laquelle il y aura des divisions, pour marquer de combien de dégrez cette liqueur montera dans le tuiau par le froid, ou y descendra par le chaud.

Figure 2 (page 65)

On s'est ensuite apperçû par l'usage, que, lorsqu'on se servoit d'eau commune dans ces Thermomètres, elle se glaçoit pendant le grand froid, &

qu'ils devenoient ainsi inutiles & se cassoient souvent pendant la gelée, c'est pourquoi on les a remplis d'une liqueur, composée de trois parties d'eau commune, & d'une partie d'eau forte, dans laquelle on a auparavant fait dissoudre un peu de cuivre, pour la colorer & la rendre plus-visible.

Ces deux Thermométres, que nous venons de décrire, aiant communication, par leur ouverture, avec l'air extérieur qui presse sur la superficie de la liqueur, sont sujets aux mouvemens qui arrivent à cet air ; car par exemple dans un jour où cet air seroit plus-pesant que dans un autre, quoi qu'il ne fût pas plus froid, la pesanteur de l'air feroit ce jour-là monter la liqueur dans le tuiau ; ainsi il paroîtroit ce même jour-là qu'il feroit plus-froid, quoi que l'air n'eût reçû aucun changement à cet égard.

Pour remedier à ce deffaut, on a inventé une autre sorte de Thermométre qui n'a qu'une boule, ou phiole de verre, ou de cristal, avec un long cou ou tuiau de même matiere, délié & long, à proportion de la grosseur de la boule ou phiole, & par la méthode que nous avons décrite ci-dessus, on la remplit d'esprit de vin coloré, & on en ferme le bout à la chaleur de la lampe ; c'est ce qu'on apelle séller hermetiquement. En voici la description.

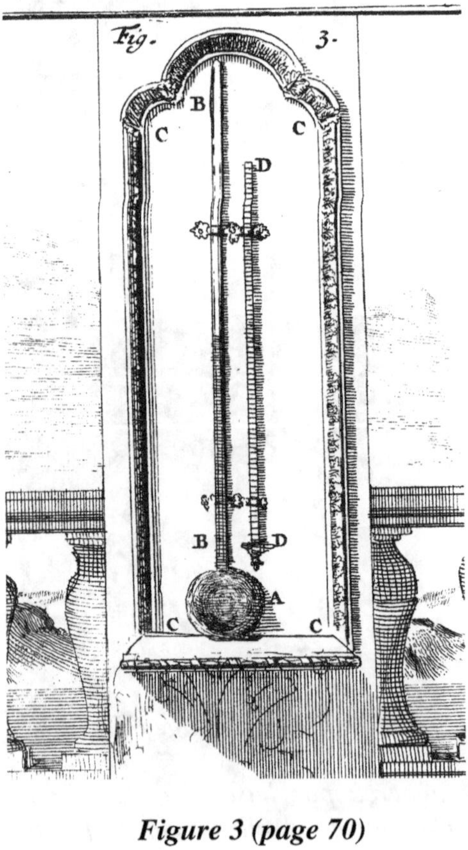

Figure 3 (page 70)

A, est la boule ou phiole de verre, dont la situation est d'être en-bas. Elle peut être de la grosseur d'un œuf de pigeon ; & même d'une bale de jeu de paume, suivant la longueur que l'on veut donner à son cou, ou tuiau ; car les plus-longs Thermométres sont les plus-sensibles.

BB, le tuiau ou cou de verre, gros comme un brin de chanvre, ou comme une plume à écrire, & long de trois pieds, plus ou moins à proportion de la grosseur de la boule, ou phiole.

CC, la petite planche, ou bordure, sur laquelle le Thermométre est attaché.

DD, l'échelle des dégrez divisez, par lesquels on connoît les changemens de froid & de chaud.

Pour colorer l'esprit de vin, il faut y laisser infuser, pendant dix ou douze heures, une racine nommée orcanete. Elle le teint d'une tres-belle couleur rouge, & l'on peut en augmenter la couleur en augmentant l'orcanette.

Il faut échaufer, comme nous l'avons marqué ci-devant, la boule, ou phiole de verre de ce Thermometre ; afin que l'air se raréfiant, il en sorte la plus grande partie. On trempe pour lors le bout du tuiau, qui est ouvert, dans cet esprit de vin coloré, qui y montera, comme on l'a expliqué ci-dessus, & remplira non seulement le tuiau, mais même la boule, ou phiole; il faut laisser refroidir le Thermométre jusqu'à ce qu'il reste environ la moitié du tuiau vuide. On peut alors chaufer à la lampe d'un Emailleur, le bout de ce tuiau jusqu'à ce que le verre se fonde, puis avec un autre petit morceau de verre, ou de petites pincettes de fer, toucher à ce qui est en fonte, & tourner cette matiere jusqu'à ce que le trou soit bouché & la superficie unie.

[...] Le Thermométre étant fait comme il est ci-devant décrit, & étant mis sur la planche & dans sa bordure, on le doit placer dans l'endroit où il doit toujours demeurer.

Il faut ensuite soigneusement observer en Hiver quand l'eau commence à géler, & marquer alors sur la planche l'endroit où répond la superficie de la liqueur rouge.

Mettez en Eté un peu de beurre sur la boule de ce même Thermométre, & observez quand ce beurre fondra, vous ferez alors une seconde marque sur vôtre planche à l'endroit où finira la liqueur, divisez en deux parties égales l'espace qui est entre ces deux points, & l'endroit de la division sera la marque du tempéré, qui ne sera ni chaud ni froid. Divisez chacun de ces espaces en dix dégrez égaux. Marquez encore quatre de ces dégrez au dessus du point où le beurre fond, & quatre autres au dessous de celui où l'eau géle ; vous aurez ainsi quinze divisions pour le froid & quinze pour le chaud.

On peut encore se servir de la methode suivante, pour diviser le Thermométre fait avec de l'esprit de vin, & sêllé hermetiquement. Il faut mettre ce Thermométre dans de la glace, à laquelle vous aurez ajoûté du sel commun, & ce sera le plus-grand froid qu'il peut faire. Aprés que vous aurez laissé ce Thermométre dans cette glace, assez de temps pour qu'il en ait reçû l'impression, marquez alors l'endroit où sera la liqueur dans le cou.

Mettez ensuite ce même Thermométre dans une cave tres-profonde, & qui ne recevra aucune impression de l'air de déhors. Lors que ce Thermométre aura pris la temperature de l'air de cette cave, faites encore une marque à l'endroit où sera la liqueur dans le cou. Divisez l'espace contenu entre ces deux points en quinze divisions, que vous marquerez de chifres, à commencer par le point de la cave, qui est le tempéré, en descendant. Marquez de ce point tempéré, en remontant, quinze autre divisions égales aux quinze prémiéres. Vous pouvez encore, par une observation, marquer le point où l'eau commence à géler.

Tous les Thermométres, qui seront divisez suivant cette derniére methode, se rapporteront. Ceux qui seront divisez par la prémiere methode, se rapporteront aussi, pourvû qu'on ne les change point, du lieu où ils auront été divisez en un autre. Car il est certain que, si on a divisé par cette prémiere methode un Thermométre placé au Nord, & qu'ensuite on l'expose au Midi, il montera beaucoup plus en cette nouvelle exposition pendant la chaleur, qu'il n'auroit fait s'il étoit demeuré exposé au Nord, & descendra moins pendant le froid, parce qu'il sera à couvert du vent du Nord, qui est plus-froid que celui du Midi.

[…]

Chapitre 4

Des thermomètres de Réaumur

I- Les thermomètres de Fahrenheit

En 1701, l'astronome danois Olof Römer construit des thermomètres à esprit de vin en utilisant une échelle à deux points fixes. Le point fixe, le plus élevé est celui de l'eau bouillante, il est noté 60, ce qui n'est guère étonnant de la part d'un astronome habitué aux valeurs exprimées dans une échelle sexagésimale ; le point fixe inférieur est celui d'un mélange d'eau et de glace et est noté 7 1/2° ; ce degré correspond au 1/8 de l'échelle entière dont le zéro correspond à la température d'un mélange de glace, de muriate d'ammoniaque et de sel de cuisine ; ce point fut considéré longtemps comme la température la plus basse qui puisse être atteinte dans la nature.

En 1708, Fahrenheit visite le laboratoire de Römer et assiste à une opération de graduation d'une série de thermomètres. Römer utilise alors une échelle de 7 1/2° pour la glace fondante à 22 1/2° (soit les 3/8 de l'échelle de 60°) pour "l'eau plus que tiède", ce qu'il appelle : "la chaleur du sang" (*Blutwarm*) [144, 145].

Fahrenheit rend compte de la méthode utilisée par Römer dans une lettre qu'il adresse à Boerhaave : *Je trouvais qu'il avait plongé plusieurs thermomètres dans l'eau et la glace et finalement il les plongea dans de l'eau chaude qui étoit à la chaleur du sang [welches blutwarm war], après il marqua ces deux limites sur tous les thermomètres. La demi-distance entre les deux limites étaient ajoutée en dessous du point (atteint) dans le vaisseau avec la glace et toute la distance divisée en 22 1/2 parties, commençant avec 0 au plus bas (de l'échelle) puis 7 1/2 pour le point dans le vaisseau avec la glace et 22 1/2 degrés pour celui de la chaleur du sang* [146].

---

[144] Fahrenheit, « Experiments concerning the degrees of Heat of boiling liquors » abridged from the latin, 1724, *The philosophical Transactions*, volume 7, 1809, p. 1, 2.

[145] Né à Dantzig en 1686, Daniel Gabriel Fahrenheit perd très tôt ses parents. En 1701, il part à Amsterdam où il s'initie à la construction d'instruments scientifiques, ces incessants voyages l'amènent au laboratoire de Römer à Copenhage en 1708. Dès 1717, il revient à Amsterdam, et s'établit, fabriquant d'instruments scientifiques, là il est en relation étroite avec les trois plus illustres savants hollandais : s'Gravesande, Boerhaave et van Musschenbrock. Il entre à la *Royal Society* de Londres en 1724, et, la même année, il publie cinq brefs articles en latin dans les "*Philosophical Transactions*" ; ces articles constituent toute son œuvre (des abrégés en anglais de ces articles sont publiés en 1809 dans la même revue). Il meurt à La Haye en 1736.

[146] Cité par J.-B. Gough, « Fahrenheit », *Dictionary of scientific Bibliography*, 16 vol., C. C. Gillispie (ed.), Schribner, New-York, 1970-1990.

C'est cette échelle que retiendra Fahrenheit. Dès 1709, celui-ci s'assure une solide renommée en construisant des thermomètres à esprit de vin adaptés aux observations météorologiques qui ont le grand avantage de donner des indications concordantes ; de Wolf relate avec un grand étonnement cette merveilleuse concordance dans les "*Acta eruditorum*" de 1714. En 1720, Fahrenheit a déjà abandonné le thermomètre à esprit de vin pour le thermomètre à mercure.

Selon Poggendorff, *le thermomètre à mercure concordait avec le thermomètre à esprit de vin. Ce fait a même excité l'étonnement chez les physiciens qui vinrent après lui ; on alla jusqu'à croire que Fahrenheit avait un secret particulier, d'autant plus que, selon toute apparence, il ne réglait pas ses thermomètres d'après un thermomètre normal, mais graduait chacun d'eux en particulier* [147].

Fahrenheit expose son procédé de graduations dans les "*Philosophical transactions*" de 1724, mais il garde ses tours de main par-devers soi.

Dans un premier temps, il donne une plus grande précision à l'échelle de Römer en multipliant par quatre les graduations : soit 30° pour le mélange d'eau et de glace et 90° pour la "chaleur du sang". Après 1717, il modifie son échelle en prenant pour les mêmes points les valeurs 32° et 96°. Fahrenheit atteint le zéro de son échelle grâce à un mélange de glace, d'eau et de sel d'ammoniac ou de sel marin, ajoutant que l'expérience réussit mieux l'hiver que l'été. Ce grand froid, le plus grand que la nature put présenter, coïncida par hasard avec le grand froid qui sévit à Dantzig dans l'hiver 1709. L'opinion se répandit que Fahrenheit avait emprunté cette température à cet hiver particulièrement rigoureux mais selon Poggendorff cela n'est pas exact, car le même point se trouve sur des thermomètres que Fahrenheit a construits avant 1709.

Pour des thermomètres qui n'étaient pas destinés aux observations météorologiques, Fahrenheit étend son échelle, il retient 212° pour l'ébullition de l'eau [148].

La persistance de l'échelle de Fahrenheit aura une grande influence pour imposer le mercure comme matériau thermométrique de référence en Hollande, en Allemagne et en Angleterre au XVIIIe siècle.

Fahrenheit met en évidence que le degré de chaleur de l'eau qu'on fait bouillir devient plus ou moins grand, suivant la pesanteur actuelle de l'atmosphère ; aussi prenait-il le soin de consulter la hauteur du baromètre avant de marquer le terme de l'eau bouillante sur ses thermomètres à

---

[147] Poggendorff, *Histoire de la physique*, *op. cit.*, p. 318.

[148] Après la mort de Fahrenheit, on retient l'ébullition de l'eau comme point fixe à 212°, la température du corps humain est alors de 98,6° au lieu de 96°. (La rectification de l'échelle donne la mesure de l'imprécision des relevés effectués par Fahrenheit). Cette échelle reste en usage dans les pays anglo-saxons.

mercure. Ceci est le seul emprunt que Réaumur et l'abbé Nollet [149], qui construisirent l'un et l'autre des thermomètres, fassent aux travaux de Fahrenheit. Le thermomètre à mercure présente pour eux l'inconvénient d'une dilatabilité plus faible que celle de l'esprit de vin et une lisibilité difficile, alors que la hauteur de l'esprit de vin dans les tiges des thermomètres peut être rendue aisément lisible en colorant le liquide.

II- La construction des thermomètres de Réaumur

En 1730, Réaumur présente à l'Académie des sciences un mémoire au titre très explicite : *Règles pour construire des thermomètres dont les degrés soient comparables, et qui donnent des idées d'un chaud ou d'un froid qui puissent être rapportés à des mesures connues.* Réaumur commence par montrer l'utilité des thermomètres, sans eux, *nous ne serions pas parvenus à sçavoir que des liqueurs mêlées ensemble s'échauffent* ; *nous n'aurions jamais découvert que certains sels, en se fondant dans l'eau la refroidissent, et qui sont ceux qui la refroidissent le plus. Nous ne sçaurions point qu'il y a de la glace plus froide que d'autre glace. Nous ignorerions que l'eau qui bout a acquis le plus grand degré de chaleur qu'elle puisse prendre, un degré au-delà duquel il n'est plus possible de l'échauffer* [150]. Enfin, il souligne que cet instrument n'est pas resté dans les seuls cabinets de physique et qu'on aime à le consulter, *surtout lorsque le froid ou le chaud nous deviennent incommodes.*

Réaumur évoque ensuite les imperfections de cet instrument : *Les marches de presque tous les thermometres sont différentes ; quoiqu'exposés au même air, la liqueur des uns monte plus haut, ou descend plus bas que celle des autres, pour marquer les mêmes augmentations & les mêmes diminutions de chaleur. Le changement de température d'air qui sera marqué sur l'un par quatre ou cinq degrés, sera marqué sur l'autre par sept à huit, par deux ou trois, ou par tout autre nombre de degrés ; & on ne connoit point les rapports qui sont entre les degrés de différens thermometres.* Il s'ensuit que ceux-ci sont impropres à nous faire connaître les différents climats de notre Globe ; pourtant, *il seroit important de connoître à peu-près la température de l'air qui est nécessaire pour faire croitre des plantes & des arbres qui quoiqu'ils ne s'élevent pas actuellement dans notre pays, pourroient peut-être s'y naturaliser.* Soulignons qu'il s'agit là d'un souci constant au Siècle des lumières : une diversification des productions agricoles qui permette de se prémunir des mauvaises récoltes et des famines.

---

[149] Nollet, *Leçons de physique expérimentale*, tome. 4, p. 400.

[150] Réaumur, « Règles pour construire des thermomètres dont les degrés soient comparables », *MARS*, 1730, p. 452-456, pour les passages cités.

Après avoir évoqué les divers thermomètres, Réaumur s'arrête à celui qu'on a appellé le *thermomètre de Florence*, celui qu'on voit journellement partout : *Il consiste dans une boule creuse de verre, scellée à un long & délié tuyau de verre, dont le bout supérieur est scellé hermétiquement. On sçait de reste que la boule & partie du tuyau sont remplis d'un esprit de vin coloré de rouge ; que quand la chaleur de l'air qui environne le thermometre augmente, l'esprit de vin contenu dans la boule se dilate, qu'il est forcé de s'élever plus haut dans le tuyau, qu'au contraire la même liqueur descend dans le tuyau lorsqu'elle perd de sa chaleur. Ce tuyau de verre est assujetti sur une planche mince, couverte d'un papier, sur lequel les degrés sont imprimés. Des papiers semblablement imprimés ou gravés, servent pour des thermometres différens, comme si les étendues de leurs degrés devoient être les mêmes.* Ainsi, Réaumur entame-t-il le tour des défauts de ces thermomètres et des difficultés que rencontrent ceux qui les fabriquent : *Il suit cependant de cette construction, & on le sçait assez, que pendant qu'il se fait quelque changement dans la température de l'air, la liqueur parcourt plus ou moins de chemin dans différens thermometres, soit en montant, soit en descendant, selon que le diametre de la boule contient plus ou moins de fois celui du tuyau. De-là vient que certains thermometres sont peu sensibles, & que d'autres au contraire le sont trop ; que faute de place pour recevoir la liqueur, le tuyau ou la boule de ces derniers sont quelquefois brisés par l'effort qu'elle fait pour se dilater, & que dans de pareils thermometres la liqueur rentre quelquefois dans la boule avant que le froid soit devenu excessif. Que de-là vient enfin qu'il est impossible de trouver des thermometres dont les marches soient les mêmes ou proportionnelles, parce que quelque chose qu'on fasse, il est presque impossible de parvenir à avoir deux boules de verre, d'égal diametre & d'une même rondeur car ces boules ne sont jamais des boules parfaites. Il n'est pas plus facile d'avoir des tuyaux de diametres déterminés. D'ailleurs ils sont presque toujours plus gros à un bout qu'à l'autre, & assez considérablement ; leur intérieur a souvent des inégalités dont on ne sçauroit juger par dehors. Tout cela ensemble va plus loin qu'on ne l'imagine de deux portions d'un même tuyau, égales en longueur, & qui sur un thermometre auroient été prises pour des degrés égaux, l'une contenoit près du double de la liqueur contenue dans l'autre.*

Voici un certain nombre de défauts des thermomètres qui sont liés à la fabrication des boules et des tuyaux et que le physicien ne peut corriger. *Mais supposons*, écrit Réaumur, *que malgré ces difficultés invincibles, on soit parvenu à sçavoir adapter aux boules des tubes dont les diamètres soient aux leurs dans une proportion constante, & celle qui a été trouvée la meilleure ; ce n'en sera pas encore assez pour avoir des thermomètres qui ayent les mêmes allûres, ou des allûres proportionnelles, c'est-à-dire, qui dans les mêmes changemens de température d'air donnent le même nombre de degrés*. Il reste une source de différences, *c'est la marche de la liqueur dont on remplit la boule du thermometre*.

Réaumur, comme la plupart de ses contemporains, choisit l'esprit de vin, *parce qu'il est peut-être [la liqueur] qui est la plus sensible aux impressions du froid & du chaud, si on excepte l'air*. Mais, il faut remplir tous les thermomètres avec un esprit de vin d'une qualité déterminée et connue ; car : *dans deux thermomètres, égaux dans tout le reste, & chargés aussi chacun d'une quantité égale, mais d'un différent esprit de vin, la liqueur ne s'élevera, ni ne s'abbaissera également ; ils exprimeront différemment les changemens de chaud & de froid.*

Dans *l'Histoire de l'Académie des sciences*, Fontenelle résume ainsi *les trois inconvéniens principaux qui rendent la comparaison des Thermometres très-incertaines & très-fautives.*

Nos thermometres ordinaires marquent, à la vérité, les différens degrés de chaud ou de froid : mais chacun les marque pour soi & à sa maniere, parce qu'ils ne sont partis d'aucun point de chaud ou de froid qui leur fût commun. [...] *mais on ne peut pas s'assûrer pareillement que quand la liqueur s'est élevée d'un degré dans deux Thermometres différens, il y ait eu de part & d'autre un nouveau degré de chaleur égal ; car, 1°. L'esprit de vin peut n'être pas le même dans les deux Thermometres, & selon qu'il sera plus ou moins rectifié, il se dilatera plus ou moins à une même chaleur, ou, ce qui revient au même, celui qui a été bien rectifié se dilatera & montera d'un degré à une certaine chaleur, tandis que l'autre ne sera monté du même degré qu'à une chaleur plus forte. 2. En graduant les Thermometres, on prend pour degrés égaux de l'ascension de la liqueur des parties égales de la longueur des tuyaux ; cependant en supposant les diametres des tuyaux d'une égalité parfaite, ce qui est tout au moins très-difficile, ils ont souvent dans leur intérieur des inégalités considérables, & quelquefois telles qu'il faudra pour remplir une certaine longueur d'un tuyau près du double de la liqueur qu'il faudroit pour remplir la même longueur dans un autre tuyau. Cela vient de l'inégalité d'épaisseur qu'ils ont en différens endroits, des bossus, des monticules qui se trouvent à leur surface intérieure, & surtout de ce qu'ils sont ordinairement plus gros à un bout qu'à l'autre* [151].

Réaumur entreprend de remédier à ces trois inconvénients par une nouvelle construction de thermomètres à esprit de vin. Le premier de ces inconvénients est dû à l'absence de points fixes de température ; pour y remédier Réaumur adopte d'abord *la belle & heureuse découverte de M. Amontons rapportée en 1702, que la chaleur de l'eau bouillante est un point fixe*, pourvu qu'elle ait bouilli un quart d'heure, ou un peu plus. Mais, parce

---

[151] Fontenelle, « Sur une nouvelle construction de thermomètre ; sur un article de Réaumur », *HARS*, 1730, p. 9-14 pour les passages cités.

qu'il faudrait des tuyaux trop longs pour aller jusque là, *& jamais l'air n'est à beaucoup près échauffé jusqu'à ce point dans les climats les plus ardens*, Réaumur ne l'emploie pas le plus souvent pour point fixe et lui préfère la congélation de l'eau, non la congélation naturelle, mais l'artificielle qui se fait avec de la glace et des sels. *On a appris par les Thermometres ordinaires que de la glace est plus froide que d'autre glace, & la raison en est que l'air a été plus froid dans un temps que dans un autre. Mais cette raison cessera à l'égard de la congélation artificielle, si on la fait, comme il est ordinaire, dans un temps où l'air n'ait aucune disposition à geler l'eau ; & comme il pourroit rester le scrupule que la glace naturelle qu'on employera seroit plus ou moins froide, il faudra s'en tenir au point où la premiére surface de l'eau, qui se gelera artificiellement, sera prise, car, selon la remarque de M. de Reaumur, cette premiére action du froid doit être toûjours assés égale, & il ne peut guere survenir d'inégalités que dans la suite par une espece d'accélération plus ou moins forte. Quand de la matiére, dont le mouvement causoit & entretenoit la liquidité, une eau en a assés perdu pour n'être plus liquide dans sa surface, il paroît qu'une autre eau en doit perdre précisément autant pour se trouver au même état ; quoique les causes de froid, qui agissent sur l'une & sur l'autre, ne soient pas exactement égales, ce ne sera que leur action continuée qui rendra leur différence sensible. Après tout il ne s'agit en tout ceci que d'égalités Phisiques, qui ne peuvent jamais être aussi justes que les Géométriques.*

Bien sûr, Réaumur, le secrétaire perpétuel et les autres académiciens savent comment on obtient la glace artificielle : cette glace est obtenue en mettant un vase contenant de l'eau dans un autre vase qui contient un mélange réfrigérant, lequel est un mélange de glace pilée et de sels. Il va sans dire qu'il ne faut pas que le mélange réfrigérant verse dans le vase d'eau pure où se fait la glace artificielle.

Ne faut-il qu'un point fixe de température ? Il semble que, dans les faits, Réaumur en prend deux, mais il ne semble pas conscient de cette nécessité : *Le froid de la congélation artificielle de l'eau étant pris pour point fixe, & en même temps, si l'on veut, la chaleur de l'eau bouillante, il faut graduer un Thermometre par rapport à ces points, c'est-à-dire, le diviser en degrés égaux, tels que l'esprit de vin y montera depuis un froid plus grand que celui de la congélation jusqu'à cette congélation, & de-là jusqu'à la chaleur de l'eau bouillante. Réaumur a pris une idée fort nouvelle sur cette graduation : les degrès égaux le sont, non par rapport à la longueur du tuyau, [...] mais par rapport aux dilatations de la liqueur ; si le volume de la liqueur est de 100 parties, le Thermomètre marquera 1 degré, quand ce volume sera augmenté de 1/100 partie par la dilatation ; 2 degrés quand il sera augmenté de 2/100, &c. Ainsi les inégalités intérieures du tuyau ne sont plus à craindre ; & quelles que soient celles qui s'y trouveront, il n'en arrivera autre chose, sinon que des degrés égaux de dilatation feront des degrés inégaux sur la longueur du tuyau.*

Pour ce faire, et ainsi remédier à un second inconvénient des anciens thermomètres, il faut graduer le thermomètre selon des degrés égaux d'augmentation de volume, *le graduer selon des degrés égaux de capacité de la boule & du tuyau.* Fontenelle expose le principe de cette graduation :

Que la boule seule, ou la boule, & une certaine partie du tuyau, si l'on veut, contiennent juste 100 parties égales d'eau, chacune de ces parties étant d'une quantité bien exactement connue, il est clair que si ensuite on en verse une nouvelle dans le tuyau, une 2de, une 3me, &c ; & que l'on marque les endroits où la liqueur totale du tuyau se sera élevée, on aura des degrés égaux de la capacité du tuyau, & par conséquent aussi de la dilatation d'une liqueur qui en se raréfiant monteroit à ces différens endroits marqués ; car la capacité du Thermometre ayant été mesurée de cette maniere, on en ôtera toute l'eau, qui n'a servi qu'à mesurer, & on y mettra l'esprit de vin dont on veut observer la dilatation.

Le nombre des degrés de division est arbitraire ; mais il ne laisse pas de demander un choix. 100 est trop petit, un plus grand nombre donnera des divisions plus fines, & le Thermometre en sera à cet égard ce qu'on appelle plus sensible. M. de Réaumur juge plus commode de prendre toûjours des centaines, & il va jusqu'à 1000. Par-là il évite le plus souvent des fractions de degré, & quand il s'en trouve, elles sont assez petites pour pouvoir être négligées.

Quand on a gradué avec de l'eau la capacité du Thermomètre, il a fallu déterminer l'endroit où l'on veut que soit l'esprit de vin après s'être condensé par la congélation artificielle. Cet endroit sera à peu-près au tiers de la longueur du tuyau à compter de la boule ; car l'esprit de vin peut ensuite se dilater de plus du double par la chaleur. Il faut que cet endroit soit le nombre de la division choisie, par ex. 1000, si la division est 1000. Lorsqu'on aura versé l'esprit de vin, & qu'on viendra à le condenser par la congélation, s'il est au dessus ou au dessous de l'endroit marqué, on lui ôtera, ou bien on lui ajoûtera la quantité nécessaire pour l'amener au point requis, & alors on sera sûr qu'on a le volume 1000 parties connues d'esprit de vin condensées par la congélation artificielle.

Dans cette nouvelle construction de thermomètres, la mesure exacte de la capacité des tuyaux nécessite de choisir des tuyaux beaucoup plus gros que ceux des thermomètres communs dans lesquels un tuyau très délié et presque capillaire est adapté à une assez grosse boule ; aussi les thermomètres fabriqués par Réaumur ont-ils une moindre sensibilité, un défaut que celui-ci cherche à compenser en donnant à ses thermomètres une plus grande promptitude à recevoir l'action du chaud ou du froid de l'air extérieur, pour se faire il suffit que la boule soit applatie.

L'opération de calibrage mérite que nous en reprenions quelques-uns des détails dans le mémoire de Réaumur. Celui-ci va d'abord verser dans le thermomètre une quantité d'eau qui est un nombre entier de fois 100 des plus petites mesures, lesquelles permettent ensuite de graduer le tube, en volumes égaux et non en longueurs égales.

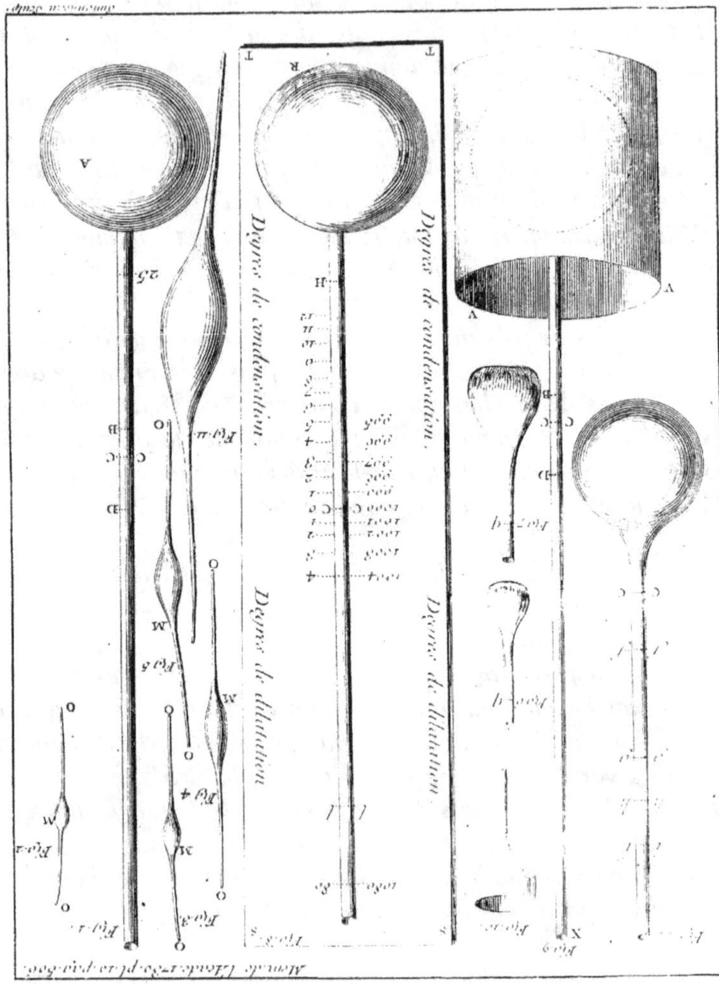

Planche, Règles pour construire des thermomètres dont les degrés soient comparables.

Je suppose que j'aye une boule d'un diametre convenable, ou à peu près scellée à un tuyau de grosseur suffisante. […]

Comme le thermometre doit être construit à la main, la plus grande affaire est de fournir de différentes mesures. Il en faut de très-petites, qui sont celles qui donnent les dernières divisions du volume de la liqueur qu'on veut faire entrer dans le thermometre ; ce sont celles-là même qui servent à marquer l'étendue de chaque degré du tube. Il en faut aussi de grandes… [152] Celles que Réaumur utilise contiennent 100 des plus petites mesures. *L'usage de ces grandes est d'abbréger l'opération.*

[…] *la forme de la mesure est essentielle : j'ai choisi celle d'une forme de petit instrument assez connu des Physiciens. Il est fait d'une portion d'un petit tuyau de verre qu'on a renflé au milieu en espece de figure d'olive, & dont les deux bouts ont été tirés en tuyaux extrèmement déliés, & véritablement capillaires. En un mot, les tuyaux qui aboutissent de part & d'autre à la partie renflée, sont si petits, qu'une goutte de liqueur y occuperoit l'étendue de plus d'un pouce. Leur longueur est arbitraire, 15 à 16 lignes suffisent à chacun de ces petits tuyaux ; ils peuvent avoir chacun plus de deux pouces.*

Il y a deux manieres de remplir ce petit instrument, l'une & l'autre également sûres. La premiere est de poser un de ses bouts dans la liqueur, & de sucer par l'autre bout, qu'on tient dans la bouche, jusqu'à ce qu'on sente que la liqueur vient mouiller la langue ; l'autre est d'enfoncer la mesure dans la liqueur jusqu'au dessus du renflement, bientôt elle s'éleve à l'extrémité supérieure du tuyau capillaire. On bouche le bout supérieur de ce tuyau avec le doigt, ou plus sûrement encore avec la langue, ainsi on retire du vase la mesure pleine de liqueur, sans qu'il s'écoule une goutte de celle qu'elle a reçûe. Avec cette mesure j'en remplis de plus grandes ; chacune de celles-ci consistent en une boule de verre, de diametre plus ou moins grand, adaptée à un tube assez gros de 4 à 5 pouces de longueur. Il est absolument essentiel que ces grandes mesures soient très-exactes ; on marque avec un fil, qui entoure leur col ou le tube, jusqu'où elles doivent être remplies. […]

Dès qu'on est une fois fourni de grandes & de petites mesures, on est en état de graduer assez vîte des thermometres, quelque différence qu'il se trouve entre les capacités de leurs boules & de leurs tubes. Graduons-en un. Les procédés que nous suivrons guideront pour la graduation de tout autre. Commençons pourtant par remarquer qu'on ne doit songer à le remplir d'esprit de vin, que lorsque ses degrés auront été marqués. Réaumur prend de l'eau, celle-ci à une faible dilatabilité, une faible variation de température qui se produirait pendant l'étalonnage du thermomètre serait de peu de conséquence sur sa précision. Reprenons le récit de Réaumur : *Je suppose que la boule & le tube, qui me feront bien-tôt un thermometre, sont scellés ensemble. On marquera à peu-près sur ce tube l'endroit où l'on veut que se*

[152] Réaumur, « Règles pour construire des thermomètres… », p. 463-468 pour les passages cités.

trouve le terme de la congélation de l'eau, & cela par le moyen d'un fil assez fin, arrêté par un nœud autour du tube.

Ce terme de la congélation de l'eau peut être pris arbitrairement sur une portion du tuyau d'une assez grande étendue : tout ce que sa détermination exige, c'est qu'il soit au moins une fois plus près de la boule que de l'extrémité supérieure du tuyau. Quand la distance de ce terme à la boule ne seroit que le tiers ou le quart de l'autre distance, souvent il n'y auroit aucun inconvénient.

Réaumur verse ensuite des mesures de 100, jusqu'à ce que la boule étant remplie, l'eau s'élève au terme marqué dans le tuyau, si la surface de l'eau est un peu au dessous, ou un peu au dessus du fil : *alors il n'y a qu'à élever ou abaisser le fil jusqu'à ce qu'il soit le vrai terme du volume mesuré. Dans un grand nombre d'autres cas la derniere mesure de 100, qui a été versée, suffit à peine pour remplir la boule : & si on ajoûtoit une nouvelle mesure de 100, elle monteroit trop haut dans le tube. L'expédient auquel j'ai recours alors est simple : au lieu de verser un nombre de mesures de liqueur moindre que 100, ce qui donneroit des nombres d'où résulteroient des degrés difficiles à comparer sur différens thermometres, je fais entrer dans le tube des petits brains d'une matière pesante & solide, comme des grains de gros gravier, de petits fragmens de verre.* [...] *la liqueur monte dans le tube ; des grains jettés successivement la font élever jusqu'au terme où on la veut. Ces grains produisent un effet semblable à celui qu'on produiroit, si on étoit maître de diminuer à son gré la capacité de la boule.*

Il reste à graduer le tuyau en volumes égaux avec les petites mesures ; pour marquer les degrés au dessus et au dessous du niveau de l'eau que l'on a arrêté dans le tube, on ôte 25 petites mesures, si l'on veut 25 degrés inférieur. Le thermomètre est alors fixé sur la planche destinée à le porter et sur laquelle les degrés doivent être écrits, un papier blanc, collé sur la planche est prêt à recevoir ces traits ; des repères sont portés en vis-à-vis sur le tuyau et sur la planche. Ensuite, reprenons le récit de Réaumur : *Je remplis une petite mesure, je la vuide dans le tuyau ; quand toute la liqueur est descendue, je tire un trait vis-à-vis l'endroit ou sa surface de l'eau s'est élevée. On remplit ensuite une seconde fois la mesure, on la vuide dans le tube, & on tire encore un trait à l'endroit où s'est élevée la surface de l'eau. On répete cette manœuvre tout autant de fois que le demande le nombre des degrés qui peuvent être contenus dans la capacité du tuyau, & qui doivent être marqués sur la planche.*

Réaumur constata vite que la graduation s'avérait longue et incertaine ; *une petite mesure d'eau, versée dans un long tuyau, ne suffit presque qu'à en mouiller les parois : elle coule lentement le long de ces parois auxquelles elle a de la disposition à s'attacher.* Aussi Réaumur substitua-t-il le mercure qui ne mouille pas la paroi du tuyau, à l'eau.

Tous les traits ayant été tirés, on ôte le thermomètre de dessus la planche, la graduation de la planche peut être faite à loisir ; le thermomètre est vidé les grains de gravier ou les petits fragments de verre sont mis à part et séchés de même que le thermomètre. Ce gravier ou ces fragments de verre sont remis dans le thermomètre ; il ne reste plus alors qu'à mettre la juste quantité d'esprit de vin dans le thermomètre.

Après avoir fixé l'emploi d'un point fixe de chaleur et graduer le thermomètre selon des degrés égaux d'augmentation de volume du liquide thermométrique, il reste un troisième inconvénient, à éliminer : il est nécessaire d'utiliser des liqueurs - Réaumur choisit l'esprit de vin - dont la dilatabilité suit la même marche et de trouver les moyens de les obtenir. La manière employée par Réaumur pour surmonter quelques-uns des obstacles qu'il rencontra dans sa recherche vaut d'être détaillée tant elle illustre bien les difficultés propres à la thermométrie de ce temps. Nous suivons ici, comme nous le faisons le plus souvent, le récit de Fontenelle.

Il y a ici une remarque importante à faire d'après M. de Reaumur. Chacun de ces degrés inégaux en étendüe dans deux Thermometres, & peut-être dans le même, marquera bien un degré égal de la dilatation de l'Esprit de vin, mais non pas un degré égal de chaleur. Il n'est pas sûr que la chaleur, toûjours augmentée par degrés égaux, produise dans l'Esprit de vin des augmentations égales de volume, il est possible qu'à mesure qu'elle croît également, elle trouve toujours ou d'autant plus de facilité ou d'autant plus de difficulté à rarefier l'Esprit de vin, que les premiéres dilatations coûtent à la même cause plus ou moins d'effort que les derniéres ; Cette inégalité est plus que vraisemblable, & l'une & l'autre progression de l'inégalité l'est à peu-près également. Nous pouvons ajoûter encore, quoiqu'il ne s'agisse ici que de la même liqueur, qu'une liqueur peut se rarefier selon la progression croissante, & une autre selon la progression décroissante. Deux Thermometres, où l'Esprit de vin sera inégalement élevé, marqueront donc seulement que l'un aura reçû un certain nombre de degrés de chaleur plus que l'autre, mais non pas quel sera le rapport de ces différents degrés entre eux. M. de Reaumur ne croit pas qu'on puisse arriver à cette connoissance exacte, tant il est arrêté qu'il restera toûjours beaucoup d'obscurité dans nos lumiéres. Tout ce que nous avons dit jusqu'ici suppose que l'Esprit de vin soit le même dans les différents Thermometres, mais ce seroit une supposition bien fausse dans la pratique. Deux Esprits de vin différent extrêmement en qualité, en dilatabilité ; cependant les Thermometres ordinaires n'ont aucun égard à cette différence, & c'est là le dernier que nous ayons à traiter de leurs principaux inconvénients.

Voici exposé en détail l'inconvénient d'utiliser des esprits de vin qui marquent différemment la variation d'un égal degré de chaleur. Il faut donc ramener différents esprits de vin à une même dilatabilité, mais avant une telle opération, il convient de mettre au point la technique qui permet la mesure de la dilatabilité d'un esprit de vin quelconque. Dans la chimie du temps, telle qu'elle est exposée dans le *Cours de chymie* de Nicolas Lemery dont la dixième édition revue et augmentée est parue en 1703. (Voir l'annexe 1) : *L'Esprit de vin est un mêlange d'une Huile éthérée, subtile, inflammable, & d'une eau ou flegme ; l'Eau de vie n'est aussi que ce mêlange, & elle devient Esprit de vin quand on y diminüe la dose de l'eau par rapport à celle de l'Huile, ce qu'on appelle rectification. L'Esprit de vin est plus ou moins rectifié, & par conséquent différent, selon que la dose de l'Huile est plus ou moins forte, il en est plus ou moins dilatable par la chaleur. Pour mesurer la dilatabilité d'un Esprit de vin quelconque, M. de Reaumur en prend dans un Matras à long col 400 parties telles qu'elles sont quand la congélation artificielle les a condensée, & ensuite il voit jusqu'où les éleve la chaleur de l'eau boüillante, ce qui donnera les deux points fixes. L'opération ne promet pas d'abord un bon succès, car longtemps avant que l'eau boüille, l'Esprit de vin bout, & s'éleve beaucoup & irréguliérement, de sorte qu'il semble qu'on ne peut ni marquer alors le terme précis de son élévation, ni attendre le temps où l'eau boüillira. Mais il y a un expédient facile & heureux. On n'a qu'à retirer de l'eau chaude l'Esprit de vin qui en est entouré, aussi-tôt ses boüillonnements cessent, sa surface s'applanit, & se met tranquillement à un certain point plus élevé que celui où elle étoit, cela vient de la chaleur acquise, qui se conserve quelque temps. On remet ensuite le Matras dans l'eau qu'on rend plus chaude, l'Esprit de vin s'éleve encore, boüillonne, mais on le retire encore, & sa surface applanie se remet à un nouveau point plus élevé. On recommence ce manege jusqu'à ce que l'eau étant boüillante, la surface applanie de l'Esprit de vin, qu'on aura retiré de cette eau, & qu'on y aura remis, se tienne constamment au même point d'élévation dans ces changements alternatifs, car cela arrivera quand l'Esprit de vin aura pris toute la chaleur qu'il peut prendre par l'eau boüillante sans être échauffé jusqu'au point de boüillir*[153].

Ainsi le double choix de l'alcool comme matériau thermométrique et du point d'ébullition de l'eau conduit-il à quelques difficultés techniques que Réaumur doit contourner.

Réaumur peut maintenant déterminer la règle mathématique qui permet avec des esprits de vin ayant des dilatabilités différentes, d'obtenir des “alliages” qui ont tous la même dilatabilité. Il sera alors possible d'avoir partout de l'esprit de vin de la même qualité et des thermomètres parfaitement semblables pourvu que les réservoirs des thermomètres soient toujours fabriqués avec des verres de même trempe.

On peut ramener deux différens esprits de vin à être de la même dilatabilité. Cette liqueur est un composé d'eau & d'huile éthérée, & toute sa dilatabilité n'appartient pas à l'huile seule, l'eau en a aussi sa part quoique moindre. M. de Réaumur ayant fait prendre à 400 parties d'eau de

[153] Fontenelle, « Sur une nouvelle construction de thermomètre », p. 16-23, pour les passages cités.

la Seine tout le froid que pouvoit lui donner d'autre eau qui l'entouroit, & commençoit à se glacer, trouva que la chaleur de cette même eau bouillante le volume de l'eau de Seine devenoit 415. Ayant pris ensuite de l'esprit de de vin dont le volume condensé par la congélation artificielle de l'eau étoit 400, & devenoit 435 par l'eau bouillante, il a mêlé 300 parties de cet esprit de vin avec 100 d'eau de Seine, & il a eu un esprit de vin, dont la dilatation extrème, au lieu d'être 435, n'étoit plus que 430, & c'est précisément ce qu'on trouvera par le calcul que devoient donner les 100 parties d'eau mêlées aux 300 d'esprit de vin selon la proportion de leurs dilatations extrèmes connues par expérience. 200 parties d'eau de Seine mêlées avec 200 parties du même esprit de vin, font un esprit de vin dont la dilatation extrème n'est plus que 425. La dilatation extrème de l'esprit de vin affoibli se trouve toûjours ou à peu-près celle qui devoit venir selon le calcul.

L'inverse de cette méthode seroit de fortifier, pour ainsi dire, un esprit de vin foible par un autre plus fort, après avoir connu par les épreuves rapportées la dilatabilité de l'un & de l'autre. M. de Réaumur donne la règle mathématique pour avoir par cet alliage des esprits de vin de tel titre qu'on voudra [...]. *On pourroit donc avoir par-tout de l'esprit de vin de la même qualité, & des Thermometres parfaitement semblables, ce qui seroit bien le mieux, du moins pour les Sçavans ; mais les Sçavans eux-mêmes auront peut-être de la peine à entrer dans une convention générale, tant il est difficile que des hommes conviennent.*

Un fait s'impose : la dilatation de l'alcool et celle de l'eau ne sont pas proportionnelles aux variations de la température, aussi selon le degré d'alcool d'une eau de vie, des thermomètres ayant des liqueurs différentes ne donne pas les mêmes indications, la même température.

Quoi qu'il en soit, il a fait – c'est Fontenelle qui parle – *une observation qui ne doit pas être obmise ; c'est que les degrés moyens de dilatation de l'huile & l'eau ou flegme d'un même esprit de vin ne sont pas proportionnels aux dilatations extrêmes. L'eau se dilate d'abord plus difficilement que l'huile, & ensuite plus facilement ; de sorte que par la continuation du mouvement de dilatation elle répare une partie du désavantage qu'elle avoit eu dans le commencement. C'est ce qui a été reconnu en comparant les dilatations moyennes d'une eau pure à celles d'un esprit de vin d'une dilatabilité connue. Si les dilatations de l'eau & de l'esprit de vin par la chaleur de l'eau bouillante devoient être comme 1 & 2 ; chaque premier degré de dilatation des deux liqueurs depuis la congélation artificielle, étoient comme 1 & 10* (à condition qu'une partie de l'eau puisse rester à l'état liquide à la température de la congélation artificielle, mais Réaumur ne cherche qu'à donner qu'un exemple illustratif). *De-là il suit que de deux différens esprits de vin, le plus foible, qui par consequent aura plus d'eau, sélevera moins que l'autre dans le commencement de leur marche par le même degré de chaleur, & que par-là les deux différens Thermometres seront difficiles à comparer, ou même que la comparaison jettera dans l'erreur.*

Réaumur en conclut qu'il est préférable que *tous les Thermometres soient faits, s'il est possible, avec le même esprit de vin, ce qui sera fort aisé, puisqu'on peut l'amener à telle qualité que l'on veut.* Voilà qui ne supprime pas l'arbitraire d'une échelle de température choisie conventionnellement ; ajoutons pour les physiciens, que nous n'en sommes pas encore, et pour longtemps encore, au concept de température absolue.

Lorsqu'il doit sceller le haut du tuyau, Réaumur se pose une question, doit-il faire le vide dans le haut du tuyau, ou y laisser une certaine quantité d'air et laquelle : *Faut-il que cet espace soit ce qu'on appelle vuide, c'est-à-dire, plein d'un air très-raréfié, ou faut-il y laisser l'air ordinaire ?* Dans le mémoire de 1730, il évoque le problème, pesant le pour et le contre de chacune des solutions qu'il pourrait retenir. *Il y a avantage & inconvénient de part & d'autre. Si l'air est très-raréfié, ce qu'on aura aisément exécuté en échauffant beaucoup le bout du tuyau, après quoi on le scellera brusquement, le jeu de la liqueur sera fort libre dans le tuyau, elle montera dans ce vuide sans y trouver de résistance ; mais aussi l'air contenu dans l'esprit de vin s'en dégagera aisément, parce qu'il ne sera point pressé ; il enlevera avec lui les parties les plus subtiles de l'esprit, & cela en changera la qualité qu'on suppose pourtant devoir être toûjours la même. Si l'air du haut du tuyau est de l'air ordinaire, la qualité de l'esprit de vin ne changera pas : mais cet air se raréfiera par la chaleur aussi bien que l'esprit de vin, & repoussera en embas cet esprit qui tendoit à se dilater. Dans l'embarras de ce pour & de ce contre qui ne peuvent être évalués précisément, M. de Réaumur prend le parti que la prudence conseille en pareil cas, un parti moyen : il faudra de l'air médiocrement échauffé.*

L'année suivante, dans un second mémoire, Réaumur revient sur ce problème, sans que sa position ne change. Mais ce problème en amène un autre, celui de la solubilité de l'air dans l'eau et les *liqueurs* en général.

Pour cette étude, Réaumur choisit des thermomètres composés d'une boule de verre à laquelle est scellé un tuyau de verre et dont les degrés sont d'égales capacités. Il prend par préférence un esprit de vin dont *[le] volume [est] réduit à 1000 parties par le froid de l'eau qui commence à geler, est augmenté de 80 parties par le plus grand degré de chaleur que l'eau bouillante puisse lui communiquer, sans le faire bouillir. Le froid de l'eau qui commence à se geler, le froid de la glace qui commence à se former, tel que celui de la glace qu'on produit par art en Eté, & que nous avons nommé congélation artificielle de l'eau, est le terme d'où commence à compter les degrés de ce Thermomètre. Ils y sont divisés en deux suites, ceux de l'une s'élevent au-dessus, & ceux de l'autre descendent au-dessous du terme de la congélation. Les degrés montants marquent combien l'esprit de vin s'est dilaté, & sont appellés degrés de dilatation. Les degrés descendants marquent combien l'esprit de vin s'est condensé plus qu'il ne l'est par la congélation de l'eau, & ils sont appellés degrés de condensation* [154].

Ainsi Réaumur construit-il son thermomètre selon les principes qu'il a posé en 1730. Il reste à les sceller, pour ce faire, il reprend la question qu'il a posée dans son premier mémoire, qui *est de sçavoir s'il convient de laisser dans la partie supérieure du tube, un air à peu près aussi condensé que l'air que nous respirons, ou s'il est mieux d'y laisser un air extrêmement raréfié.*

Cédons la parole au secrétaire perpétuel de l'Académie : *Si c'est le 1er, lorsque l'air renfermé, & l'esprit de vin recevront l'impression du chaud extérieur, ils tendront en même temps à se dilater. Outre que la liqueur n'aura plus son mouvement libre, & marquera mal les degrés, cet effort peut être tel qu'il cassera la boule du Thermometre sur laquelle il s'exerce. Si c'est le 2d, l'air contenu dans l'esprit de vin, car toutes les liqueurs en contiennent, n'étant plus comprimé par le poids de l'air du haut du tube s'échappera & s'élevera dans cette espéce de vuide ; on ne sçait s'il ne peut pas s'y en amasser assez pour former un volume d'air, égal à peu près en quantité & en qualité à l'air naturel qu'on auroit laissé dans le 1er cas, & si par conséquent il n'y auroit pas les mêmes inconvéniens à en craindre* [155].

Il convient donc de comparer la marche d'un thermomètre dans lequel on a tiré de l'esprit de vin tout l'air qu'il est possible d'en tirer lorsqu'il est plongé dans l'eau bouillante à la marche d'un thermomètre bien réglé dont l'esprit de vin, le même en qualité est chargé d'autant d'air qu'il peut l'être. La comparaison a donné lieu à deux observations importante : 1° ces deux thermomètres ont la même marche ; 2° dans le thermomètre dont l'esprit de vin a été purgé, on a sorti une grande quantité d'air, une quantité qui aurait occupé 54 divisions (donc 54 degrés) du haut du tuyau, cependant ce thermomètre exposé à la chaleur de l'air extérieur ne marque qu'un quart de degré plus bas que si l'esprit de vin n'avait pas été purgé. Un tel résultat est tout à fait inattendu : *l'esprit de vin purgé d'air étoit donc plus bas, moins dilaté, quoique de fort peu, & par conséquent l'air qu'il avoit perdu, l'auroit rendu plus dilatable.*

Voici un résultat d'expériences assez inattendu que Réaumur doit interpréter, ce qui le jette *dans une suite de considérations physiques assez curieuses.*

Réaumur commence par rappeler que l'air se laisse comprimer par les poids & à la proportion des poids dont il est chargé, alors que l'eau et les autres liqueurs qui contiennent beaucoup d'air sont incompressibles. Ils s'ensuit que *l'air mêlé dans les liqueurs y perd sa propriété d'être*

---

[154] Réaumur, « Second mémoire sur la construction des thermomètres dont les degrés sont comparables, avec des Expériences & des Remarques sur quelques propriétés de l'air », *MARS*, 1731, p. 251-253, pour cette citation et la suivante.

[155] Fontenelle, « Sur le nouveau thermomètre », *HARS*, 1731, p. 6, 7, 10, pour cette citation et les suivantes.

compressible par les poids. Mais pour interpréter le début de l'ébullition de l'eau ou de toute autre liqueur, Réaumur suppose un état de l'air où il n'est qu'à demi engagé dans l'eau.

Ainsi Réaumur suppose-t-il que l'air des liqueurs y est engagé en deux états différents ; il y a un état dans lequel il est incompressible, dans l'autre il est capable de compression. Dans le premier état, lorsqu'il est incompressible, il est uni à la liqueur le plus étroitement qu'il se peut et dans le second état, lorsqu'il est capable de compression, il en est à demi dégagé sans pouvoir en sortir ; il n'est dans cet état que par une grande chaleur.

Pour expliquer comment l'air perd son ressort (devient incompressible) lorsqu'il est mêlé à l'eau, Réaumur use d'une comparaison ; naturellement comparaison n'est pas raison, aussi doit-il rentrer dans le monde des hypothèses sur la nature intime de l'eau et de l'air.

Réaumur regarde *l'air comme ressemblant par sa structure aux corps spongieux, & qu'il soit de ceux que l'eau peut pénétrer, qui en peuvent être imbibés, & nous cesserons d'être surpris de ce que l'air, qui est contenu dans l'eau, n'y est plus compressible, & de ce qu'il y occupe peu de place* [156].

Et Réaumur de mener cette comparaison à son terme : *Si j'enveloppe une éponge de quelque membrane que l'eau ne puisse pénétrer, & que je tienne cette éponge sus pendu dans l'eau, par le moyen de quelque fil arrêté au fond du vase, l'éponge sera alors aussi compressible qu'elle l'étoit au milieu de l'air. Si avec un piston, ou autrement, je presse l'eau, l'eau descendra, l'éponge sera forcée d'occuper beaucoup moins de volume, ses parties seront contraintes d'aller se loger dans les vuides qu'elles tendent à se conserver entr'elles, l'eau occupera la place que les parties de l'éponge auront abandonnée. Cessons de presser l'eau, l'éponge se rétablira dans son premier état, elle portera l'eau plus haut. Si ensuite nous ôtons à notre éponge, l'enveloppe dont nous l'avions recouverte, il sera permis à l'eau de s'insinuer dans son intérieur ; donnons-lui le tems d'aller remplir tous les vuides qui sont entre les filets spongieux ; après quoi, si nous avons encore recours au piston pour presser l'eau, nous trouverons qu'elle ne cédera point, comme elle a fait la première fois, ou qu'elle cédera très-peu. L'éponge alors est devenue incompressible, ou presqu'incompressible ; ses parties pressées ne trouvent plus de places vuides où elles puissent se loger, l'eau les a remplies ; celle qui s'y est logée arrête l'effort de celle qui tend à l'en chasser. Si l'air peut donc, comme l'éponge, être pénétré par l'eau, si elle peut aller remplir les vuides qui sont entre ses parties, le voilà qui cesse d'être compressible.*

Réaumur en conclut : *La force prodigieuse, que quelques Physiciens ont jugé nécessaire, pour tenir l'air comprimé dans l'eau, devient donc inutile*

---

[156] Réaumur, « Second mémoire sur la construction des thermomètres… », p. 283-289, pour cette citation et les suivantes.

au moyen de cette hypothèse ; l'air qui est dans l'eau peut n'y être pas plus comprimé que l'est celui qui nous environne, que par le poids de l'Atmosphere, ou s'il l'est de quelque chose de plus, ce n'est que par le poids de l'eau.

Réaumur peut donc considérer qu'entre les parties de l'air il y a des vides, que l'eau peut s'y insinuer et *que cet air, sans être condensé, peut tenir très-peu de place dans l'eau, une place bien différente de celle qu'il occupe hors de l'eau.* On a vu que 54 degrés d'air occupent dans l'esprit de vin un volume de ¼ de degrés ou à peu près.

Réaumur doit maintenant imaginer la structure de l'eau et la grandeur des vides de l'air, pour en déduire les faits qu'il veut expliquer :

On ne doit avoir nulle peine à accorder à l'eau des parties aussi déliées que nous les lui voulons, elle est peut-être de tous les liquides sensibles celui qui en a de plus tenues ; une grande partie des autres liquides lui doivent leur liquidité ; nous n'en connoissons point où elle n'entre pour beaucoup. Nous devons aussi être disposés à admettre entre les parties de l'air des vuides capables de recevoir l'eau ; la grandeur des espaces, que les parties d'air laissent entr'elles, est bien considérable, quand il est trois à quatre mille fois plus raréfié que celui de notre Atmosphère, comme il l'est quelquefois. Ces espaces vuides ne laissent pas même d'être grands dans l'air aussi condensé que celui de notre Atmosphere, puisque de tel air est capable de se laisser beaucoup condenser, qu'il est près de 800 fois plus rare que l'eau. […]

La figure des grains d'air ne nous importe pas, *pourvû que leur figure soit telle, qu'elle permette à l'eau de les pénétrer ; que chaque grain d'air soit par rapport à l'eau un petit grain d'éponge, cela suffit.*

A présent, on voit aisément pourquoi l'air devient incompressible lorsqu'il est mêlé à l'eau.

Réaumur suppose encore qu'il y a, sans doute, *entre les parties de l'air des vuides qui sont trop petits pour recevoir l'eau, & qui peuvent recevoir la matiere subtile, la matiere du feu ; & ce sont précisément ces petits espaces vuides qui font que l'air peut se dégager de l'eau dans trois circonstances où il s'en dégage. 1°. Lorsque l'eau n'est plus comprimée par un poids aussi grand que celui qui la presse ordinairement. 2°. Lorsque l'eau reçoit une augmentation de chaleur considérable. 3°. Ou enfin lorsque l'eau se refroidit beaucoup.*

Ces trois phénomènes trouvent une interprétation facile chez Réaumur, il suffit d'entrevoir comment l'air peut se dégager de l'eau :

Quoique l'air contenu dans l'eau ne soit pas sensiblement compressible, celle de ses parties, entre lesquelles l'eau n'a pû pénétrer, sont réellement comprimées ; elles tendent continuellement à se dilater, & se dilatent dès que la force qui les comprimoit devient moins grande, comme il arrive lorsqu'on pompe l'air du balon de la Machine pneumatique […]. Imaginons que les parties d'air qui se dilatent, sont vers le centre d'un grain ; non-seulement, en se dilatant, elles augmenteront le petit vuide qui y étoit, elles en produiront bientôt entre d'autres parties ; l'effort de leur ressort chassera l'eau d'entre les parties voisines, qui à leur tour, agiront de tout leur ressort. Ainsi de proche en proche, l'eau sera bientôt chassée du grain d'air qu'elle mouilloit ; ce grain, devenu plus léger par son augmentation de volume, changera de place, il se joindra à d'autres qu'il trouvera en son chemin ; ainsi se formera une bulle capable de s'élever jusqu'à la surface de l'eau, & de s'échapper. Les grains d'air, dans lesquels l'eau a moins pénétré, sont ceux qui se dégagent dès les premiers coups de piston ont été donnés ; les grains plus imbibés d'eau ne sont en état de reprendre assez de ressort pour la chasser, que quand le nombre des coups de piston a été très-multiplié.

Dans le second cas, dans celui où l'air se dégage de l'eau qu'on a mise sur le feu, […] la cause qui fait élever des bulles d'air est équivalente. Une augmentation de chaleur augmente le ressort de l'air. Celles de ses parties entre lesquelles il n'y a point d'eau reçoivent de la matiere du feu ; elles agissent alors, comme dans le cas précédent, avec succès, tant pour s'étendre, que pour forcer l'eau à sortir d'entre les parties voisines, entre lesquelles se loge la matiere propre à mettre leur ressort en jeu.

Enfin dans le troisième cas, dans celui d'un refroidissement considérable de l'eau, l'eau se condense ; elle ne remplit plus exactement les places où elle s'étoit logée, elle y laisse des vuides où la matiere subtile, la matiere propre à augmenter le ressort, s'introduit. Quelques circonstances particulieres aident encore à augmenter alors la force de ce ressort ; mais il suffit d'avoir entrevû comment, dans ces trois cas, l'air peut se dégager de l'eau.

Il ne sera pas plus difficile de comprendre comment l'eau peut se charger, dans la suite, de l'air qui en a été chassé par une des trois causes précédentes, quand il n'y aura plus aucune de ces mêmes causes qui y mette opposition. Elle mouillera peu à peu l'air qui touche sa surface, elle le pénétrera, elle montera dedans chaque grain, comme elle monteroit dans un morceau de drap qui la toucheroit. Le grain d'air se charge ainsi peu à peu, il s'appésantit, il s'en applique davantage contre la surface de l'eau, & enfin devient en état de descendre au-dessous de cette surface, & d'y rester quand il est autant imbibé d'eau qu'il le peut être.

Les recherches thermométriques de Réaumur l'ont ainsi amené à rechercher par quel mécanisme l'air est dissous dans l'eau et les autres liquides, comme les travaux de Torricelli avait mis en évidence la pesanteur de l'air et ceux de Guericke, de Boyle et de Mariotte, *et all*, son élasticité ; quant à cette autre propriété de l'air qu'est sa fluidité, le vent la fait ressentir à chacun d'entre nous.

En outre, les travaux de Réaumur sur le thermomètre montrent-ils que l'air semble perdre la plus grande partie de son volume lorsqu'il est emprisonné dans un liquide ; mais, lorsque Réaumur conduit ses recherches, sans doute sait-il déjà, que la matière vivante contient de grandes quantités d'air sous un faible volume. En effet, quelques années plus tôt, en 1727, Hales a publié un ouvrage, *La statique des végétaux et l'analyse de l'air* [157], dans lequel il montre que de grandes quantités d'air sont emprisonnées dans les substances végétales et animales et que celles-ci pouvaient être libérées par l'action du feu et recueillies.

Donnons ici, celle de ses nombreuses expériences qui a le plus frappé le père Paulian, il enseigne la physique en Avignon : *[la Statique des végétaux] contient 124 expériences, neuves pour la plupart, et faites avec tout le soin et tout le succès possible. La 77e est celle qui m'a le plus frappé. Notre physicien y raconte que M. Rambi, Chirurgien de la maison du Roi d'Angleterre, lui donna des pierres tirées de la vessie du corps humain. Je distillai, dit-il, une de ces pierres, dont le poids étoit de 230 grains, et qui avoit à-peu-près en volume deux tiers de pouce cubique. Il en sortit avec vivacité dans la distillation 516 pouces cubiques d'air, c'est-à-dire, 645 fois le volume de la pierre ; de sorte que par l'action du feu il y eut plus de la moitié de cette pierre qui se convertit en air. En effet puisqu'il est sûr qu'un pouce cubique d'air pèse 2/7 d'un grain, il est évident que 516 pouces cubiques d'air pèseront 147 grains ; ce qui est plus de la moitié de 230 grains, poids absolu de la pierre en question. C'est cette belle expérience qu'il apportoit en preuve, lorsqu'il avançoit que tous les corps contiennent une grande quantité d'air, et que cet air est souvent dans ces corps sous une forme différente de celle que nous connoissons, c'est-à-dire, dans un état de fixité et comme de solidité. […]* [158].

Nous choisissons maintenant un passage de l'une des *Leçons de physique expérimentale* dans laquelle l'abbé Nollet décrit la construction du thermomètre de Réaumur ; c'est ce que les physiciens de ces temps-là retiendront des deux longs mémoires de Réaumur. On peut constater ici que, proche collaborateur de Réaumur, l'abbé voudrait convaincre ses lecteurs que, par la qualité de sa fabrication, le thermomètre de Réaumur ne doit pas être confondu avec celui de Florence, on sent poindre ici une préoccupation mercantile.

---

[157] Hales, *La statique des végétaux et l'analyse de l'air*, 1727, traduction de Buffon, 1735, & *La statique des végétaux et celle des animaux, expériences lues à la Société Royale de Londres*, nouvelle édition revue par Sigaud de la Fond, Paris, de l'imprimerie de Monsieur, 1779. Ajoutons que, persuadé que les airs recueillis ne diffèrent pas de l'air atmosphérique, Hales ne cherche pas à en déterminer les propriétés chimiques et considère qu'ils ne sont rendus nuisibles que par les vapeurs qui les infestent et les rendent funestes aux animaux et aux plantes.

[158] Aimé-Henri Paulian, *Dictionnaire de physique*, 5 volumes, neuvième édition, Avignon, J. J. Niel, 1789 ; volume 3, article Hales.

Nollet, Sur la construction des thermomètres de Réaumur [159]

Il étoit réservé à M. de Reaumur de causer à cet égard une révolution presque totale, de faire cesser jusques parmi le peuple l'usage du thermometre de Florence, & de lui en substituer un qui, n'ayant point l'air d'une nouveauté par son extérieur se trouve avoir toutes les qualités qu'on avoit désirées jusqu'alors dans cet instrument : en effet, en suivant de point en point ce que prescrit M. de Reaumur, chacun peut en tout temps, & presque en tout lieu, construire des thermometres, dont les marches soient comparables entr'elles, dont les degrés soient relatifs à des termes de froid & de chaud bien fixes & bien connus, des thermometres qu'on observe immédiatement et sans aucune déduction, & qui soient applicables à toutes les épreuves qui sont du ressort de cet instrument.

Pour remplir ces vues, M. de Reaumur commence la graduation de ses thermometres au degré de froid qui fait geler l'eau commune, et qui suffit à peine pour empêcher de fondre la glace que l'on tient dans un lieu où il ne gele pas ; il est peu d'endroits où l'on ne puisse avoir de la glace, de la neige, ou au moins de la grêle dans quelque saison de l'année , & ce terme plus facile à obtenir qu'aucun autre dont on se soit servi jusqu'à présent, est aussi plus saisissable, & moins sujet à varier ; ceux qui lui préferent la température des caves profondes, prétendent-ils qu'on trouvera plus communément des souterrains semblables à celui de l'Observatoire de Paris, que de l'eau glacée ou prête à l'être ? Quand cela seroit aussi vrai qu'il est peu vraisemblable, nous savons présentement, à n'en plus douter, que cette température souterreine n'est point fixe comme il faudroit qu'elle le fût, & comme on l'a supposé long-temps. Je ne crois pas non plus qu'un froid artificiel excité par un mélange de glace avec quelque sel, doive être préféré au froid naturel de la glace ou de la neige pure ; plus les opérations sont simples, moins elles nous exposent à nous tromper. La chaleur de l'eau bouillante même, que quelques Physiciens ont pris pour leur point fixe, ne l'est pas autant que celui dont M. de Reaumur fait usage pour commencer sa graduation. L'eau n'est aussi chaude qu'elle peut l'être, qu'après avoir bouilli pendant quelques instants ; & comme elle s'échauffe de plus en plus, jusqu'à ce qu'elle bouille très-fort, & que ce bouillonnement arrive plutôt ou plus tard, selon le poids actuel de l'air qui pese sur sa surface, il est évident que le degré de chaleur de l'eau qu'on fait bouillir, devient plus ou moins grand, suivant la pesanteur actuelle de l'athmosphere ; aussi Farenneiht, qui fit le premier cette remarque, avait-il bien soin de consulter la hauteur du barometre avant que de marquer le terme de l'eau bouillante sur ses thermometres de mercure ; & je ne doute pas que M. de Lisle, qui part aussi de ce terme pour la graduation des siens, n'ait égard à cette Observation, qui a été bien vérifiée depuis.

---

[159] Nollet, *Leçons de physique expérimentale*, tome 4, p. 398-411.

Après avoir fait choix d'un terme fixe, M. de Reaumur par des procédés ingénieux, mais dont il faut apprendre le détail par la lecture de son Mémoire, étudie & trouve le rapport qu'il y a entre la capacité de la boule & celle du tuyau ; il est bien plus sûr & plus facile de s'y prendre ainsi que de prétendre obtenir quelque proportion, déterminée des Ouvriers qui soufflent ces sortes de verres, & que la plus longue habitude ne met pas en état de faire à cet égard ce que l'on voudroit. Cela étant fait, il divise le tube de maniere que chaque portion de sa capacité peut contenir tout juste 1/1000 partie de la liqueur qui occupe la boule, & environ un quart du tuyau ; de sorte qu'ayant fait prendre à cette liqueur le froid de la glace, il marque zero à l'endroit où elle s'arrête, & compte au dessous de ce terme les degrés de condensation, & au-dessus ceux de dilatation.

Quand la liqueur, en s'échauffant dans le tube de 5 ou 6 degrés au-dessus de zéro, terme de la glace ou de la congélation de l'eau, cela signifie donc que son volume, qui n'étoit que de 1000 parties, devient égal à 1000 & 5 ou 6 de ces mêmes parties ; & quand au contraire la liqueur en se refroidissant s'abaisse au-dessous de ce terme, on sait par le nombre de degrés qu'elle parcourt en descendant, que son volume est diminué de tant de milliemes.

Si deux de ces thermometres sont faits avec des boules & des tubes dont les capacités ne soient point de part & d'autre dans des rapports semblables ; que le tube de l'un, par exemple, soit à la boule comme 100 à 1000, ou comme 1 à 10 pour la capacité, & que la proportion de l'autre soit comme 150 à 1000, ou comme 1½ à 10, tout ce qu'il en arrivera, c'est que l'échelle de celui-ci aura les degrés plus petits & en plus grand nombre que l'autre ; mais dans tous les deux, ces degrés seront toujours des milliemes de la capacité qui est au-dessous de zero, & c'est ce qui caractérise principalement le thermométre de M. de Reaumur, & ce qui le fait différer essentiellement de ceux dont la graduation faite en parties égales & en nombre arbitraire sur la longueur du tuyau, ne donne aucune idée distincte de l'action de la chaleur, puisque la dilatation de la liqueur qui en est l'effet, n'y est pas mesurée par des quantités égales, ou proportionnelles.

Mais ce n'était point assez pour rendre les thermometres, comparables, & leur procurer des marches semblables, de commencer la graduation à quelque terme connu & fixe, & d'établir une certaine proportion entre toutes les parties du tuyau, & la capacité de la boule ; il falloit encore convenir d'une liqueur dont le degré de dilatabilité fût déterminé, & qu'on pût aisément se procurer partout ; car nous avons fait voir par l'expérience même qui a fait naître cette digression, que le degré de chaleur qui fait monter l'esprit-de-vin dans le tube jusqu'au 87e millieme, n'éleve pas autant, à beaucoup près, l'eau pure, l'huile de lin, le mercure, & que chacune de ces liqueurs, également chauffée, se fixe à la hauteur qui lui convient ; d'où il arriveroit nécessairement, que si deux thermometres, construits d'ailleurs suivant les principes de M. de Reaumur, différoient seulement par plus ou moins de dilatabilité dans leurs liqueurs, les degrés correspondants ne pourroient plus exprimer des quantités semblables de froid & de chaud : l'un des deux, par exemple, marqueroit la chaleur animale par 32 degrés au-dessus du terme de la glace, & l'autre par le même nombre de degrés exprimeroit une chaleur qui seroit à coup sûr, plus forte ou plus foible.

La liqueur la plus dilatable seroit sans doute la plus propre à faire des thermometres bien sensibles ; mais dans bien des occasions on auroit peine à la trouver, & l'intention de l'Auteur a été que le nouveau thermometre pût se faire en tout temps & en tout lieu ; c'est pourquoi il s'est un peu relâché sur la grande dilatabilité, pour sauver une difficulté par laquelle on auroit été souvent arrêté : M. de Reaumur s'est fixé à l'esprit-de-vin, qu'il affoiblit avec de l'eau ; & après avoir donné des régles pour ces affoiblissemens, il enseigne des moyens sûrs pour connoître si ce mêlange a atteint précisément le dégré prescrit de dilatabilité ; ces épreuves consistent à faire passer un de ces thermométres par certains dégrés de chaud & de froid, qu'on sçait d'ailleurs être toujours les mêmes, par la chaleur de l'eau bouillante, par exemple, par celle d'un mêlange de glace ou de neige, avec un tiers du poids de sel marin, &c. delà vient que dans tout les thermométres construits sur ces principes, le degré de l'eau boüillante est de 80, celui de la chaleur animale 32½. celui des souterreins très-profonds 10¼, celui du sel commun mêlé avec la glace 15, au-dessous du terme de la congélation de l'eau ; & cette méthode est si sûre, que quand une fois la liqueur est propre à l'un de ces termes, au refroidissement causé à la glace par le sel marin, par exemple, elle convient pour tous les autres.

Si dans la construction de ces thermométres on a donné la préférence à l'esprit-de-vin sur des liqueurs susceptibles d'un plus haut dégré de chaleur, c'est qu'on s'est proposé avant toute chose d'en faire un instrument météorologique, un instrument dont le principal usage seroit de faire connoître les différentes température de l'air ; & en le considérant sous ce point de vue, il est incontestable qu'on a eu raison de préférer aux huiles qui s'épaississent, & au mercure qu'on a peine à appercevoir, une liqueur très-dilatable, qui se colore autant qu'on le veut, & qui peut soutenir beaucoup plus de chaleur qu'elle n'en peut jamais recevoir de l'air dans aucun climat. S'il est question de s'en servir dans les laboratoires de Physique & de Chymie, pour mesurer des degrés de chaud qui surpassent celui de l'eau bouillante ; si des observations récentes & postérieures à l'invention de cet instrument, ont appris que l'esprit-de vin affoibli, pourroit bien se geler dans certaines parties du monde, où l'on seroit peut-être bien-aise de le faire voyager, rien n'empêche qu'en gardant tout le reste de la construction, on ne substitue à l'esprit-de-vin pour ces cas rares, ou pour des usages particuliers, toute autre liqueur moins prompte à boüillir, pourvû qu'on tienne compte de son dégré de dilatabilité. […]

Le seul reproche raisonnable qu'on ait fait aux thermométres de M. de Reaumur dans le tems qu'ils commencerent de paroître, & c'étoit moins un reproche qu'un regret ; c'est qu'étant beaucoup plus grand que ceux de Florence, ils en étoient moins faciles à transporter par-tout où l'on souhaitoit les avoir, & moins prompts à suivre les changemems qui arrive quelquefois assez subitement, à la température de l'air. Cette difficulté fût bientôt levée, M. de Reaumur, sous la direction duquel je travaillois alors, me fit appercevoir que ces grands instruments, & l'appareil qu'ils exigeoient pour être construits avec justesse, n'étoient nécessaires que pour en régler d'autres qui pourroient être aussi justes qu'eux, & beaucoup plus petits. Je n'en ai plus fait depuis que pour cet usage, & tous ceux qui sortent maintenant de mon laboratoire sont, ou de la grandeur ordinaire des barometres, ou renfermés dans une petite boîte fort étroite, qui n'a pas un pied de longueur, Fig. l3. Je les pourrois bien faire encore plus petits à l'imitation de ceux qui entrent dans des étuis à curedents, Fig. 14. mais je pense, que, comme il n'étoit pas raisonnable de rejetter les premiers thermométres de M. de Reaumur, par la seule raison que les yeux n'étoient pas accoutumés à voir ces sortes d'instrumens de quatre ou cinq pieds de hauteur, il est presque puérile aussi, de vouloir qu'ils puissent se porter dans la poche, comme un couteau, & de forcer gratuitement sa vûe sur une graduation excessivement fine.

La premiere expérience employée dans cette leçon fait naître une difficulté contre tous les thermométres qui ont paru jusqu'à présent : tous, par leur forme, ressemblent plus ou moins au vaisseau représenté par la Fig. 15, & nous avons vu que la boule qui contient la plus grande partie de la liqueur, se dilate & devient plus grande à mesure qu'elle s'échauffe. Il suit delà que la liqueur d'un thermométre ne monte pas aussi haut dans le tube qu'elle y monteroit, par le degré de chaleur qu'elle éprouve, si la capacité de la boule étoit absolument invariable & par rapport à celui de M. de Reaumur, que les portions du tuyau qui répondent à chaque dégré ne sont rigoureusement des milliemes de la capacité qui est au-dessous de zero que quand l'instrument est dans une température égale à celle où il étoit, quand on a mesuré & déterminé cette proportion. Dans les grandes chaleurs ces mesures pechent par défaut ; elles ne contiennent pas tout-à-fait cette millieme partie dont il s'agit : dans les grands froids elles la contiennent , & un peu plus, elles pechent par excès si la liqueur échauffée par l'eau bouillante s'arrête vis-à-vis le chiffre 80, il faut donc entendre qu'elle s'éleveroit plus haut de toute la quantité dont l'instrument de notre expérience, plongé dans l'eau qui bout, fait descendre la sienne, si les boules & les tubes étoient dans les mêmes rapports de part & d'autre.

Cet effet est inévitable ; il ne s'agit plus que de savoir de quelle quantité il influe sur les proportions d'où dépend l'exactitude du thermométre, dans quels cas il cause une imperfection notable, & s'il y a des moyens pour y remédier. Le Mémoire de M. de Reaumur, cité ci-dessus, répond amplement sur tous ces articles ; je crois ne pouvoir mieux faire que d'y renvoyer le Lecteur, comme j'ai fait à l'égard des détails qui regardent la construction du thermométre même ; car, je l'ai déjà dit plusieurs fois, cet ouvrage n'est point fait pour apprendre à construire des instrumens de Physique, si je m'écarte quelquefois pour en montrer, pour ainsi dire, l'esprit & les principes, ce n'est qu'autant que ces digressions ont un rapport assez marqué avec la matiére que je traite : c'est la raison pour laquelle j'espere qu'on voudra bien me pardonner la longueur de celle-ci. [...]

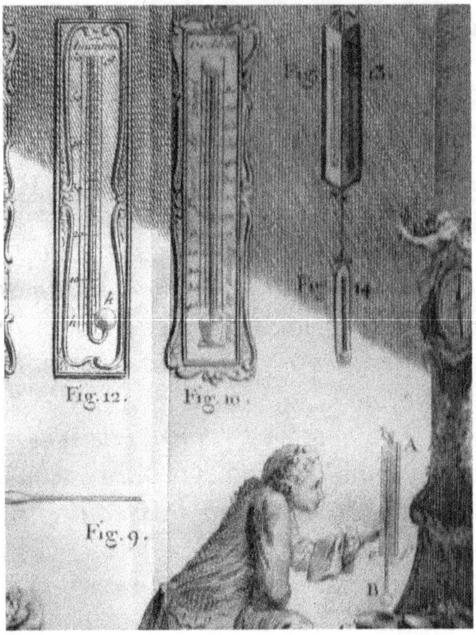

Nollet, *Leçons de physique expérimentale,* tome 4, pages 408

Dans ses *Leçons de physique expérimentale*, Nollet passé très vite sur *les moyens sûrs pour connoître si ce mélange a atteint précisément le degré prescrit de dilatabilité* ; en effet, le double choix de l'alcool comme matériau thermométrique et du point d'ébullition de l'eau présente quelques difficultés techniques ; ce n'est rien que de dire combien ce choix est malheureux. Réaumur est ici en présence d'un phénomène dont il ne soupçonne même pas l'existence, le retard de phase, aussi est-il intéressant de mettre en parallèle le récit qu'il fait de son expérience avec celui d'un physicien qui n'ignore rien de ce phénomène. Pour cela, nous donnons en annexe le compte-rendu de cette même expérience et le commentaire qu'en fait le physicien Henri Bouasse.

Les thermomètres construits par Réaumur sont encombrants aussi confia-t-il à l'abbé Nollet, le soin d'en construire de plus maniables. L'abbé en réduisit la taille sans aller toutefois jusqu'à ce qu'ils soient si petits qu'on puisse les rentrer dans des étuis à cure dents [160].

On doit au physicien genevois De Luc, la définition d'une “échelle de Réaumur” ou l'intervalle entre les températures fixes de la glace fondante et de l'ébullition de l'eau est divisé en 80 parties, en 1772. A la fin du XVIIIe siècle, les fabriquants de thermomètres appellent “échelle Réaumur” des échelles obtenues de façons fort diverses et l'indication de la température d'ébullition de l'eau pouvait être de 80° R ou de 100° R.

III- Une collection de faits « thermologiques »

Dès le XVIIe siècle, l'usage du thermomètre avait permis de se prémunir contre la subjectivité de la sensation : il apparût que l'hiver le fer n'est pas plus froid que la plume, que les caves ne sont pas plus chaudes l'hiver que l'été, que l'air qui sort du soufflet et refroidit la main ne change pas l'indication du thermomètre... Les savants du XVIIIe siècle précisèrent ces observations et en ajoutèrent d'autres, ainsi Fahrenheit constata-t-il que l'eau peut rester liquide à une température inférieure au terme de sa congélation mais que le moindre ébranlement la ramène à ce terme et la congèle instantanément. Ils s'intéressèrent aussi au moyen d'obtenir un froid artificiel : ainsi, en mêlant de l'esprit de nitre (acide nitrique étendu d'eau) à de la glace pilée tous deux à la température de congélation de l'eau, Fahrenheit, vit son thermomètre descendre de 19 degrés ; en mêlant de l'esprit de nitre et de la glace à cette température, il obtint un froid encore plus intense et en réitérant l'opération, il parvint à un froid de 40 degrés de son échelle au dessous de la congélation de l'eau. Avec le perfectionnement des thermomètres, l'étude des climats devint plus précise : on voulut connaître les degrés de chaud et de froid des diverses régions et leurs évolutions journalières ou annuelles ; ces études furent le domaine de prédilection des physiciens genevois. Boyle avait montré que le point d'ébullition de l'eau dépend de la force pressante, dans ses *Recherches sur les modifications de l'atmosphère*, publiées en 1772, le genevois De Luc détermina le point d'ébullition de différentes eaux à différentes altitudes, ses résultats, comme ceux obtenus par une commission de la Royal Society de Londres, s'avérèrent discordants à cause d'une certaine influence de la substance des vases, ce que Gay-Lussac montra un demi-siècle plus tard. De Luc remarqua aussi que l'eau saturée de sel marin a une température d'ébullition plus élevée. L'idée de déterminer la température des métaux par leur dilatation - le principe du pyromètre - née au XVIIe siècle, fut mise en œuvre par de nombreux physiciens, de Musschenbroeck à Lavoisier et Laplace en passant par Wedgwood. Les mesures qui furent faites alors de la

---

[160] Nollet, *Leçons de physique expérimentale*, tome 4, p. 408.

dilatation linéaire du verre et des métaux s'accordaient peu entre elles, il s'avéra qu'il fallait tenir compte des techniques de fabrication des échantillons ; on pensait que l'augmentation de longueur était proportionnelle à la température, les perfectionnements des techniques de mesure apportés par De Luc et par Ramsden mirent fin à cette illusion. Dans la seconde moitié du siècle, De Luc, le Roy, Schmidt et Lavoisier commencèrent l'étude de la dilatation volumique des liquides ; De Luc mit en évidence que la plupart des liquides comme le mercure se dilatent graduellement à partir de leur point de congélation alors que d'autres comme l'eau se contractent d'abord jusqu'à un certain degré où ils atteignent une contraction maximale.

Ainsi l'invention, puis les perfectionnements des thermomètres ont-ils permis une investigation plus ou moins systématique des phénomènes de la chaleur et du froid aux XVIIe et XVIIIe siècles. Dans la seconde moitié du Siècle des lumières, des expériences calorimétriques complèteront ce tableau des connaissances des phénomènes thermiques ; et à la fin de ce siècle, les théories de la chaleur qui seront retenues pendant les quatre premières décennies du siècle suivant seront en place.

Annexes

1 - Un très bref aperçu de la chimie du temps de Réaumur

En lisant Réaumur, on apprend que : *L'esprit de vin le plus rectifié n'est qu'un mêlange d'une matiere inflammable, d'une huile essentielle ou éthérée avec de l'eau ; l'eau fait la meilleure portion de ce mêlange* [161].

Un mot sur la chimie du temps peut aider à éclairer ce propos ; celle-ci peut être puiser dans les œuvres de Nicolas Lemery et de son fils Louis. Nicolas Lemery a publié son *Cours de chymie* en 1675, la dixième édition revue et augmentée est parue en 1703 ; son fils a publié ses travaux dans les *Mémoires de l'Académie des sciences* de 1706 à 1709 [162].

En faisant l'analyse des divers mixtes, les chimistes ont trouvé cinq sortes de substances et en ont conclu qu'il y avait cinq principes des choses naturelles : l'esprit, l'huile et le sel, qu'ils ont appelés actifs parce qu'ils ont un grand mouvement, et l'eau et la terre, qu'ils ont nommés passifs parce qu'étant au repos ils arrêtent la vivacité des principes actifs. Lémery reprend ces mêmes principes, non pas parce qu'ils sont réellement les premiers, mais parce qu'ils sont accessibles à l'expérience et que l'on ne peut aller plus avant dans la division des corps et *que c'est à la verité un grand avantage que d'avoir des principes si sensibles & dont on peut raisonnablement être*

---

[161] Réaumur, « Règles pour construire des thermomètres… », p. 456.

[162] Robert Locqueneux, *Sur la nature du feu aux siècles classiques, Réflexions des physiciens et des chimistes*, Paris, L'Harmattan, 2014, p. 95-100.

assuré[163]. Il ne pense cependant pas que le chimiste recueille les principes à l'état pur lorsqu'il fait l'anatomie d'un mixte :

L'esprit qu'on appelle Mercure est le premier des principes actifs qui nous paroît lorsque nous faisons l'anatomie d'un mixte ; C'est une substance subtile, penetrante legere, qui est plus en agitation qu'aucun des autres principes ; [...] il ne se peut tirer pur des mixtes non plus que les autres dont nous allons parler : mais ou il est enveloppé dans un peu d'huile qu'il enleve avec lui, & alors on le peut appeler Esprit volatile, comme sont les esprit de vin, de rose, de romarin, de geniévre : ou bien il est embarrassé dans les sels qui retiennent sa volatilité & alors on le peut appeler Esprit fixe, comme le sont les esprits acides de vitriol, d'alun, de sel, &c.

L'huile qu'on appelle Soulfre, à cause qu'elle est inflammable ; est une substance douce, subtile, onctueuse, [...] On dit qu'elle fait la diversité des couleurs & des odeurs [...] Elle se tire toujours impure des mixtes ; car ou elle est mêlée avec des esprits comme les huiles de romarin ou de lavende qui nagent sur l'eau, ou elle est remplie de sel qu'elle entraîne dans la distillation, comme les huiles de buis, de gayac, de girofle qui se précipitent au fond de l'eau à cause de leur pesanteur.

Le sel est le plus pesant des principes actifs, on le tire aussi ordinairement le dernier : c'est une substance incisive & penetrante qui donne la consistence & la pesanteur au mixte. [...] On divise le sel des mixtes en trois especes, en sel fixe, en sel volatile & en sel essentiel : le fixe est celui qui se tire après la calcination ; [...] Le sel volatile est celui qui se sublime facilement quand il est échauffé, comme le sel des animaux ; & le sel essentiel est celui qui se tire du suc des plantes par la crystallisation ; ce dernier est entre le fixe & le volatile.

L'eau qu'on appelle Phlegme, est le premier des principes passifs ; elle sort dans la distillation devant les esprits, quand ils sont fixes, ou après quand ils sont volatiles. Elle ne se retire jamais pure, & il y reste toûjours quelque impression des principes actifs. [...]

La terre qu'on appelle Teste morte ou damnée, est le dernier des principes passifs ; elles ne peuvent être separée pure non plus que les autres ; car elles retient toûjours opiniâtrement quelques esprits ; [...]

2 - Obtenir un thermomètre à esprit de vin purgé d'air, mode d'emploi

Nous donnons le mode d'emploi tel que l'a rapporté le secrétaire perpétuel de l'Académie des sciences, il s'en est tenu au principe de cette manipulation et a fait abstraction d'un certain nombre de difficultés que Réaumur a rencontrées et résolues.

[163] Nicolas Lémery, *Cours de chymie,* (1675), Lyon, J. Guerrier, 1703, p. 3-6, 18-23, 131-135, pour les passages cités.

La boule d'un Thermometre étant plongée dans l'eau bouillante, & l'esprit de vin s'étant élevé jusqu'au haut du tube, il a scellé le tube avec de la cire, & ensuite l'a couché presqu'horisontalement, afin que l'air, dont la partie considérablement la plus grande étoit contenue dans la liqueur de la boule, s'échappât avec plus de facilité. Il s'est formé en effet une grosse bulle d'air au haut de la boule, M. de Réaumur a remis son Thermometre dans la situation verticale & ordinaire ; alors la bulle de la boule s'est élevée le long du tube, & en a gagné le haut qui a été déscellé pour la laisser sortir. Aussi-tôt on a remis le Thermometre dans de l'eau qu'on a fait chauffer jusqu'à bouillir, & on l'a rescellé pour recommencer la même opération, car il la faut recommencer, & plusieurs fois, toujours de la même façon, pour tirer toujours de nouvel air de la liqueur. Les bulles d'air du haut de la boule, qui diminuent de grosseur dans les opérations successives, promettent que l'air ne sera pas inépuisable. Cette diminution est sensible, tantôt dès les premieres opérations, tantôt plus tard, mais elle va toujours en augmentant, & enfin après un nombre d'opérations, qui va au plus jusqu'à 20, & est souvent moindre, la liqueur est entiérement épuisée d'air, c'est-à-dire, de celui qu'elle peut donner par la chaleur de l'eau bouillante. On a beau laisser après la derniere opération le Thermometre couché horisontalement, il ne se forme plus de bulle d'air dans la boule. Le Thermometre construit à demeure, & ne devant plus être déscellé, a été scellé à la lampe, au lieu qu'il ne l'étoit dans les opérations préparatoires qu'avec de la cire qu'on ôtoit facilement [164].

3 - Regard d'un physicien sur la pratique de Réaumur et sur les difficultés qu'il a rencontrées

Nous donnons maintenant un extrait de l'analyse que Bouasse a faite en 1926 du mémoire de Réaumur ; en 1926, les fondements de la thermodynamique classique sont parfaitement assurés et les phénomènes auxquels Réaumur est confrontés sont parfaitement étudiés [165].

Voici le texte de Réaumur : « Mais si l'on sait combien cet instrument est amusant et utile, on sait aussi combien il est encore imparfait. Les marches de tous les thermomètres sont différentes ; quoique exposés au même air, la liqueur des uns monte plus haut ou descend plus bas que celle des autres, pour marquer les mêmes augmentations ou diminutions de chaleur. Le changement de température de l'air qui sera marqué sur l'un par 4 ou 5 degrés, sera marqué par l'autre par 7 ou 8, par 2 ou 3, ou par tout autre nombre ; et on ne connaît pas les rapports qui sont entre les degrés de différents thermomètres ». Dès lors comment Réaumur peut-il trouver

---

[164] Fontenelle, « Sur le nouveau thermomètre », p. 8, 9.

[165] Henri Bouasse, « Histoire de la science », préface de *Cordes et membranes*, 1926, Paris, Albert Blanchard, 1987 ; pp. vii-xvii. Voir aussi : Robert Locqueneux, *Réflexions sur les méthodes et l'histoire de la physique*, Paris, L'Harmattan, 2009.

amusant et utile un tel instrument ? Tout simplement parce qu'il peut servir de thermoscope, quel que soit l'arbitraire de sa graduation : « Sans les thermomètres nous n'aurions jamais découvert que certains sels en se fondant dans l'eau la refroidissent, qui sont ceux qui la refroidissent le plus. Nous ne saurions pas qu'il y a de la glace plus froide que d'autre glace. Nous ignorerions que l'eau qui bout a acquis le plus grand degré de chaleur qu'elle puisse prendre, un degré au delà duquel il est impossible de l'échauffer ». Ailleurs Réaumur nous apprend que les caves de l'Observatoire de Paris, « dont la profondeur n'est pas extrême, dont la longueur n'est pas excessive, à qui on ne s'est pas embarrassé d'ôter toute communication avec l'air extérieur, renferment un air dont la température est toujours sensiblement la même. » M. de La Hire a observé que, « dans les plus grandes chaleurs de nos étés et dans le plus grand froid de 1709, la liqueur du thermomètre est restée assez constamment sur le même degré. Aussi ce degré est-il un des termes qu'on a pris soin de marquer sur les meilleurs thermomètres ». Réaumur indique 12°,8 pour cette température ramenée à l'échelle centigrade (voir plus loin).

[...] Je commente un mémoire ; de ce simple commentaire résulte automatiquement un état de la science en 1730. En particulier vous devinez l'étonnement des physiciens d'alors que l'ébullition de l'eau, son bouillonnement soient le signe de sa plus haute température. C'est vrai en un sens, c'est faux en général, ainsi que Réaumur le constatera lui-même pour l'alcool : vous comprendrez tout à l'heure la complexité du phénomène et le sens de l'expression retard à l'ébullition.

Réaumur remarque que le mouvement du ménisque liquide dépend du rapport du volume de la boule et du diamètre intérieur du tuyau. Or il est difficile de faire ce rapport toujours le même : « Il est presque impossible d'avoir deux boules de verre d'égal diamètre et de même rondeur : car ces boules ne sont jamais des boules parfaites ». Il n'est pas plus facile d'avoir des tuyaux de diamètres déterminés.

« D'ailleurs ils sont presque toujours plus gros à un bout qu'à l'autre et assez considérablement ; leur intérieur a souvent des inégalités dont on ne saurait juger par le dehors. Tout cela ensemble va plus loin qu'on ne l'imagine : j'ai quelquefois trouvé que de deux portions d'un même tuyau égales en longueur, l'une contenait plus du double de la liqueur contenue dans l'autre ». Et voici que nous trouvons exposée, peut-être pour la première fois, notre méthode moderne de calibrage.

Réaumur commence par remarquer que la grandeur absolue d'un appareil, grandeur qui peut influer sur sa commodité d'emploi, n'a pas de rapport immédiat avec sa précision : « Si les astronomes ne voulaient se servir que de jolis quarts de cercle, il faudrait qu'ils renonçassent à en avoir qui leur donnassent des mesures exactes ». Construisons donc de gros thermomètres bien comparables, ce qui est plus facile : si nous en voulons de petits, nous en serons quittes pour les graduer par comparaison avec les gros. Il choisit donc une boule de diamètre 12 cm. environ (mesures modernes) et un tube de 6,5 mm. de diamètre. Le volume de la boule est donc de 900 cm³, le volume d'un centimètre de tige est de 1: 3 de cm³, c'est-à-dire 1: 2700 du volume de la boule. Une dilatation d'un millième du liquide remplissant la boule, fera monter la colonne de 27 mm. Réaumur met de l'eau dans la boule jusqu'au bas de la tige. Il utilise une mesure formée d'une ampoule de verre terminée par deux tubes effilés (analogue aux ampoules dont on se sert aujourd'hui pour les sérums) ; il la remplit de mercure, verse ce mercure dans le tube. L'eau monte ; on marque un trait sur la tige. Et ainsi de suite : d'où le calibrage du tube en parties d'égal volume. Nous savons combien le tube contient de petites mesures. Pour raccourcir l'opération nous pouvons construire des mesures plus grosses et déterminer le rapport des volumes des petites et des grosses mesures. Il est dès lors facile de connaître le volume de la boule exprimé en grosses, par suite en petites mesures : le calibrage est terminé. Mais, dit le lecteur, il s'agit de thermomètres non de calibrage : nous ne sommes plus à la question ! Bon lecteur, nous y sommes en plein, puisqu'en l'an de grâce 1926, on ne peut construire un thermomètre précis (à mercure) sans calibrer son tube. La méthode usuelle (faire courir un index de mercure et mesurer sa longueur dans ses diverses positions dans le tube) est indiquée par Réaumur.

Personne n'ignore que la graduation du thermomètre repose sur l'existence de points fixes. Or, nous l'avons dit, en 1730 on savait que la glace naturelle n'est pas toujours à la même température. Réaumur se garde de l'employer ; il utilise la glace artificielle, Il pose en principe que si l'on entoure un vase contenant de l'eau d'un autre vase contenant un mélange réfrigérant (glace pilée avec du sel marin, du sel ammoniac, du salpêtre), dès qu'il s'est formé de la glace dans le vase intérieur, l'eau et la glace sont à une température toujours la même, que Réaumur prend pour zéro de son thermomètre.

Je ne veux certes pas insinuer que Réaumur avait sur l'équilibre des phases en présence (eau liquide, eau congelée) des idées aussi nettes que nous. « Ce qui vaut mieux que tous les raisonnements et qui est sans réplique, c'est que j'ai fait des glaces en différentes saisons de l'année, dans des jours sereins et dans des jours pluvieux, pendant que différents vents soufflaient : ces glaces ont toujours fait descendre le thermomètre au terme marqué pour la congélation artificielle ». Citation bien curieuse, qui montre quelles discussions soulevaient encore l'existence d'un point fixe de congélation et le rôle que la température de l'air [...] pouvait exercer sur la formation de la glace naturelle. Autre citation intéressante : « Mais quoique la glace soit susceptible d'une plus grande augmentation de froid, il ne s'ensuit nullement qu'il y ait de la glace d'eau pure qui, quand elle se forme, soit plus froide que d'autre glace ». Réaumur complète son idée en disant que dans son expérience l'eau ordinaire, refroidie par le mélange réfrigérant, ne doit passer à l'état de glace que « s'il ne lui reste plus qu'une certaine quantité déterminée de la matière [du feu] nécessaire à la mettre en mouvement ». Donc sa température est déterminée. Il va de soi que Réaumur ignorait le retard à la congélation ; mais il opérait en présence de la glace déjà formée, c'est-à-dire dans des conditions où le retard s'annule. [...]

Reste à trouver le second point fixe. Pour bien poser la question, rappelons ce que nous savons aujourd'hui. Le système eau-vapeur d'eau ne peut être en équilibre à une température déterminée que pour une pression déterminée. En particulier, pour qu'à notre température 100°, l'eau soit en équilibre avec sa vapeur, il faut que celle-ci exerce sur l'eau une pression de 760 mm. de mercure. Si la pression est 760 + n27 mm., pour l'équilibre la température du système est 100 + n degrés ; n peut être positif ou négatif.

Si l'eau n'est pas en présence de sa vapeur et si par un procédé quelconque (une ébullition prolongée) on la dépouille, elle et le vase qui la contient, de toute trace de gaz, on peut élever sa température très au-dessus de 100° sans qu'elle bouille ; l'évaporation est alors localisée à la surface libre (surface en contact avec l'air). Fort heureusement quand l'eau bout, quand il se produit une évaporation interne, automatiquement l'eau se trouve en présence de sa vapeur dont alors la pression est voisine de la pression atmosphérique ; si l'on n'est pas sur une montagne, elle est donc voisine de 760 mm. de mercure : la température de l'eau est voisine de 100°. Si la pression atmosphérique actuelle est 787 mm. de mercure, l'eau bout à 101° ; si elle est 733 mm. de mercure, l'eau bout à 99°.

Autre complication : pour la production d'une pression hydrostatique, 27 mm. de mercure font 37 cm. d'eau.

La température de l'eau qui bout, croît donc avec la profondeur de la couche d'eau où l'on observe. En particulier si le vase est profond de 37 cm. et si la pression atmosphérique actuelle est 787 mm. de mercure, la température de l'eau au fond du vase est 102° ; elle diminue à mesure qu'on se rapproche de la surface auprès de laquelle elle devient 101°.

En définitive la température de l'eau bouillante n'est pas toujours la même. Cependant, à Paris, les écarts à la pression atmosphérique moyenne (760 mm. de mercure) ne dépassent que rarement 27 mm. en plus ou en moins ; les vases n'ont jamais des profondeurs de l'ordre de 40 cm. D'où suit que si la température de l'eau bouillante n'est pas fixe, l'écart à 100° dépasse rarement 1° en plus ou en moins.

On comprend, donc qu'Amontons (en 1702) ait pu énoncer que « l'eau n'est plus capable de s'échauffer lorsqu'elle a commencé à bouillir ». Tant que dure l'ébullition, la température demeure invariable. Mais cela ne veut pas dire que cette température est indépendante de la pression atmosphérique et de la profondeur de la couche liquide dont on mesure la température. L'expérience montre de plus que si l'on prolonge l'ébullition pendant très longtemps, dans un vase nettoyé à l'acide sulfurique, elle devient de plus en plus difficile : la température de l'eau s'élève. En vase non clos on peut maintenir l'eau liquide à des températures supérieures à 135°. C'est ce qu'on appelle le retard à l'ébullition. Dernière complication. Quand l'eau bout modérément, on peut admettre que les conditions d'équilibre des deux phases liquide-vapeur sont à peu près réalisées. Si l'on produit une ébullition tumultueuse, ce n'est certainement plus vrai : la température s'élève un peu. On le savait en 1730. Cependant Réaumur tenait pour la fixité absolue de la température de l'eau bouillante ; il donne des raisons qui ne valent évidemment rien. Comme il avait beaucoup de bon sens, il conclut : « Après tout j'avouerai sans peine que je n'espère pas qu'on construise beaucoup de thermomètres dont les degrés soient égaux ou exactement proportionnels. Ceux que j'ai faits n'ont pas différé dans leur marche de plus d'un quart de degré... ». En d'autres termes, il se peut que la température d'ébullition de l'eau ne soit pas absolument fixe ; elle doit être considérée comme telle à la précision des thermomètres qu'il était possible de construire en 1730. Nous arrivons à la partie la plus curieuse du mémoire. Je décrirai tout à l'heure le mode de graduation adopté par Réaumur pour son thermomètre à alcool. On savait en 1730 que les mots alcool, esprit-de-vin, désignent un mélange en proportions très variables d'eau et d'une huile éthérée. Si l'on veut que plusieurs thermomètres à alcool soient comparables, force est de mesurer la dilatabilité du liquide employé. Pour préciser, Réaumur choisit un esprit-de-vin qui ne s'éloigne pas beaucoup de la définition suivante : « Son volume condensé par la congélation de l'eau est 1000, et raréfié par l'eau bouillante est 1080 ». Pour fixer les idées, voici les volumes de l'eau et l'alcool éthylique à 0° et 100°, tels qu'ils résultent des expériences plus modernes :

	0°	100°
Eau	**1000**	**1043**
Alcool	1000	1122

Mais comment déterminer en vase ouvert la dilatation qu'éprouve l'alcool étendu d'eau quand il passe de 0° à 100°, alors que ce mélange bout entre 79 et 100° ?

Voici la singulière méthode de Réaumur, méthode qui aurait dû le conduire à découvrir les retards à l'ébullition, corrélativement à douter de la fixité absolue de la température de l'eau bouillante. Il met son esprit-de-vin dans un matras à long col calibré, matras qu'il plonge dans l'eau bouillante. Naturellement l'esprit-de-vin se met à bouillir. On enlève le matras de l'eau : les bouillonnements s'apaisent immédiatement ; on marque avec un fil l'endroit où se trouve le ménisque. On replonge le matras : nouveaux bouillonnements ; on l'enlève ; après que les bouillonnements ont cessé, on constate que le ménisque est plus haut. On recommence un certain nombre de fois : on constate que le ménisque atteint une position limite qui détermine, suivant Réaumur, la plus grande dilatation que l'eau bouillante peut imposer à l'esprit-de-vin.

Les modernes pédagogues, qui ont la prétention stupide de vouloir faire découvrir les lois de la physique à nos potaches, devraient bien méditer cet exemple. Voilà un savant éminent (tout son mémoire le prouve) qui essaie d'établir que l'eau bout toujours à la même température, et qui ne s'aperçoit pas de la contradiction entre sa thèse et son expérience sur un mélange alcoolique. Si ce mélange bouillait à une température toujours la même, comment son volume change- t-il quand on multiplie les ébullitions ? Vraisemblablement à mesure que leur nombre augmente, elles deviennent plus difficiles. Bien qu'on opère sous la pression atmosphérique (tube ouvert), la température moyenne du mélange alcoolique s'approche de 100°. Il serait faux de chercher la cause du phénomène dans un appauvrissement du mélange en alcool (l'esprit-de-vin finirait par être de l'eau pure), puisque, pour un esprit-de-vin riche en alcool, Réaumur trouve que le volume à 0° étant 1000, le volume dans l'eau bouillante est 1087. Pour l'eau il trouve 1000 à 0°, 1037 à 100° (nous savons que les nombres exacts sont 1122 pour l'alcool absolu,1043 pour l'eau pure).

Une remarque s'impose : pour éviter toutes ces difficultés, il suffisait de sceller le tube. L'alcool aurait émis des vapeurs ; mais la pression n'aurait jamais atteint 169 cm. de mercure (pression maxima à 100° pour l'alcool absolu), pression qui ne risquait pas de casser le ballon nous reviendrons là-dessus.

La graduation va maintenant de soi.

Utilisons un esprit-de-vin dont le volume soit 1000 à 0°, 1080 à 100°.

Admettons que le degré de chaud (ce qu'aujourd'hui nous appelons la température) varie linéairement en fonction de la dilatation du liquide, dilatation déterminée par la position du ménisque, puisque le tube est calibré en parties d'égal volume. Si nous appelons 0 le degré qui correspond à la congélation de l'eau, 100 celui qui correspond à l'ébullition, quand le ménisque indiquera le volume 1035, par exemple, la température sera donnée par la proportion : 35 : 80 :: x :100, x = 43°,7.

J'ai dit que Réaumur choisit un esprit dont le volume croît de 1 000 à 1080 quand on passe de la glace fondante à l'eau bouillante ; mais ce choix n'a rien d'absolu, comme le montre ce qui précède. Là-dessus nos bons historiens déclarent que Réaumur marque 0 au point de congélation de l'eau, 80 à son point d'ébullition : affirmation grossièrement inexacte. Réaumur marque 1000 au point de congélation de l'eau, il détermine le volume au point d'ébullition ; enfin il admet une relation linéaire entre la température et la variation du volume.

Par exemple il dit avoir « trouvé que le degré de chaleur des caves de l'Observatoire est 10,25 au-dessus du terme de la congélation dans un thermomètre dont le volume de la liqueur condensée par la congélation artificielle était 1 000, et dont le volume de cette liqueur dilatée par l'eau bouillante était 1080 ; ou, ce qui revient au même, le volume de la liqueur est 1010,25 dans les caves de l'Observatoire ».

La proportion ci-dessus écrite donne dans l'échelle centigrade :

$$10{,}25 : 80 :: x : 100, \qquad x = 12°{,}8.$$

En fait la température actuelle observée est 11°,8.

Que valent cette graduation et l'hypothèse qui est à sa base ?

Réaumur nous apprend lui-même que son échelle de température est arbitraire et n'a rien d'absolu : deux thermomètres remplis d'esprits-de-vin inégalement riches en alcool ne peuvent être comparables, alors même que les degrés sont déterminés, comme il est dit, au moyen des dilatations totales entre ce que nous appelons 0 et 100° ; bien entendu on suppose les thermomètres exactement calibrés.

Réaumur remarque en effet que le rapport des dilatations d'un esprit-de-vin riche en alcool et de l'eau pure est très grand au voisinage de la congélation ; il diminue à mesure qu'on chauffe. Pour un certain intervalle de température voisin de la congélation, il trouve par exemple que ce rapport est 10, tandis que le rapport des dilatations totales est 2.

Dès lors il est bien certain que lier par une loi linéaire la température à la variation de volume d'un certain esprit-de-vin, donne une échelle qui varie avec la richesse de cet esprit en alcool.

Quand la température croît entre ce que nous appelons 0 et 100°, le thermomètre à esprit-de-vin pauvre est en retard sur le thermomètre à esprit-de-vin riche.

Puisqu'ils sont d'accord pour 0 et 100 en vertu du procédé d'étalonnage, au même intervalle de température correspond une dilatation relative moindre pour le thermomètre pauvre au voisinage de la congélation, une dilatation relative plus grande au voisinage de l'ébullition.

Par exemple, supposons les deux dilatations totales telles que les volumes des esprits soient 1000 à 0° et deviennent respectivement 1087 et 1062 dans l'eau bouillante. Si la loi linéaire choisie pour une richesse alcoolique s'appliquait dans tous les cas, pour la température qui rend le volume du premier égal à 1035, le volume du second devrait être 1025. Or Réaumur le trouve seulement de 1018 ou à peu près.

Conclusion : pour que les thermomètres à esprit-de-vin soient comparables, un choix est nécessaire. Réaumur prend comme facile à obtenir l'esprit dont le volume passe de 1000 à 1080 quand la température croît de la congélation de l'eau à son ébullition. Ainsi dès 1730 l'arbitraire des échelles basées sur la dilatation des liquides se trouvait mis en évidence, et dans des conditions caricaturales. […]

La conclusion s'impose : les thermomètres à esprit-de-vin peuvent être rendus comparables, mais le choix de l'esprit-de-vin est malheureux. Certes sa dilatabilité est grande, mais il compense cet avantage par une foule d'inconvénients. La preuve en est que pendant cent ans les perfectionnements du thermomètre à alcool ont été nuls : le premier qui a posé le problème sur un terrain solide, a principalement démontré son inextricable difficulté. Pour avoir des thermomètres comparables, il suffisait de remplacer l'esprit-de-vin qui est un mélange, par un liquide ne contenant pas le corps anormal qu'est l'eau. Pour éviter toutes les difficultés que nous avons signalées, il était préférable que le liquide choisi eût une température d'ébullition supérieure, à celle de l'eau. Le mercure avait été proposé depuis longtemps, mais écarté parce que son volume, supposé 1000 à 0°, n'est que 1018 à 100° : sa dilatation est 5 fois moindre que celle d'un esprit-de-vin riche en alcool.

4 - Eloge de M. de Réaumur, par Jean-Paul Grandjean de Fouchy, Secrétaire perpétuel de la dite Académie. (extraits)

René-Antoine Ferchault, Ecuyer, Seigneur de Réaumur, des Angles & de la Bermondière, Commandeur & Intendant de l'Ordre Royal & Militaire de Saint-Louis, de l'Académie royale des Belles-Lettres de la Rochelle, Membre des Académies des Sciences d'Angleterre, de Prusse, de Russie, de Suède, de celle de l'Institut de Bologne, naquit à la Rochelle en 1683, de René Ferchault, Seigneur de Réaumur, Conseiller au Présidial de cette ville, & de Geneviève Bouchel. Il fit ses premières études à la Rochelle, & sa philosophie chez les Jésuites de Poitiers, de-là il alla en 1699 faire son droit à Bourges, où un de ses oncles, Chanoine de la Sainte Chapelle de cette ville, l'avoit appelé. Ce voyage fut accompagné d'une circonstance singulière. M. de Réaumur avoit alors à peine dix-sept ans, on osa confier à sa conduite un frère cadet qu'il avoit, la confiance qu'on avoit eue en lui, ne fut point trompée, il possédoit déjà la prudence d'un homme fait, & le Mentor de dix-sept ans s'acquitta parfaitement de son devoir. Les études que M. de Réaumur avoit faites jusqu'alors, l'avoient mis en état de s'appliquer aux Sciences pour lesquelles il se sentiroit de l'inclination, les Mathématiques & la Physique eurent bien-tôt fixé son choix, & il se hâta de se rendre à Paris pour cultiver les heureuses dispositions qu'il avoit reçûes de la Nature.

Quelqu'immense variété de caractères qu'on puisse rencontrer dans les habitans de cette Capitale, il n'étoit pas sûr qu'il pût aisément y trouver quelqu'un de son âge aussi avide que lui de connoissances, aussi livré à l'étude & au travail, d'un esprit aussi net, & d'un cœur aussi droit que le sien, en un mot, qui dans le feu de la première jeunesse eût toute la solidité d'esprit, & toute la conduite d'un homme fait ; il fut cependant assez heureux pour rencontrer ce trésor, & nous ne craignons point que le Public nous desavoue quand nous ajoûterons que ce fut en la personne de M. le

Président Hénault son parent, qui devint bien-tôt son ami, & n'a jamais cessé de l'être.

M. de Réaumur ne tarda pas à se faire connoître pour ce qu'il étoit. Venu à Paris en 1703, dès 1708 il fut jugé digne d'être Membre de cette Compagnie, où il obtint le 14 Mars, âgé seulement de vingt-quatre ans, la place d'Elève de M. Varignon, vacante par la promotion de feu M. Saurin, à celle d'Associé. Dés la même année, il donna une manière générale de trouver une infinité de courbes décrites par le mouvement de l'extrémité d'une ligne droite, qui parcourant par l'autre bout une courbe donnée, est assujétie à passer toûjours par un même point. [...] L'année suivante fut marquée par un autre Ouvrage géométrique sur les développées [...] Cet Ouvrage fut le dernier Mémoire de Mathématiques que donna M. de Réaumur ; il étoit dès-lors chargé de la description des Arts, & en même-temps le goût qu'il avoit pour l'Histoire Naturelle, commença à l'entraîner vers d'autres recherches qui ne lui permirent plus que quelques applications toûjours utiles & ingénieuses de la Géométrie à ces différents objets. Dès la même année, il lût ses Observations sur la formation des coquilles, [...]

On sera peut-être surpris que dans la même année, qui pourroit paroître bien remplie par ce que nous venons de rapporter, il ait pû donner un travail tout différent, quoique du même genre, l'histoire de la soie des araignées. [...] On doit à ses recherches la connoissance [de l'adhérence à différents corps solides et du mode de déplacement], *des filières, des moules & des pinnes marines, [...]* [Citons ses recherches sur la fabrication de la pourpre des Anciens en teinture, sur la résistance des cordages, sur la reproduction de la patte qu'ont perdue les écrevisses, les crabes et les homards, sur l'art de faire des perles fausses. *Cette recherche [...] fut suivie d'un examen de la nature des véritables perles que M. de Réaumur regarde comme une maladie de l'animal : c'étoit bien les dégrader de l'origine céleste qu'on leur accordoit autrefois.*

[...] il fit paroître en 1722, [un ouvrage] sous le titre de l'art de convertir le fer en acier, & d'adoucir le fer fondu. [...]

Feu M. le Régent, bon juge en pareille matière, crut devoir récompenser ce service rendu à l'Etat par une pension de douze mille livres. M. de Réaumur pouvoit l'accepter sans conditions, & bien d'autres l'eussent fait en sa place ; mais il osa porter ses vûes plus loin, & demander à M. le duc d'Orléans qu'elle fût mise sous le nom de l'Académie, pour en jouir après sa mort & pour subvenir aux frais des expériences nécessaires à la perfection des Arts : idée bien, digne d'un Académicien vraiment citoyen. Le prince Régent sentit toute la noblesse de ce procédé, & lui accorda sa demande. Les Lettres patentes qui assurent ces fonds à l'Académie, & qui lui en prescrivent l'usage, furent expédiées le 22 décembre 1722, & enregistrées en la Chambre des Comptes. [...]

Un troisième art que l'Etat doit encore tout entier à ses recherches, est celui de faire de la porcelaine. [...]

Voici encore un travail suivi d'un autre genre, & peut-être plus intéressant pour la Physique, que ceux dont nous venons de parler. Les Thermomètres ordinaires ou de Florence, marquoient bien l'augmentation du chaud & du froid, mais chacun les marquoit, pour ainsi dire, à sa manière, & par conséquent la chaleur & le froid indiqués par l'un, ne pouvoient être comparés à ceux qui étoient marqués par un autre, & le Thermomètre n'apprenoit rien autre chose, sinon que dans l'endroit où il étoit, il faisoit plus ou moins chaud, sans que ce plus ou moins de chaleur ou de froid pût être comparé à celui de tout autre endroit, Feu M. Amontons avoit déjà travaillé en 1703 sur cette matière, mais quelqu'ingénieuses que fussent ses vûes, elles n'avoient pû encore lever toute incertitude sur ce point.

M. de Réaumur entreprit de remédier à ces inconvéniens, & il en démêla les sources ; ils venoient de l'inégalité du terme d'où l'on faisoit partir la division, de celle du calibre du tuyau, & enfin de la différente dilatabilité de l'esprit-de-vin qu'on employoit. Pour obvier à toutes ces erreurs, il prit pour terme ou zéro de sa division, le point où s'élève la liqueur lorsque la boule est plongée dans l'eau qui commence à se glacer, il donna les moyens de régler les divisions proportionnellement à l'augmentation de la liqueur, & non par les parties aliquotes de la longueur du tuyau, & enfin il enseigna à réduire l'esprit-de-vin à un degré constant de dilatabilité ; ces circonstances réunies donnèrent à ses Thermomètres une si grande uniformité de marche, qu'ils ont fait abandonner presque toutes les constructions ordinaires, & qu'ils ont été adoptés presqu'universellement par les Physiciens. On ne se sert plus guère que de ceux de M. de Réaumur, car son nom y est demeuré attaché, & forme à sa gloire un monument plus durable qu'une colonne ou qu'un obélisque. Cette construction de Thermomètre a donné lieu de comparer la température des climats les plus éloignés, de conserver toûjours, & dans toutes les expériences, des degrés égaux de chaud & de froid, de prescrire aux serres qui contiennent des plantes étrangères, le degré de chaleur qui leur convient ; en un mot elle fait une époque mémorable dans la Physique

Le dernier art que nous devons à ses soins est celui de conserver les œufs, de faire éclorre, & d'élever les oiseaux sans le secours de l'incubation.

On connoissoit depuis longtemps l'industrieuse manière par laquelle les Egyptiens substituoient à l'incubation l'action d'un feu sagement ménagé ; mais le détail en étoit inconnu, les Berméens seuls possesseurs de l'art de conduire les fours à poulets, en faisoient un mystère impénétrable, mais eût-on pû réussir à leur dérober leur secret, il étoit plus que vraisemblable que la différence de climat l'auroit rendu inutile parmi nous ; toutes ces difficultés n'arrêtèrent point M. de Reaumur, il démêla le secret des Bernéens, il inventa une infinité de manières d'employer avec succès le feu, souvent même celui qui servoit à d'autres usages, il y substitua la chaleur du fumier, inventa de longues cages, où les petits nouvellement éclos sont mis comme en dépôt, les boîtes fourrées qui leur servent de mères pour les couver lorsqu'ils en ont besoin, il proposa des nourritures de leur goût, & qui se peuvent trouver par-tout en abondance ; en un mot, on peut dire que l'art qu'il a substitué à celui des Egyptiens, est autant au-dessus du leur, que les connoissances de M. de Reaumur étoient au-dessus de celles des Berméens.

[...]

Pendant que M. de Réaumur étoit occupé de tous ces objets, il en suivoit encore un autre d'une plus grande étendue, & capable seul d'occuper un Physicien ; il travailloit à l'histoire des Insectes, dont il donna le premier volume en 1734, [...]

Les observations de M. de Réaumur sur les oiseaux lui firent faire des remarques sur l'art avec lequel les différentes espèces de ces animaux savent construire leurs nids, il en fit part à l'Académie en 1756, & ç'a été le dernier Ouvrage qu'il nous ait communiqué. Ce n'étoit pas cependant qu'il discontinuât ses travaux, son âge n'avoit nullement affoibli son ardeur, & nous espérions le posséder encore plusieurs années ; la bonne santé dont il jouissoit, peut-être plus encore, la sagesse avec laquelle il avoit toûjours vécu, sembloient nous en donner le droit, il avoit seulement déféré aux prières de ses amis, en renonçant au voyage qu'il avoit coûtume de faire tous les ans en Poitou, & s'étoit contenté d'aller passer ses vacances à la Bermondière, terre située dans le Maine, & qui lui avoit été légué par un de ses amis. Ce fut-là qu'il fit une chûte, peu dangereuse en apparence, mais qui lui occasionna un contre-coup dans la tête, duquel il mourut le 17 Octobre dernier, âgé d'environ soixante-quinze ans.

Des arrangemens de famille l'avoient obligé en 1735 de prendre la Charge d'Intendant de l'Ordre de Saint-Louis, dont il a rempli les fonctions jusqu'à sa mort avec la plus grande exactitude, sans vouloir jamais accepter aucun des émolumens de cette place qu'il a toûjours remis en entier à la personne à qui elle appartenoit, & pour laquelle il s'étoit prêté à la conserver, c'étoit remplir à la fois, & dans toute leur étendue, les devoirs de bon parent & de bon citoyen.

Les ouvrages de M. de Réaumur, que nous avons indiqués, font assez connoître l'étendue & la force de son esprit ; mais il faudroit une autre plume pour peindre son cœur. Ami vrai, toûjours prêt à saisir l'occasion de donner des marques de son attachement, il ne négligeoit rien de ce qui pouvoit le témoigner ; son crédit, ses connoissances qui lui avoient tant coûté à acquérir, n'étoient chez lui que comme en dépôt pour le besoin de ses amis ; il étoit si exact à venir s'informer de leur état, lorsqu'ils étoient malades, que quelques-uns, qui ne le voyoient pas assez à leur gré, disoient qu'ils souhaitoient avoir la fièvre pour jouir plus souvent de sa présence. Les revers de fortune, arrivés à ses amis, ne faisoient que resserrer les nœuds qui l'attachoient à eux ; avec de tels sentimens il étoit bien digne d'en avoir de la plus haute distinction ; ce sera presque en faire la liste que de dire qu'elle comprenoit tout ce qu'il y avoit de distingué en Europe, soit par la naissance, soit par les talens ; les plus grands hommes se faisoient honneur de son amitié : s'il a eu quelques ennemis (car quel grand homme a pû en être exempt ?) il n'a jamais commis les premières hostilités, & ne leur a guère opposé que l'éclat de sa gloire & le phlegme de la Philosophie. La douceur de son caractère le rendoit très-aimable dans la société ; il ne faisoit jamais sentir la supériorité de son génie, & on sortoit instruit d'avec lui, sans qu'il eût pensé à instruire, & presque sans qu'on s'en fût aperçû. Ses mœurs n'étoient pas moins pures que ses lumières, & fidèle aux devoirs qu'impose la Religion, il s'en est toûjours acquitté de la manière la plus exacte & la moins équivoque. On a pû voir par ce que nous avons dit de lui, jusqu'à quel point il étoit citoyen ; mais nous ne devons pas oublier de faire voir combien il étoit Académicien, si cependant ces deux qualités peuvent être séparées, & ne sont pas plus essentiellement liées qu'on ne le pense communément. Son attachement pour l'Académie étoit sans borne ; aucun Académicien ne prit jamais plus de part à tout ce qui regardoit & les travaux & le bien de cette Compagnie ; il a voulu même être Académicien jusqu'après sa mort, par le don qu'il lui avoit fait par son testament, de ses papiers & de son cabinet. L'Académie travaille actuellement à mettre en ordre cent trente-huit porte-feuilles qui ont été trouvés chez lui, remplis d'ouvrages complets ou commencés, d'observations & d'une infinité d'autres pièces. On y a trouvé la plus grande partie de l'histoire des Arts presqu'en état d'être publiée, & quantité de Mémoires sur le reste. L'Académie ose assurer le Public qu'elle ne négligera rien pour le mettre en état de recueillir cette partie de la succession de M. de Réaumur.

Sa place de Méchanicien-pensionnaire a été remplie par M. l'abbé Nollet, Associé dans cette même classe.

Commentaires sur l'Eloge de M. de Réaumur,

(1) Reprenons ce que le secrétaire perpétuel de l'Académie a retenu de l'échelle thermométrique de Réaumur, c'est ce qu'en ont retenu la plupart des physiciens du temps : *il prit pour terme ou zéro de sa division, le point où s'élève la liqueur lorsque la boule est plongée dans l'eau qui commence à se glacer,* ainsi l'échelle n'a-t-elle qu'un point fixe, et le zéro est celui de la glace fondante naturellement et non artificiellement.

(2) Il nous faut voir ce que recouvre ce propos du secrétaire perpétuel de l'Académie des sciences : *s'il a eu quelques ennemis (car quel grand homme a pû en être exempt ?) il n'a jamais commis les premières hostilités, & ne leur a guère opposé que l'éclat de sa gloire & le phlegme de la Philosophie.* Disons que, parmi les ennemis de Réaumur, s'il en eut plusieurs, le plus marquant fut Buffon ; sa haine, car c'est de haine qu'il s'agit, cette haine s'étendit aux élèves et amis de Réaumur.

Outre que l'histoire naturelle de Réaumur porte de l'ombre aux ambitions de Buffon en la matière, tout oppose Réaumur et Buffon de 24 ans son cadet, ils ont des points de vue sur les sciences de la nature qui ne peuvent s'accorder. On peut dire que Réaumur pense sincèrement que la nature chante la gloire de Dieu et que Buffon peut être soupçonné de matérialisme.

Réaumur appartient à un courant de pensée qui confond sciences de la nature et théologie naturelle. Il nous faut, pour évoquer ce courant de pensée, remonter à l'aube du XVIIIe siècle, en Angleterre, en Hollande, en Allemagne, de nombreux traités de physique et d'histoire naturelle sont présentés comme des théologies naturelles ; ils sont l'œuvre de savants qui cherchent à prouver l'existence de Dieu par les merveilles de la nature : John Ray (1628-1705), Nehemiah Grew (1641-1712), William Derham (1657-1735), etc. Des ouvrages publiés dans le monde protestant furent traduits en français : *L'existence de Dieu démontrée par les merveilles de la nature* (1715) de Nieuwentydt, la *Théologie physique ou démonstration de l'existence et des attributs de Dieu* (1727) de W. Derham, la *Théologie de l'eau* (1734) de Fabricius, la *Théologie des insectes* (1740) de Lesser.

L'étude des insectes semble la plus propre à contribuer à la gloire de Dieu ; elle mobilise à l'époque l'attention des naturalistes : leur variété, la complexité de leur organisation paraissent les arguments les plus appropriés pour renverser toutes les écoles de théologie. Aussi les microscopistes contribueront à faire de l'insecte le cœur d'une mystique physico-théologique. En France, l'abbé Pluche fut le principal représentant de ce courant de pensée. L'abbé considère que l'homme est *l'objet des tendres complaisances du Créateur* et que la nature entière est un don de Dieu ; il est convaincu que le langage des Cieux, de la terre et de l'univers entier nous fait entendre *une prédication publique qui annonce partout la gloire de Dieu.* Aussi la vue de la nature est-elle pour lui *une théologie populaire* ; elle mène à la connaissance de Dieu en nous révélant son unité, sa puissance, sa sagesse, son indépendance, sa bonté et sa providence. *L'unité du principe qui a fait toutes choses se déclare aux yeux des hommes par l'union qu'ils voient entre les parties de la Nature. Ils en sont encore convaincus par l'unité de la fin à laquelle toute la nature se rapporte. Ils ne le sont pas moins par l'uniformité des moyens qui la conservent* [166]. Pour Pluche, tout dans la nature est l'effet d'un choix aussi libre que judicieux mais, parce que Dieu n'est pas versatile, il ne peut y avoir de contradiction entre la régularité des lois de la création et la liberté du créateur.

Entre 1734 et 1739, Réaumur a fait paraître les 7 volumes de ses *Mémoires pour servir à l'histoire des insectes.* Ces Mémoires s'inscrivent dans cette veine des théologies physiques nées dans l'Europe protestante du nord. Dans les premières pages de *cette Histoire des insectes*, Réaumur dit que *plusieurs auteurs qui nous ont fait considérer les différents Estres de l'univers, par des endroits par où on ne peut s'empêcher de les reconnoître*

---

[166] Pluche, *Spectacle de la nature*, tome 3, p. 470.

pour des productions de la puissance & de la sagesse infinie, paroissent souhaiter que les observations sur les insectes se multiplient, parce que les démonstrations de l'existence de Dieu se multiplient en même temps [167]. Et, dans la préface, de cette œuvre, on peut lire : *Quel spectacle n'offre pas aux Physiciens le vaste tableau du monde ! Les objets les plus communs, ces êtres vils et abjects pour le vulgaire, qu'il regarde avec mépris parce qu'il ne voit pas la chaîne qui les lie au bien général, qu'il ose appeler des erreurs de la nature, & dont il lui reproche souvent l'existence, présentent à l'œil du Naturaliste des signes éclatans de la puissance infinie du Créateur, & lui fournissent des sujets d'observations sans nombre, dont il s'empresse de grossir le trésor de ses connaissances* [168]. Mais, Réaumur n'est pas, comme l'abbé Pluche, un farouche propagandiste de la providence divine : *[...] nous devons être extremement retenus sur l'explication des fins que s'est proposées celui dont les secrets sont impénétrables ; que nous louons souvent mal sa sagesse qui est si fort au-dessus de nos éloges. Décrivons le plus exactement qu'il est possible ses productions, c'est la manière de la louer qui nous convient le mieux* [169].

Le disciple préféré de Réaumur, l'abbé Nollet ne contredirait certes pas les certitudes que Pluche a acquises par l'étude de la nature. Nous pouvons relever quelques unes des idées avancées par Pluche dans la préface des *Leçons de Physique expérimentale* : pour Nollet aussi, *l'avantage le plus précieux, et que toute âme bien née ne manque pas de ressentir en étudiant la Nature, c'est la nécessité où l'on est de reconnaître partout l'Être suprême qui a formé ce vaste univers, et qui préside sans cesse à ses propres œuvres. Plus on avance dans cette étude, plus on est convaincu que ce qui en fait l'objet, n'est point une production du hasard ; tout y annonce une puissance infinie qui étonne, une sagesse profonde qu'on ne peut assez admirer, des intentions et une bonté qui méritent toute notre reconnaissance* [170].

Le prospectus, qui sert de préface à l'histoire des insectes, met en évidence l'utilité des recherches de Réaumur en entomologie et en une science que, depuis Geoffroy Saint-Hilaire, l'on nomme éthologie : *Ce qui doit rendre l'ouvrage sur les insectes plus précieux encore, c'est que l'auteur s'est appliqué sur-tout à faire connoître ces familles malfaisantes qui ruinent l'espérance des plus belles récoltes, à nous faire découvrir les autres espèces qui peuvent détruire ce redoutable fléau, à rechercher celles*

---

167 Réaumur, *Mémoire pour servir à l'histoire des insectes* ; 7 volumes, Paris, P. Fr. Didot le jeune, 1734-1742 ; tome 1, chapitre 1, p. 4.
168 *ib.*, tome 1, préface, p. 1.
169 *ib.*, tome 1, p. 25.
170 Nollet, *Leçons de Physique expérimentale*, préface.

dont les opérations enrichissent l'état, à étudier leur origine, leur nourriture afin de les multiplier [171].

Une voix discordante dans ce concert, celle de Buffon, Buffon critiquera vertement tous ces providentialistes et faiseurs de théologie des insectes : *Y a-t-il [...] rien de plus gratuit que cette admiration pour les mouches, et que ces vues morales qu'on voudrait leur prêter [...] ? car enfin une mouche ne doit pas tenir dans la tête d'un naturaliste plus de place qu'elle n'en tient dans la nature [...]. Ce n'est point la curiosité que je blâme ici, ce sont les raisonnements et les exclamations [...] c'est la morale, c'est la théologie des insectes que je ne puis entendre prêcher [...] ? La nature n'est-elle pas assez étonnante par elle-même, sans chercher encore à nous surprendre en nous étourdissant de merveilles qui n'y sont pas et que nous y mettons ? Le Créateur n'est-il pas assez grand par ses ouvrages, et croyons-nous le faire plus grand par notre imbécillité ? Ce serait, s'il pouvait l'être, la façon de le rabaisser. Lequel en effet a de l'Être suprême la plus grande idée, celui qui le voit créer l'Univers, ordonner les existences, fonder la nature sur des lois invariables et perpétuelles, ou celui qui le cherche et veut le trouver attentif à conduire une république de mouches, et fort occupé de la manière dont se doit plier l'aile d'un scarabée ?* [172].

Mais nos deux auteurs ne s'opposent pas que sur les présupposés philosophico-théologiques de leurs œuvres. L'œuvre de Buffon présente un panorama du monde vivant, si le talent de l'écrivain a susciter un réel engouement d'un large public, il rencontra la réticence des savants, Réaumur n'est pas convaincu qu'il ait pris le temps d'observer les plantes et les animaux qu'il a décrit. En outre Buffon aborde toujours le monde vivant d'un point de vue anthropocentrique : ainsi commence-t-il son étude des animaux par les animaux domestiques et juge-t-il de leur intérêt qu'en fonction de l'homme. C'est qu'autour de 1750, la polémique entre Buffon et Réaumur est âpre ; Buffon décore Réaumur d'expressions indignes de charlatans et de bavard. L'*Histoire naturelle* de Buffon est l'objet de violente attaque d'un ouvrage anonyme les *Lettres à un amériquain* un ouvrage en cinq volumes dont le premier paraît en 1751, Buffon attribue ces lettres à Réaumur, il se trompe, mais de peu, celles-ci sont d'un oratorien, l'abbé Lelarge de Lignac, qui est depuis 1749 et peut-être avant, un ami intime de Réaumur, lequel passe tous les ans ses vacances chez son ami en Poitou du début septembre à la Toussaint [173].

Jacques Roger pense que l'idée de ces lettres leur est venue pendant ces vacances de 1749 alors qu'ils observaient ensemble le polype de Tremblay, reprise d'observations faites par Buffon et Needham ; des observations

---

[171] Réaumur, *Mémoire pour servir à l'histoire des insectes, op. cit.,* tome 1, préface, p. 3.

[172] Cité par Jacques Roger, *Les sciences de la vie dans la pensée française du XVIIIe siècle,* Albin Michel, nouvelle édition 1993, p. 560-561.

[173] Jacques Roger, *Les sciences de la vie, op. cit.,* p. 691.

destinées dans l'esprit de Buffon à réfuter l'ovisme et animalculisme. Aux termes d'observations microscopiques mal conduites, Needham et Buffon ont hâtivement affirmé la génération spontanée ; une théorie séduisante pour les matérialistes mais qui l'est beaucoup moins pour les croyants et les déistes : Diderot au temps où il était déiste fondait sa principale objection à l'athéisme sur la critique de la génération spontanée ; converti à l'athéisme, il s'évertue à démontrer que la vie peut sortir de la matière morte, une conviction que renforce son adhésion à la théorie de la génération spontanée. Dans la seconde lettre à un Américain, l'abbé de Lignac, à moins que ce ne soit Réaumur, démontre que les expériences de Buffon et Needham ne permettent pas de conclure ni en l'existence de la génération spontanée, ni contre elle ; ces conseils sont, de l'avis de Torlais, un modèle en science ; mais Buffon était trop imbu de sa personne pour entendre ces sages conseils, ils l'eussent mis sur une voie qu'empruntera Pasteur un siècle plus tard.

Ainsi, tout oppose Réaumur et Buffon, le premier est spiritualiste, le second peut être soupçonné de matérialisme ; Réaumur éprouve une joie profonde à observer scrupuleusement la vie des insectes, à opérer des dissections délicates ; quant à Buffon, il n'est pas assurée qu'il ait réellement observé les animaux et les plantes qu'il décrit. En outre, il porte sur les animaux un regard anthropocentrique qui, s'il séduit des éditeurs qui y trouveront matière aux nombreuses publications des *Buffon de la jeunesse*, n'est guère susceptible de plaire aux savants austères : le cheval est « la plus noble conquête que l'homme ait jamais faite », le chien est le seul en lequel l'homme a trouvé l'amitié, « le chat est un domestique infidèle, qu'on ne garde que par nécessité, pour l'opposer à un autre ennemi domestique encore plus incommode [...] » la girafe n'est-elle pas *le plus inutile des animaux*, le lion est le roi des animaux, le tigre est *le modèle de la cruauté*, etc. Ces citations sont extraites d'un Buffon de la jeunesse rédigée par Pierre Blanchard et dont la troisième édition est parue en l'an XII (1804) ; pour faire bonne mesure, notons que tous les lieux communs qui se disent des animaux sont nés sous la plume de Buffon. Parce qu'il ne croit pas aux classifications des êtres vivants, Buffon commence son histoire des animaux par les animaux domestiques et l'achève par ceux qui sont les plus étrangers à l'homme. A l'opposé de Buffon, l'un des principaux objets de *l'Histoire des insectes* de Réaumur *devoit être de donner des caractères de classes & de genres, tirés de la forme des insectes, & assez simples pour qu'on pût sur-le-champ décider à quel genre appartient celui qu'on voit pour la première fois [...]* [174].

(3) Evoquons maintenant ce qu'est devenu le legs de Réaumur à l'Académie des sciences. A la mort de Réaumur, contrairement au legs qu'il a fait de ses collections à l'Académie des sciences, celles-ci sont incorporées au Cabinet de roi, lequel dépend du Jardin du roi que dirige Buffon ; il faut

---

[174] Réaumur, *Mémoire pour servir à l'histoire des insectes*, *op. cit.*, tome 1, préface, p. 3.

croire que celui-ci a changé d'avis sur l'intérêt du Cabinet de Réaumur dont, auparavant, il se moquait et appelait une inutilité. Ce dernier, qui supervise ce transfert, interdit l'accès de ces collections aux élèves et aux amis de Réaumur. Ainsi en interdit-il l'accès à Brisson qui était alors le conservateur du cabinet de curiosité de Réaumur le condamnant à abandonner ses recherches en histoire naturelle. Brisson est alors un ornithologue qui a acquis une renommée certaine, il a fait paraître un ouvrage en latin sur les oiseaux en 1760, avant que ne paraisse *l'Histoire naturelle des oyseaux* de Buffon. Aussi Brisson fut-il obligé de se reconvertir ; avec l'appui de Nollet, Brisson obtient la chaire de physique du Collège de Navarre. Devenu physicien, Brisson traduit *l'Histoire de la physique* de Priestley qui paraît en 1771 et en 1789, il publie un *Traité élémentaire ou principe de physique.*

Appendices

Questions vives dans l'air de ce temps là

Après les travaux de Copernic, de Kepler et de Galilée, le monde savant est dans l'expectative. Quelques unes des *Questions inouyes* du Père Mersenne en rendent compte.

Question XI

Peut-on sçavoir si la terre se meut tous les jours autour de son axe, et chaque année autour du Soleil, et s'il y a des habitans dans les Astres.

Puisque l'on ne peut former aucune conclusion demonstrative sans un milieu qui serve d'un lien necessaire à l'attribut et au subject, et que ce milieu nous manque en ce subject, il n'est pas possible de sçavoir si la terre se meut, ou si elle est immobile, tandis que le Soleil, et les Estoiles se meuvent, d'autant que l'on peut expliquer tous les phenomenes qui ont paru jusques à present par le mouvement de la terre, comme par celuy des Astres. Neantmoins l'on peut dire qu'elle se meut autour de son axe, si Dieu a suivy le chemin le plus court de tous les possibles dans l'ordre et dans les mouvemens de toutes les parties de l'Univers. Mais nous ne sçaurions l'apercevoir par les sens ; ce qui arriveroit aussi à ceux qui seroient dans la Lune, ou dans le Soleil, s'il s'y rencontroit des habitans, qui ne pourroient sentir le mouvement de leurs astres.

Or si l'on avoit des lunettes de longue veuë, ou d'approche, qui grossissent assez fort toutes sortes de corps pour estre veus de toutes sortes de distances, nous pourrions experimenter s'il y a des animaux, ou d'autres corps vivans dans les Astres. Ce qui arrivera peut-estre, si l'on practique sur le verre tout ce qu'enseigne la science de la Dioptrique ou des refractions, et si la matiere respond à l'art. (p. 37)

Question XVII

Est-il necessaire de mettre quatre Elemens au monde, à sçavoir la terre, l'eau, l'air, et le feu.

Il n'est pas à propos de resoudre ceste question dogmatiquement, puisque nous ne sçavons pas tellement les pieces et les parties qui sont necessaires à la composition de ce monde que nous puissions determiner ce qui est necessaire, ou ce qui n'est pas necessaire pour son establissement et pour sa conservation, n'y ayant que celuy qui l'a fait, ou que ceux à qui il l'a revelé, qui le puissent cognoistre. C'est pourquoy il suffit de remarquer ce qui nous paroist, à sçavoir qu'il n'y a que deux Elemens visibles, dont l'un est dur, ferme et opaque, comme l'on experimente à la terre : et l'autre est mol, fluide et diafane, comme nous voyons dans l'air, ou dans l'eau, qui ne sont peut-estre pas de differentes especes, car il semble que l'air se convertit en eau par la froideur, et les autres qualitez de la terre, dont il s'approche, et à laquelle il se joinct, comme la forme à la matiere ; de sorte que l'on peut dire que l'eau est un air visible, et grossier. C'est peut-estre pourquoy l'Escriture saincte ne parle que de la terre, et de l'eau à la creation du monde : si ce n'est que l'on entende l'air par esprit qui estoit porté sur les eaux : quoy qu'il en soit, l'air est assez different de l'eau pour en faire un troisiesme Element. Quant au feu, nous n'avons nulle raison ou experience qui nous contraigne de l'establir pour l'un des Elemens ; et s'il y a du feu dans la region superieure, qui s'estend depuis le haut de nostre atmosphere jusques aux Astres, il n'est pas different des rayons du Soleil, qui bruslent aussi fort au lieu où ils se trouvent assez ramassez naturellement, comme ils sont dans nos miroirs concaves. Or le lieu où ils bruslent aussi fort sans miroir, comme avec un miroir concave d'un pied en diametre, est distant du Soleil de sept demidiametres terrestres, ou environ.

Où il faut encore remarquer que l'on ne sçait pas si tout l'espace, qui est depuis le sommet de nostre atmosphere jusques à la Lune, est vuide, ou s'il est remply d'un air, ou d'un ether tres-subtil. Semblablement on ne sçait pas si chaque Astre est environné d'eau, et d'air, comme nostre terre, qui nous paroistroit comme la Lune, si nous la quittions, et si nous la voyons eloignée de nous de 60 demidiametres terrestres. Je laisse plusieurs autres choses, dont je n'espere pas que nous puissions jamais avoir aucune certitude, jusques à ce que Dieu nous les revele : par exemple, si la terre, ou le Soleil est au milieu du monde, si le monde a un centre : s'il s'estend à l'infiny, comme croient quelques-uns, afin qu'un infiny passif responde à l'infini actif, et que l'espace reel, que l'on imagine infiny, soit remply, et mille autres choses, que plusieurs croyent estre tres-certaines, encore qu'elles soient tres-douteuses, et, peut-estre tres-fausses. Mais j'en parle encore dans la question qui suit, et qui donne de la lumiere à celle-cy. (p. 51)

Question XVIII

Peut-on sçavoir quelque chose de certain dans la Physique, ou dans les Mathematiques.

Il est plus certain que nous ne sçavons pas la plus grande partie des choses de la nature, qu'il n'est certain que nous cognoissons une seule veritable raison de tout ce qu'elle contient, et de ce qu'elle produit : car puisque nous ne sçavons pas la vraye raison des effects que nous voyons tres-clairement, et que nous assujetissons à nos usages, comment pouvons-nous cognoistre la raison de ceux qui sont plus eloignez de nous ? Il n'y a rien plus clair et plus evident que la lumiere luit, et que les pierres descendent vers le centre de la terre, et neantmoins on ne sçait pas encore si elles descendent par leur pesanteur, ou si elles sont chassees par l'air, et par tous les corps qui sont dessus, ou si elles sont attirées par la terre : On ne sçait pas aussi comment la lumiere esclaire, ny comme elle eschauffe. Et nous n'avons point de demonstration, par laquelle nous puissions convaincre l'opinion de ceux qui soustiendroient que la terre, l'eau, les Astres, et tous les corps que nous voyons, ne sont que des apparences et des especes intentionelles, supposé que Dieu puisse user de ces especes, ou accidens, pour nous faire paroistre tout ce que nous voyons. Car on ne peut dire que l'on sçache aucune chose comme il faut, selon les loix et les notions qu'Aristote, et les autres Philosophes donnent de la science, si l'on ne demonstre qu'il est impossible que la raison que l'on apporte, ou que la chose que l'on propose, ne soit vraye. Ce qui suffit pour persuader à ceux qui usent de reflexion, qu'il n'y a rien de certain dans la physique, ou qu'il y a si peu de choses certaines, qu'il est difficile d'en proposer. […] (p. 53)

Question XXII

Le Soleil et les autres Astres ont-ils la lumiere de soy, ou d'ailleurs.

Quand je demande dans ceste question si le Soleil a la lumiere de soy-mesme, cela ne s'entend pas s'il l'a independemment de Dieu, puisqu'il est si necessaire que toutes choses dependent actuellement de sa puissance, et de son concours, mais s'il l'a de soy, et si elle luy est tellement naturelle, que Dieu n'use point d'une autre cause pour l'illuminer. Ce que je remarque à cause de quelques-uns qui tiennent qu'il ne l'a que par la communication du ciel empyrée ; ou plustost que ce n'est pas le Soleil que nous voyons, mais une petite parcelle dudit ciel, qui paroist à travers un trou, qui est fait dans les autres cieux inferieurs, de sorte que ce trou tournant autour de la terre, nous fait paroistre le cercle de lumiere que l'on appelle le Soleil. D'autres croyent que la lumiere du Soleil est composée de plusieurs flammes de differentes grandeurs, qui sortent de son corps, comme celles que l'on apperçoit sur le mont Vesuve, et sur quelques autres, d'autant que ces flammes s'evanouissent souvent, et qu'il y en a quelquesfois une grande multitude, et d'autres fois fort peu, comme Scheiner remarque dans sa Rose Ursine. L'on peut dire la mesme chose des Estoiles, car quant à celle de la Lune, et de Venus, elle tesmoigne par ses diminutions, qu'elle depend de celle du Soleil. Quoy qu'il en soit, nous n'avons nulle demonstration qui convainque que la lumiere du Soleil luy soit naturelle, quoy que ceste opinion semble plus probable que les autres, dont il n'y en a point de si absurdes, que l'on ne puisse trouver plusieurs probabilitez pour les appuyer, et les desfendre. Or l'on ne sçait pas une chose assez parfaictement, si l'on ne peut demonstrer la fausseté de tout ce que l'on oppose alencontre, et de toutes les autres opinions, et consequemment l'on ne sçait pas si la lumiere est naturelle aux Astres, comme la chaleur au feu, ou la figure à la quantité, puisque l'on peut l'expliquer autrement

Corollaire Si la lumiere du Soleil estoit celle du ciel empyrée, l'on pourroit dire qu'elle nous fait voir un rayon de la gloire exterieure, ou de la demeure des bien-heureux, et qu'elle nous paroist pour nous animer à sa suite ; et si elle consiste dans les flamesches qui accompagnent les macules du Soleil, qu'il n'y a rien d'inalterable et d'incorruptible dans toute l'estenduë de la nature corporelle. Or quoy que l'on puisse mediter sur la lumiere, l'on ne peut sçavoir ce qu'elle est : et l'esprit humain ne peut comprendre par sa seule vigueur comme un poinct lumineux s'estend dans un moment, ou dans un temps insensible par un espace infiny : ce qu'il comprendra parfaitement lors qu'il sera aydé par la lumiere de gloire, comme le Prophete royal [David] a remarqué dans le 35. Psalme. « Et in lumine tuo videbimus lumen ». [c'est par ta lumière que nous voyons la lumière]. (p. 61)

Conversion d'unités

Rapport des anciennes mesures linéaires françaises au mètre légal :

Il faut 12 lignes pour faire un pouce, 12 pouces font un pied et 6 pieds font une toise.

une toise française = 1m,949040
un pied = 0m,324839
un pouce = 27mm,06994
une ligne = 2mm,25583

Rapport des anciens poids français au gramme :

L'ancienne livre française se divisait en 16 onces, l'once en 8 gros, le gros en 72 grains ; de sorte que la livre valait 9216 grains.

une livre, poids de marc = 489g,505
une once = 30g,5941
un gros = 3g,82426
un grain = 0g,053115

(Ce tableau de conversion est emprunté au *Traité de physique expérimentale et mathématique* de J.-B. Biot [175]).

Ajoutons qu'une pinte est égale à 0,93 litre, 1 quarte vaut 2 pintes et 1 setier vaut 8 pintes.

Amontons, Mariotte et les autres (en France) considèrent que le poids de l'atmosphère est toujours d'environ 28 pouces (c'est à dire 75,8 cm de mercure) ; de nos jours, nous considérons une “pression atmosphérique normale” à 76 cm de mercure.

[175] Biot, *Traité de physique expérimentale et mathématique*, Paris, Deterville, 1816 ; tome 1, p. 528.

Bibliographie des acteurs de la science

Alencé, Joachim d' (1640-1707 ?)
(1688) *Traité des baromètres, thermomètres et notiomètres ou hygromètres*, Amsterdam, Paul Marret, 1707.

Amontons, Guillaume (1663-1705)
(1699) "Moyen de se servir du feu pour faire mouvoir les machines", par le secrétaire perpétuel (Fontenelle), *HARS*, 1666-1699, tome 1, 1733 ; p. 101-103.
(1702) "Sur une nouvelle propriété de l'air ; sur un article de M. Amontons", par le secrétaire perpétuel (Fontenelle), *HARS*, p. 1-8, (Figures 1, 2 & 3).
(1702) "Discours sur quelques proprietez de l'air, et le moyen d'en connoître la température dans tous les climats de la terre", *MARS*, p. 155-174.

Aristote, (env. 384- env. 322)
Physique, traduction Henri Carteron, Paris, Les belles lettres, 1969.

Costes, Roger (1668-1747)
(1742) *Leçons de physique expérimentale sur l'équilibre des liqueurs, et sur la nature et les propriétés de l'air,* traduit de l'anglais, Paris, David.

Descartes, René (1596-1650)
(1630), « Lettre à Mersenne, 15 avril 1630 », *Correspondance, avril 1622-février 1638*, in *Œuvres*, volume 1.
(1637) *Discours de la méthode*, in *Œuvres*, volume 6.
(1638) « Lettre à Mersenne du 11 octobre 1638 », *Correspondance mars 1638-décembre 1639*, in *Œuvres*, volume 2.
(1647) *Principes de la philosophie*, (édition latine, 1644), in *Œuvres*, volume 9-2.
(1647) « Lettre à Mersenne, 13 décembre 1647 », *Correspondance, mai 1647-février 1650*, in *Œuvres*, volume 5.
(1648) « Lettre à Mersenne, 31 janvier 1648 », *Correspondance, mai 1647-février 1650*, in *Œuvres*, volume 5.
(1648) « Lettre au Marquis de Newcastle (?), mars ou avril 1648 », *Correspondance, mai 1647-février 1650*, in *Œuvres*, volume 5.
(1965-1971) *Œuvres de Descartes*, Adam et Tannery (éd.), Paris, Vrin, 1996.

Fontenelle, Bernard Le Bovier *de* (1657-1757)
(1668) « Expériences du vide », (faites à l'Académie) *HARS*, tome 1, 1733 ; p. 45-47.
(1679) « Sur la nature de l'air », *HARS*, 1666-1699, tome 1, 1733 ; p. 270-278.
(1730) « Sur une nouvelle construction de thermomètre ; sur un article de M. Réaumur », *HARS*, p. 9-23.
(1731) « Sur le nouveau thermomètre ; sur un article de M. Réaumur », *HARS*, p. 6-15.

Galilée, Galileo Galilei (1564-1642)
(1638) *Discours concernant deux sciences nouvelles*, traduction et notes de Maurice Clavelin, Paris, Armand Colin, 1970.

Locke, John (1632-1704)
(1755) *Essai philosophique concernant l'entendement humain*, traduction de Coste, Amsterdam & Leipzig chez Schreuder & Mortier, édité par Emilienne Naert, Paris, Vrin, 1972.

Mariotte, Edme (1620 ?- 1684)
(1676) « De la nature de l'air », in *Œuvres*, tome 1, p. 148-182.
(1740) *Œuvres*, 2 volumes, nouvelle édition, La Haye, Jean Neaulme.

Mersenne, Marin (1588-1648)
Correspondance (1631-1633), 3 volumes, publiée et annotée par C. de Waard, Paris, PUF, 1945-1969.
(1634) *Questions inouyes, Questions Théologiques, Physiques, Morales et Mathématiques, &c.* Paris, Henry Guenon, 1634 ; Paris, Fayard, Corpus, 1985.

Montaigne, Michel Eyquen de (1533-1592)
(1588) *Essais*, Paris, Editions Garnier Frères, 1952.

Musschenbroek, Pieter van (1692-1761)
(1751) *Essai de physique*, 2 volumes, traduit du hollandais par Pierre Massuet, Leyde, Samuel Luchtmans.

Newton, Isaac (1642-1727)
(1756) *Principes mathématiques de la philosophie naturelle*, 2 tomes, traduction de Mme la marquise Du Châtelet, Paris, Desaint & Saillant et Lambert ; reproduction Paris, Blanchard, 1966 & Paris, Jacques Gabay, Corpus, 1990.
(1722) *Opticks,* 1704 ; *Traité d'optique,* 2e édition, traduction de P. Coste, Paris, Montalant ; reproduction Paris, Gauthier-Villars, 1955.

Noël, le père Etienne (1581-1659)
(1647-1648) *Polémique [de Pascal] avec le P. Noël*, in Pascal, *Œuvres complètes*, tome 1.
(1648) *Le plein du vide*, in *Œuvres de Blaise Pascal*, Nouvelle édition, Paris Lefèvre libraire, 1819 ; tome 4.
(1648), *Gravitas comparata, seu comparatio gravitatis aeris cum hydragyri gravitate*, Paris, Sébastien et Gabriel Cramoisy.

Nollet, Jean-Antoine (1700-1770)
(1738) *Programme ou idée générale d'un cours de physique expérimentale*, Paris, Le Mercier.
(1742-1748) *Leçons de Physique expérimentale,* 6 volumes, 3e éd., 1757, Paris, Guerin et Delatour.

Pascal Blaise (1623-1662)
(1647) *Expériences nouvelles touchant le vide*, in *Œuvres complètes*, tome 1.
(1647-1648) *Polémique avec le P. Noël*, in *Œuvres complètes*, tome 1.
(1648) *Lettre à Le Pailleur*, in *Œuvres complètes*, tome 1.
(1651) *Correspondance avec M. de Ribeyre*, in *Œuvres complètes*, tome 1.
(1654) *Récit de la grande expérience de l'équilibre des liqueurs*, in *Œuvres complètes*, tome 1.
(1654, 1663) *Traité de l'équilibre des liqueurs* et *Traité de la pesanteur de la masse de l'air*, in *Œuvres complètes*, tome 1.
(1658) *De l'esprit de géométrie et de l'art de persuader*, in *Œuvres complètes*, tome 2.
(1663) *Préface sur le traité du vide* (par Etienne Périer) in *Œuvres complètes*, tome 1.
(1670, 2000) *Pensées*, in *Œuvres complètes*, tome 2.
(1998, 2000) *Œuvres complètes*, éditées par Michel Le Guern, 2 volumes, Paris, Gallimard, Bibliothèque de la pléiade.

Pascal, Etienne (1588-1651)
(1648) « Lettre au P. Noël », in Pascal, *Œuvres complètes*, tome 1.

Paulian, Aimé-Henri (1722- 1801)
(1761) *Dictionnaire de physique*, 3 volumes, Avignon, Louis Chambeau.
(1789) *Dictionnaire de physique*, 5 volumes, Avignon, J.J. Niel, neuvième édition dans laquelle on a mis à leur place les articles du *Supplément*, imprimé en l'année 1787.

Périer, Florin (1605-1672)
(1663) « Histoire des expériences du vide », in Pascal, *Œuvres complètes*, tome 1.

Petit, Pierre (1598-1677)
(1646) « Lettre de Pierre Petit à Pierre Chanut sur l'expérience de Torricelli », in Pascal, *Œuvres complètes*, tome 1.

Pluche Noël-Antoine (1688-1761)
(1732-1750) *Le spectacle de la nature*, 9 volumes, Paris, Fr. Estienne.
(1740) *Histoire du ciel*, 2 volumes, seconde édition, Paris, Vve Estienne.

Réaumur, René-Antoine Ferchault de (1683-1757)
(1730) « Règles pour construire des thermomètres dont les degrés soient comparables », *MARS*, p. 452-507 et une planche.
(1731) « Second mémoire sur la construction des thermomètres dont les degrés soient comparables », *MARS*, p. 250-296.

Thomas d'Aquin, (1227-1274)
Somme théologique, traduction A. D. Sertillanges, Paris, Tournai, Rome, Edition du cerf, Desclée & Cie.

Torricelli, Evangelista (1608-1647)
(1644) « Deux lettres de Torricelli à Michelangelo Ricci, relatant ses expériences barométriques, 11 et 28 juin 1644 », in René Taton, « L'annonce de l'expérience barométrique en France », *Revue d'histoire des sciences*, 16, 1963, p. 77-83.

Abréviations :
HARS, Histoire de l'Académie royale des Sciences.
MARS, Mémoires de l'Académie royale des Sciences.

Table des matières

Avant-propos

Chapitre 1
De la pesanteur de l'air
& de l'invention des baromètres

Chapitre 2
Des machines pneumatiques

Chapitre 3
D'une nouvelle construction des thermomètres par Amontons

Chapitre 4
Les thermomètres de Réaumur

Sciences
aux éditions L'Harmattan

Dernières parutions

MANUEL DES PROBABILITÉS OU MATHÉMATIQUES DE L'INCERTAIN
Laloire Jean-Claude - Préface de Michel Delecroix
Ce manuel présente les aspects pratiques de l'analyse des données et les aspects théoriques des probabilités. Cela permet à la fois de comprendre les phénomènes observés, d'en déduire une prévision et ainsi de se projeter vers l'avenir avec un maximum de sécurité. Les méthodes proposées s'appliquent aussi bien aux sciences humaines qu'aux sciences biologiques et médicales et sont mises en pratique à l'aide de nombreux exercices corrigés.
(48.00 euros, 504 p.)
ISBN : 978-2-343-04627-3, ISBN EBOOK : 978-2-336-36043-0

VALEUR (LA) DE L'ESPÈCE
La biodiversité en questions
Lherminier Philippe
Philippe Lherminier est généticien; il propose de s'interroger sans faux-semblant sur la valeur de l'espèce. Que perd-on lorsqu'une espèce s'éteint ? Quelle valeur disparaît ? Il y a de multiples réponses : l'espèce vaut parce qu'elle est utile ou inutile, abondante ou rare, connue ou inconnue, ancienne ou récente, proche ou lointaine, ressemblante ou différente de l'homme, comprise ou mystérieuse.
(Coll. Acteurs de la Science, 13.50 euros, 128 p.)
ISBN : 978-2-343-04141-4, ISBN EBOOK : 978-2-336-35913-7

QUESTIONNEMENTS D'UN OCÉANOGRAPHE
Une immersion dans le monde de la recherche et les questions éthiques qu'elle soulève
Pichevin Thierry
Ce livre décrit de l'intérieur le travail de recherche en océanographie physique de Thierry Pichevin, son contexte, ses méthodes et ses enjeux procurant ainsi au lecteur une immersion dans le quotidien d'un chercheur. D'autre part, il procède à l'analyse éthique rigoureuse des questionnements rencontrés, tout en montrant que tout chercheur peut être confronté à des questionnements comparables.
(22.00 euros, 226 p.)
ISBN : 978-2-343-03444-7, ISBN EBOOK : 978-2-336-35786-7

À L'OMBRE DES FORÊTS
Usages, images et imaginaires de la forêt
Sous la direction de Philippe Billet, Claire Harpet et Jean-Philippe Pierron
Qu'est-ce qu'une forêt ? De quoi sont faites les forêts ? Nous construisons tous une image de la forêt empreinte de vécus et d'imaginaires, procédant d'une accumulation de souvenirs, de connaissances et de représentations médiatiques et institutionnelles. A l'aune d'une prise de conscience de la finitude des ressources naturelles et du changement climatique, il est fondamental de savoir ce que la «forêt» veut dire.
(Coll. Éthique, droit et développement durable, 26.00 euros, 248 p.)
ISBN : 978-2-343-02807-1, ISBN EBOOK : 978-2-336-35819-2

UN BOTANISTE AUTOUR DU MONDE
Afrique, Amérique, Australie
Delange Yves
L'auteur, botaniste, nous invite à la découverte des différents milieux naturels peu connus des Européens, notamment ceux encore peu altérés par la civilisation et caractéristiques de formations extrêmement riches sur le plan de la diversité biologique, tels que les mattorales ou hauts plateaux mexicains, le bush, le veld et le fynbos en Afrique australe, ou encore le mulga, le mallee et la jarrah forest australiens.
(Coll. Biologie, écologie, agronomie, 25.00 euros, 256 p.)
ISBN : 978-2-343-03492-8, ISBN EBOOK : 978-2-336-35415-6

CHERCHEURS, ÉTHIQUES ET SOCIÉTÉS
L'avenir de l'avenir
Patrice Thierry
Peu appréhendée par les décideurs, la biologie conditionnera nos sociétés, les rapports entre les hommes, entre eux et l'environnement. Le monde de la recherche est mal connu, parfois mal aimé ou craint. Il semble donc utile d'instituer un débat pour préciser les objectifs, les moyens, l'information et la vulgarisation, la propriété des résultats et l'appréhension des conséquences de la recherche en biologie.
(Coll. Ethique et pratique médicale, 31.00 euros, 298 p.)
ISBN : 978-2-296-57790-9, ISBN EBOOK : 978-2-296-50418-9

CAMILLE ARAMBOURG. UN PALÉONTOLOGUE, DE L'ALGÉRIE À L'AFRIQUE PROFONDE
Hadjouis Djillali - Préface de Yves Coppens
Depuis les plaines sahéliennes d'Oran à la Vallée de l'Omo en Éthiopie, en passant par les côtes du littoral atlantique, jusqu'au Moyen-Orient, Camille Arambourg aura fait connaître, au cours de ses recherches, non seulement les fossiles de l'Afrique mais également ceux des autres régions du monde. Ce livre retrace le parcours de cet homme qui identifia plus de 230 taxons (familles, genres, espèces) de mammifères et de poissons.
(Coll. Acteurs de la Science, 25.00 euros, 242 p.)
ISBN : 978-2-296-96391-7

POUR UN RENOUVEAU DANS L'ENVIRONNEMENT
De l'antiscience à l'Intelligence Artificielle des systèmes complexes
Bouché Marcel B. - Préface de Richard Moreau
Nos institutions écartent toute évaluation environnementale sérieuse par la promotion d'une démarche antiscientifique. Ce livre décrit au contraire les démarches sérieuses des sciences et techniques et la problématique environnementale. La rigueur, qui fait habituellement défaut à ce secteur d'étude, est indispensable pour permettre l'Intelligence Artificielle appliquée rationnellement à nos évaluations environnementales et à la méthode scientifique dans les systèmes complexes.
(Coll. Biologie, écologie, agronomie, 38.00 euros, 384 p.)
ISBN : 978-2-296-96826-4

VOYAGES D'UN BOTANISTE EN EURASIE
France, Scandinavie, Italie, Grèce, Japon, Inde, Cambodge
Delange Yves
L'auteur, botaniste, nous présente ici nombre d'espèces végétales, à travers ses récits de voyages, des pays du nord de l'Europe jusque dans la lointaine Asie, avec des séjours dans différents espaces méditerranéens. Il livre également de nombreuses informations recueillies au cours de rencontres avec différentes cultures, concernant les productions agricoles, l'alimentation, les traditions culinaires, mais aussi diverses spiritualités vouées aux cultes de la nature, en Inde et en Extrême-Orient.
(Coll. Biologie, écologie, agronomie, 21.50 euros, 224 p.)
ISBN : 978-2-343-03491-1, ISBN EBOOK : 978-2-336-35416-3

COELACANTHE (LE), UNE ESPÈCE ANIMALE À L'ÉPREUVE DES MÉDIAS
Barrère Florent
Le coelacanthe est l'objet de bien des fantasmes : affaire commerciale dans les îles Comores ; course au «spécimen» naturalisé dans les muséums ; étude anatomique dans le seul but de conforter l'hypothèse du «grand-père de l'Homme»... Devenu à ses dépens vedette médiatique, le coelacanthe s'extraira de ce marasme par un retour à son objet scientifique initial : dans les années quatre-vingt, le coelacanthe est enfin filmé dans son milieu naturel.
(Coll. Champs visuels, 20.00 euros, 192 p.)
ISBN : 978-2-296-99785-1, ISBN EBOOK : 978-2-296-53096-6

RÉSEAUX (LES) DE NEURONES DE LA CONSCIENCE
Approche multidisciplinaire du phénomène
Rollet Guy
Cet ouvrage vise à la compréhension de la conscience. Il apparaît que les neurosciences computationnelles apportent incontestablement des éléments décisifs. Un réseau de neurones original est conçu pour coder une conscience *stricto sensu*, capable de raisonnement et de prise de décision. Celle-ci peut être orientée par les émotions. La capacité d'agir, la composition du Soi et la verbalisation de la pensée peuvent alors être envisagées.
(Coll. Biologie, écologie, agronomie, 25.00 euros, 240 p.)
ISBN : 978-2-336-00597-3, ISBN EBOOK : 978-2-296-51375-4

SCIENCE (LA), SYMPTÔME DE L'OCCIDENT
Le «comment» des impasses de la recherche scientifique occidentale
Thiebert Lawrence
Et si les scientifiques avaient trop compliqué leur processus de démonstration ? Et si la démonstration, peu concluante, s'embourbait simplement parce qu'elle relève en vrai d'un raisonnement paralogique psychiatrique tel que celui que l'on rencontre dans le discours du paranoïaque, discours logique certes mais qui part d'un postulat faux ? Nous sous-entendons ici que cette hypothèse est fort probable.
(Coll. Pensée Africaine, 13.00 euros, 116 p.)
ISBN : 978-2-296-97025-0, ISBN EBOOK : 978-2-296-50278-9

UNIVERS (L') FASCINANT DES INSECTES
Nos amis, nos ennemis
Mariau Dominique
Cet ouvrage aborde tous les aspects de la vie des insectes et les rôles essentiels qu'ils jouent dans la vie sur terre. Comment définit-on un insecte ? Depuis quand existent-ils ? Que connaît-on sur leurs organes des sens, leurs migrations, leur rôle, qu'il soit positif ou négatif ?
(Coll. Biologie, écologie, agronomie, 22.00 euros, 182 p.) ISBN : 978-2-296-96144-9

SCIENCE (LA), CREUSET DE L'INHUMANITÉ
Décoloniser l'imaginaire occidental
Royer Jean-Marc
En 1610, Galilée promeut un mode de connaissance qui se veut une lecture mathématique de l'Univers. Face à lui, l'Église. Un long combat s'engage alors, lois contre lois. Un siècle et demi plus tard, tandis que naît la fabrique industrielle basée sur le charbon, les philosophes optent pour ces «lumières». Ce savoir qui voulait mettre la subjectivité à distance aura réussi au-delà de toute espérance : c'est l'être humain que la rationalité calculatrice a rendu obsolète.
(Coll. Questions contemporaines, 23.00 euros, 218 p.)
ISBN : 978-2-296-96233-0

NATURE, TECHNOSCIENCES ET RATIONALITÉ
Le tryptique du bon sens
Makanga Blanchard
La résolution des problèmes écologiques qui touchent notre planète ne peut être l'exclusivité des technosciences et de l'écologie en tant que discipline scientifique. D'autres disciplines sont capables

d'apporter des savoirs aussi sûrs et surtout moins risqués que ceux des sciences expérimentales. La philosophie se propose donc de le faire à travers, notamment, la réflexion éthique basée sur la morale stoïcienne, en faisant de l'environnement un nouvel objet d'étude.
(Coll. Sciences et Société, 23.50 euros, 236 p.)
ISBN : 978-2-296-96960-5

UNDO THE MATH ! How semiotic gaps warp thinking
Idelson Marc
In a study inspired by author's observation of the spiraling out of control use of mathematics by bankers, financiers and economists, the Western world's reliance on arithmetic and geometry is traced back, with support from the works of Medieval historian Alfred Crosby and of Anthropologist of Knowledge Paul Jorion, to its Medieval and Antiquity roots. The author bases on different areas such as philosophy with François Jullien's Chinese thought and Michel Bitbol with his epistemological reflections.
(Coll. Recherches en Gestion, 20.00 euros, 190 p.)
ISBN : 978-2-296-96993-3

COMMENT L'HOMME QUITTA LA TERRE
Marc Jacques
L'auteur déroule ici une chronique des croyances, pensées et idées qui ont inspiré, tout au long des millénaires, philosophes et poètes, rêveurs et empiriques, bricoleurs et ingénieurs tandis qu'avançaient les sciences et les techniques permettant de concrétiser un des plus grands rêves de l'humanité : «voguer» dans l'espace jusque vers les étoiles.
(Coll. Acteurs de la Science, 15.50 euros, 152 p.)
ISBN : 978-2-296-96490-7

SCIENCE (LA) AU SERVICE DU DÉVELOPPEMENT
Amory Christine - Préface de Dominique Kounkou
Ce livre présente une expérience humaine d'un réseau de scientifiques, GIRGEA, qui réunit chercheurs, étudiants, ingénieurs, etc., autour d'un objectif central : développer la recherche en sciences de l'espace en Afrique en installant des instruments, en formant des chercheurs au niveau international qui pourront constituer des équipes de recherche dans leur pays et assurer ainsi la pérennité du réseau.
(12.50 euros, 108 p.)
ISBN : 978-2-296-56969-0

L'HARMATTAN ITALIA
Via Degli Artisti 15; 10124 Torino

L'HARMATTAN HONGRIE
Könyvesbolt ; Kossuth L. u. 14-16
1053 Budapest

L'HARMATTAN KINSHASA
185, avenue Nyangwe
Commune de Lingwala
Kinshasa, R.D. Congo
(00243) 998697603 ou (00243) 999229662

L'HARMATTAN CONGO
67, av. E. P. Lumumba
Bât. – Congo Pharmacie (Bib. Nat.)
BP2874 Brazzaville
harmattan.congo@yahoo.fr

L'HARMATTAN GUINÉE
Almamya Rue KA 028, en face
du restaurant Le Cèdre
OKB agency BP 3470 Conakry
(00224) 657 20 85 08 / 664 28 91 96
harmattanguinee@yahoo.fr

L'HARMATTAN MALI
Rue 73, Porte 536, Niamakoro,
Cité Unicef, Bamako
Tél. 00 (223) 20205724 / +(223) 76378082
poudiougopaul@yahoo.fr
pp.harmattan@gmail.com

L'HARMATTAN CAMEROUN
BP 11486
Face à la SNI, immeuble Don Bosco
Yaoundé
(00237) 99 76 61 66
harmattancam@yahoo.fr

L'HARMATTAN CÔTE D'IVOIRE
Résidence Karl / cité des arts
Abidjan-Cocody 03 BP 1588 Abidjan 03
(00225) 05 77 87 31
etien_nda@yahoo.fr

L'HARMATTAN BURKINA
Penou Achille Some
Ouagadougou
(+226) 70 26 88 27

L'HARMATTAN SÉNÉGAL
10 VDN en face Mermoz, après le pont de Fann
BP 45034 Dakar Fann
33 825 98 58 / 33 860 9858
senharmattan@gmail.com / senlibraire@gmail.com
www.harmattansenegal.com

L'HARMATTAN BÉNIN
ISOR-BENIN
01 BP 359 COTONOU-RP
Quartier Gbèdjromèdé,
Rue Agbélenco, Lot 1247 I
Tél : 00 229 21 32 53 79
christian_dablaka123@yahoo.fr

Achevé d'imprimer par Corlet Numérique - 14110 Condé-sur-Noireau
N° d'Imprimeur : 116118 - Dépôt légal : février 2015 - *Imprimé en France*

www.ingramcontent.com/pod-product-compliance
Lightning Source LLC
LaVergne TN
LVHW010935061026
849535LV00007B/2404